湖北省高校人文社会科学重点研究基地"大学生发展与创新教育研究中心"科研开放基金项目（DXS20180011）资助
湖北省重点马克思主义学院建设项目（19ZDMY01）资助
中国地质大学（武汉）马克思主义理论研究与学科建设计划重点项目（MX1806）资助

走向唯物辩证法的地质科学
——赵鹏大科学思想探析

ZOUXIANG WEIWU BIANZHENGFA DE DIZHI KEXUE
——ZHAOPENGDA KEXUE SIXIANG TANXI

刘郦　高翔莲　侯志军　编著

图书在版编目(CIP)数据

走向唯物辩证法的地质科学:赵鹏大科学思想探析/刘郦,高翔莲,侯志军编著.—武汉:中国地质大学出版社,2019.12

ISBN 978-7-5625-4492-0

Ⅰ.①走…
Ⅱ.①刘… ②高… ③侯…
Ⅲ.①赵鹏大-地质学-科学思想-思想评论
Ⅳ.①P5

中国版本图书馆 CIP 数据核字(2019)第 273597 号

走向唯物辩证法的地质科学			
——赵鹏大科学思想探析	刘郦 高翔莲 侯志军 编著		
责任编辑:郑济飞	选题策划:郑济飞		责任校对:周旭
出版发行:中国地质大学出版社(武汉市洪山区鲁磨路388号)			邮编:430074
电 话:(027)67883511 传真:(027)67883580		E-mail:cbb@cug.edu.cn	
经 销:全国新华书店		http://cugp.cug.edu.cn	
开本:787毫米×1092毫米 1/16		字数:363千字	印张:18.5
版次:2019年12月第1版		印次:2019年12月第1次印刷	
印刷:武汉市籍缘印刷厂			
ISBN 978-7-5625-4492-0			定价:128.00元

如有印装质量问题请与印刷厂联系调换

编委会

顾　问：黄晓玫

主　编：刘郦　高翔莲　侯志军

副主编：龚静源　方新英　李霞玲
　　　　陈炜　张卫国　张存国
　　　　余良耘　夏庆霖

委　员：杜艳芬　王宇　刘颖
　　　　刘辰　盛琪　胡文君

序

科学思想的光芒

19世纪法国著名的学者泰纳曾说过:"一个科学家,如果没有哲学思想,便只是一个做粗活的工匠;一个艺术家,如果没有哲学思想,便只是一个供人玩乐的艺人。"对世界而言,科学思想是人类智慧的精华;对一个国家而言,如果没有科学思想的滋养,即使物质上再丰厚、再现代,精神上也是暗淡和空洞的。

地质科学是一门充满魅力、有着沧桑历史和深厚经验累积的科学,在其背后,是无数地质学家踏遍青山的足迹和科学思想的流传。赵鹏大院士,作为一位著名的地质学家,在数学地质、矿产普查勘探等方面成绩卓著。他曾获1992年国际数字地质协会克伦宾奖章,作为国务院学位委员会委员和院士,中国地质大学教授、校长,为我国培养了一大批高级地质人才,2019年被评为"华人教育名家",他与许许多多奉献自己聪明才智的地质学家一道,以丰富深邃的思想光芒照亮了地质学界,成为地质科学思想长河中一颗璀璨之星。从地质院校建校以来,赵鹏大以"地质科学"为主导,致力于找矿与地质勘探,融和地质科学、教育管理科学和地质哲学等思想,形成了独特的地质科学思想、地质教育思想和地质哲学思想。在20世纪70年代,赵鹏大便以数学地质和矿产普查与勘探方面的成就而享誉国内外。他睿智的地质科学思想丰富了科学思想史;他提出的数学与地质学的交叉思维,填补了国内相关领域的空白,在国际上也有着重要的影响;在漫长的校长生涯中,他注重教学与管理的融通,打造了一代又一代地质人才,充实了科学思想的教育理念。他将唯物辩证法应用于地质科学研究的全过程,即从科学认识论的层次去认识地质学,从科学方法论的层次去把握地质学研究方法,对地质学的具体理论问题进行综合与创新。他将辩证的哲学思维贯穿于具体的野外勘探实践中。在赵鹏大的倡导下,中国地质大学马克思主义学院确立了在马克思主义基本原理之下以科学思想史与地质哲学为核心的研究特色,形成了颇具特色的马克思主义科学思想的研究方法。

为了总结赵鹏大的科学思想,展示其科学理论与教育实践精髓,本书从宏观整体性角度出发,探讨自然科学与人文科学相结合的科学思想和科学思辨,力图把握鲜活的历史科学素材背后的思想精髓,具有跨学科、跨时代的性质。它涉及到地质学、管理学、教育学和哲学等多门学科的思想和内容。爱因斯坦曾说过,哲学是全部科学研究之母。正确的世界观和方法论能推动科学发展和人才的培养,错误的世界观和方法论则起阻碍作用。钱学森也指出,"应用马克思主义哲学指导我们的工作,这在我国是得天独厚的,马克思主义哲学确实是一件宝贝,是一件锐利的武器,我们搞科学研究时(当然包括交叉科学),如若去掉这件宝贝不用,实在是太傻了。"本书从马克思主义辩证唯物主义出发,以具体的地质科学为基础,并从哲学抽象理性和辩证法的高度展开关于赵鹏大科学思想的探索。

编写《走向唯物辩证法的地质科学——赵鹏大科学思想探析》的目的:一是通过记叙赵鹏大的求学经历和奋斗历程,展示其个人魅力;二是通过挖掘赵鹏大在地质科学、教育管理和哲学方法论等方面的丰富思想,展现其科学精神、科学思维和人格魅力，从而使其科学精神和科学思维能够薪代相传，发扬光大，使我们在展现赵鹏大为地质科学所做出的突出贡献的同时，对他花费毕生精力为之奋斗的事业所蕴含的思想内涵有更新的体悟和感知。同时，我们希望通过本书的撰写，抛砖引玉，开启中国地质思想家科学之光系列研究的源头。又是一年春华秋实，南望山下难忘情！让我们在这块土地上，共同精心耕种马克思主义科学技术思想，包括地质科学哲学与思辨这块学术沃土，让学术硕果挂满枝头，让科学的思想光芒照耀科学和人文的每个角落！

黄晓玫

2019 年 10 月

目录

第一篇　赵鹏大的地质人生

第一章　上下求索的科学生涯 ········· 7
第一节　艰难困苦，玉汝于成 ········· 7
第二节　踏入科学殿堂，开启"矿"意人生 ········· 9
第三节　心系祖国建设，踏遍青山找矿 ········· 12
第四节　耕耘高等教育，培养地质人才 ········· 15
第五节　老骥伏枥地质，志在千里思辨 ········· 19

第二章　贡献与影响 ········· 28
第一节　地质科学：引进新学科，开创新方法 ········· 30
第二节　地质教育：关注教育，创新育人 ········· 35
第三节　地质思辨：立足地质，思辨哲学 ········· 40
第四节　贡献与影响：从地质科学研究、教育管理到哲学思辨 ········· 46

第二篇　地质科学思想：科学精神与实践特征

第三章　赵鹏大的地质科学精神 ········· 61
第一节　求真务实的科学精神 ········· 61

第二节	孜孜不倦的敬业精神	62
第三节	协同合作的团队精神	63
第四节	成就后学的包容精神	64
第五节	社会责任的奉献精神	65

第四章　赵鹏大论地质科学的基本原则 …………………… 66
 第一节　综合交叉原则 ………………………………… 66
 第二节　简单性原则 …………………………………… 67
 第三节　创新性原则 …………………………………… 68
 第四节　价值与伦理原则 ……………………………… 70
 第五节　对立统一原则 ………………………………… 71

第五章　赵鹏大论地质科学的实践特征 …………………… 72
 第一节　地质科学始于观察 …………………………… 72
 第二节　地质科学第一手资料的重要性 ……………… 75
 第三节　范例：实地考察 ……………………………… 77
 第四节　地质科学的实践特征 ………………………… 80
 第五节　地质科学实践的独特性 ……………………… 83

第六章　赵鹏大地质理论与方法的创新：数学地质 ……… 86
 第一节　传统地质科学方法及其问题 ………………… 87
 第二节　数学方法的引入及其意义 …………………… 91
 第三节　数学地质的理论成果 ………………………… 105

第三篇　地质教育思想：教育发展与人才培养

第七章　发展观：德智体美劳全面发展理念 ……………… 119
 第一节　以德育为首的大育人观 ……………………… 121
 第二节　以创新为主的"五强"人才智育观 ………… 123
 第三节　以文武兼备为主导的地质大体育观 ………… 131

第四节　以校园文明建设为导向的美育观 ……………………… 133
第五节　以艰苦奋斗为主旨的新校风劳育观 …………………… 135

第八章　学科观：人才培育的学科建设 …………………………… 139
第一节　突破单科性学科建设格局 ……………………………… 139
第二节　完善多学科的学科建设模式 …………………………… 142

第九章　教学观：人才培育的教学发展理念 ……………………… 145
第一节　"学为主体"的开放式教学改革 ……………………… 146
第二节　研究与管理并重的教学管理 …………………………… 148

第十章　人才观：科学精神与创新能力培育观 …………………… 151
第一节　献身科学的学风建设 …………………………………… 151
第二节　注重能力培养的教学建设 ……………………………… 152
第三节　打造创新人才的具体举措 ……………………………… 155

第十一章　师资观：创建一流大学的师资建设理念 ……………… 160
第一节　调整发展：定编定岗，落实政策 ……………………… 160
第二节　优化结构：鼓励创新，培养帅才 ……………………… 163
第三节　提升水平：精良、高效、一流 ………………………… 165

第四篇　地质哲学思想：唯物思想与辩证思辨

第十二章　赵鹏大哲学思想产生的时代背景 ……………………… 173
第一节　社会变迁的历史环境 …………………………………… 174
第二节　科学技术革命的态势及影响 …………………………… 175
第三节　20世纪以来地球科学的进步与发展 …………………… 176
第四节　我国地球科学哲学的发展及其特征 …………………… 178

第十三章　赵鹏大哲学思想的主要内容 …………………………… 187
第一节　以非线性理论与方法为核心的成矿哲学思想 ………… 187
第二节　系统、全面、发展的找矿哲学思想 …………………… 199

第三节　与数字找矿密切结合的数学哲学思想 …………… 206
　　第四节　勇于创新、铸造辉煌的教育哲学思想 …………… 213
第十四章　赵鹏大哲学思想的丰富价值 ……………………… 220
　　第一节　坚持唯物辩证法的世界观和方法论 ……………… 220
　　第二节　坚持以实践为基础的辩证唯物主义认识论 ……… 222
　　第三节　坚持以辩证思维为主导的科学方法论 …………… 226
　　第四节　坚持发展与创新地质社会学的新观念 …………… 231

附　录

附录一　赵鹏大大事年表 ……………………………………… 236
附录二　赵鹏大主要论文著作 ………………………………… 239
附录三　赵鹏大会议及发言索引 ……………………………… 247
附录四　赵鹏大思想介绍的相关文章 ………………………… 252
附录五　赵鹏大对话及访谈录 ………………………………… 253
主要参考文献 …………………………………………………… 275
后　　记 ………………………………………………………… 280

第一篇

赵鹏大的地质人生

◆ 国立东北中山中学

◆ 莫斯科地质勘探学院旧照

◆ 宝善小学旧照

◆ 莫斯科地质勘探学院

◆ 赵鹏大与蜀光中学

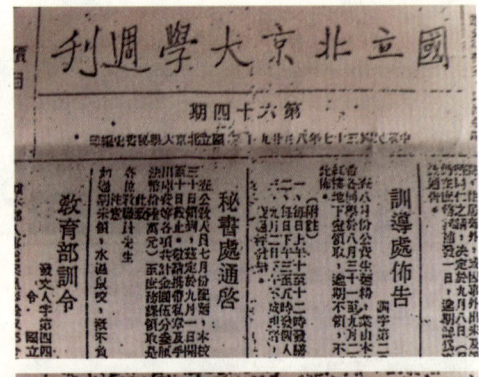

◆ 赵鹏大考取北京大学时刊登录取新生名单的"国立北京大学週刊"

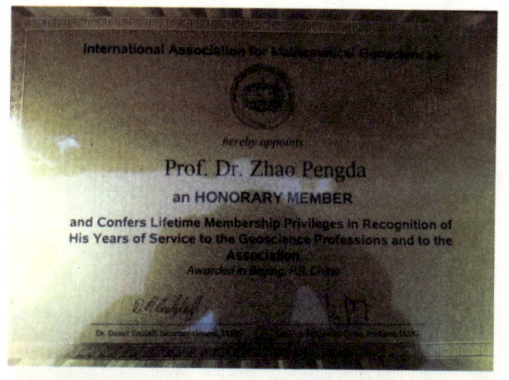

◆ 赵鹏大获得国际数学地球科学协会"终身荣誉会员"称号

◆ 赵鹏大出席中国科学院第十六次院士大会

◆ 应老挝矿产资源及能源地勘检验中心邀请，赵鹏大访问老挝，并会见老挝国会主席通邢、总理波松

◆ 赵鹏大获得中国数学地质终身荣誉奖

◆ 赵鹏大在江津二中（原国立江津第九中学）演讲

第一章 上下求索的科学生涯

> 地质学按其性质来说,主要是研究那些不但我们没有经历过,而且任何人都没有经历过的过程。
>
> ——恩格斯

赵鹏大,(1931年—)中国科学院院士,我国著名的数学地质学家、矿产普查勘探学家,数学地质科学开拓者和学术带头人之一,国家级重点学科矿产普查与勘探学术带头人。他建立并提出了矿床统计预测、地质异常和非传统矿产资源理论方法体系,取得了一系列重大科学技术成果。同时,他也是一位杰出的地质教育家,培养了一大批高级地质人才,为我国地质教育事业做出了重要贡献;任中国地质大学校长22年(含北京、武汉两校),形成了丰富的地质教育思想和理念。

第一节 艰难困苦,玉汝于成

1931年5月25日,赵鹏大出生于辽宁省抚顺市清原县的一个普通满族家庭。出生后仅4个月,震惊中外的"九一八"事变爆发,赵鹏大的父亲赵桂章不愿屈辱地在侵华日军的铁蹄下做亡国奴,便带着尚在襁褓中的赵鹏人,一家人南下入关,颠沛流离,先后经过北京、开封、武汉等地,最后辗转来到四川才勉强安定下来。这段艰难悲苦的流浪经历对年少赵鹏大的成长产生了深刻影响,也为赵鹏大献身地质事业、立志报效祖国的精彩人生打下了深刻的时代与社会烙印。

在日军侵华的国难时期,社会动荡、生活艰辛,但无论多么艰难都没有动摇赵鹏大父母让子女接受教育的决心。1937年,赵鹏大开始了他艰辛的学习生涯,1942年小学毕业。这5年期间,他换了6所小学,先后就读于双龙巷小学、缪沟井小学、宝善小学、蜀光小学、东新寺小学和铺子湾小学,求学之路可谓坎坷。1943年,赵鹏大离开父母来到四川省威远县静宁寺的国立东北中山中学,住校读初中。这是一所东北流亡中学,求学条件非常艰苦,吃饭时往往无菜可咽,只能以辣椒粉拌盐粒佐餐,有时还得忍饥挨饿。在《鹏程集》的自述中,赵鹏大把这段经历总结如下:"三一降生,日寇侵中,逃难入关,流亡自贡。"(方熠等,2011,第1页)其艰难困苦可见一斑。

虽然生活清苦,缺衣少食,但这里师资条件却很优越,很多授课教师都是从北方流亡到四川的名校教授。来自清华大学、北京师范大学等高校的教授们承担起了外语、数学、化学、生物等课程的教学工作。他们深厚的学识修养和对待学问严谨的态度给少年赵鹏大以深刻的印象。虽在流亡时期,但学校管理工作非常军事化:被子要铺平叠好,统一白床单,四周棱角分明,如豆腐块一般;每人床下有一个装衣物的竹篮,整齐摆放;一日三餐必须在值日生喊完"立正、稍息、开动"之后才许动筷吃饭;等等。

1945年,赵鹏大随全家转到四川江津,在江津国立第九中学上学。在往返学校途中,要横渡天堑长江,路途奔波,十分不易。但赵鹏大的求知之心丝毫不减,只要能上学,任何困难他都甘之若饴。艰苦的环境和严格的要求,使赵鹏大从小就形成了独立自主、不惧困难、吃苦耐劳、严于律己的可贵品质,养成了很多良好的习惯,比如整齐有序、严格守时、行动敏捷、一丝不苟、注重细节等。赵鹏大在回忆早年的学习和生活时常常说:"良好习惯对于做好任何工作都是必要的。"这些习惯赵鹏大坚持了一辈子,为日后从事科学研究并取得重大科学成就打下了良好的基础。

早在小学阶段,赵鹏大就对神奇的地质现象产生了极大的好奇和浓厚的兴趣。四川矿产丰富,矿井众多。当时小学上自然课,学校很注重实践,老师经常带学生下矿井参观。在威远县上小学时,老师曾带领同学们下煤矿参观,当看到黑色的煤炭源源不断地从地底开采出来时,赵鹏大产生了强烈的好奇心,这使得他对煤矿产生了浓厚的兴趣。在自贡市上小学时,老师带领同学们去大坟堡参观盐井和火井,观察开采卤水并用天然气"火井"熬制成盐的过程。大地自然资源之神奇壮观和科学探查之神奇伟大,给赵鹏大留下了深刻印象,同时地质工作者们的辛勤工作也使得他对从事矿业的人产生了深深的崇敬和钦佩之情。探索地质奥秘的种子已经深深地埋在赵鹏大幼小的心灵之中了。"在高中时,又听到老师讲地质人员可以找到埋藏在地下的矿藏,并算出储量,等等,使我少年时期对矿情有独钟,向往地质工作,因此立志要学习地质科学。"(方熠等,2011,第 2 页)随着学识渐长,他了解到当时中国科技落后,虽然地大物博,矿产资源丰富,却没法开采利用。对地质工作的强烈兴趣和振兴中华、报效祖国的迫切愿望使赵鹏大日益坚定了学习地质学的志向。

第二节 踏入科学殿堂,开启"矿"意人生

1945—1948 年,赵鹏大先后在江津国立第九中学、辽宁锦州中学和天津河东中学就读。在完成高中学业以后,他选择报考大学,继续深造。赵鹏大一口气报考了包括燕京大学、辅仁大学在内的 8 所大学,但他唯一的志向和真正目标是北京大学地质学系。一开始家人对他的志向并不理解,母亲认为搞地质四处奔波、风餐露宿,跟乞丐差不多;父亲则推崇军事救国,希望他报考军校;爷爷更是把地质学当成是"看风水",以为学了地质就成了"风水先生"。只有在北京大学上学的哥哥支持他。哥哥告诉他,北京大学地质学系历史最久、师资最强、条件最好,一个系就独拥一座小楼——地质馆。17 岁的赵鹏大最终坚持了自己的梦想,并幸运地成为当年北京大学地质学系招录的 13 名新生之一,真正开始了他追求漫漫地质理想的人生道路。赵鹏大后来总结这段经历为八个字:"地学憧憬,北大圆梦"。

北京大学地质学系创建于 1909 年,这里名师荟萃、大家辈出,当时先后

在这里工作的著名学者有孙云铸、李四光、王烈、翁文灏、葛利普、王鸿祯等。中华人民共和国成立后,孙云铸继续担任北京大学地质学系主任,王烈、潘钟祥、王嘉荫、王鸿祯、马杏垣、张炳熹、董申保等在地质学系里任教授、副教授之职。老师们渊博的学识和精湛的研究对赵鹏大产生了很大影响。孙云铸教授是我国古生物学奠基人、著名地层学家和中国地质学会的创始人之一。他讲授的"古生物"课生动有趣,课堂上还不时穿插以英国风情和学人轶事等花絮,令人心驰神往。王鸿祯先生是我国地层古生物事业的开创者,也是历史大地构造学的奠基人,精通地史学及古地理学。他当时刚从英国剑桥大学攻读博士学位回国不久,担任"地史学"课老师。王先生讲课条理清晰、逻辑性强、语言简练、语速较快,学生们整堂课都处于活跃和兴奋的状态。课堂教学之外,王先生还时常带大家去野外(如唐山、蓟县等)观察典型地层剖面。马杏垣先生是著名的构造地质学家、地震地质学家,他讲授的"普通地质学"课教学内容新颖,图文并茂,板书秀丽。马先生重视实践教学,多次带领大家到野外实习和工作,其野外地质观察能力之强、想象力之丰富、素描之精美、分析问题之深刻、举止言谈之风趣、待人接物之风度,无不给赵鹏大留下深刻的印象,成为他敬佩和学习的榜样。

北京大学地质学系浓厚的学术氛围、优越的学习条件和注重培养学生自学能力、实践能力、创新精神的教育理念让赵鹏大如鱼得水。他利用一切时间如饥似渴地汲取着地质学的丰厚养分,在大学一、二年级的时候就超前自学了不少高年级的课程,还阅读了大量地质期刊杂志,并为报刊杂志和新华社电台创作了数十篇科普文章,如《漫谈湖泊》《化石的故事》《煤》和《石油的成因》等。在北京大学学习期间,赵鹏大最终选择"矿"作为主攻方向,这不仅是因为自幼对矿情有独钟,更因为在建国初期百废待兴,他已经认识到开发矿产资源对国防和国家建设的重要意义。所以,他的大学毕业论文以《陕北四郎油田地质问题》为题进行研究,迈出了学术研究的第一步。

1952年,赵鹏大以优异成绩从北京大学毕业,来到刚刚成立的北京地质学院筹备处参加建院工作。同年,赵鹏大被派到哈尔滨工业大学学习俄语,半年后报考留苏研究生。后又在北京俄语专科学校学习半年,1954年9月到苏联,进入莫斯科地质勘探学院攻读矿产普查勘探学研究生学位。

莫斯科地质勘探学院是当时苏联唯一一所培养地质勘探类工程师的专业性高等学校,是世界地质勘探学科领域的顶尖学府之一。为了中华人民共和国急需的专业,也为了圆幼时就怀揣的找矿梦,赵鹏大毅然选择了当时国内没有的学科——矿床普查与勘探作为自己的攻读方向。导师雅克仁教授语重心长地告诉他:"想成为一名优秀的矿床学家或矿床勘探学家必须跑上500个矿床!"赵鹏大将老师的话牢牢记在心里,而且一记便是一辈子。在留学苏联的7个寒暑假里,他没有去游山玩水,而是啃着黑面包,去那些著名的矿区进行地质旅行。乌拉尔、乌克兰、科拉半岛及外贝加尔等地区的数十个各种类型的矿床,都是他参观考察的对象,其中包括世界级的禾洛姆塔乌铬矿床、尼克泊尔镍矿床、阿帕奇特磷灰石矿床、白桦金矿床等,这使他大大开阔了眼界,积累了大量宝贵的经验。后来回忆这段经历,赵鹏大如是评价:"地质这门学问,有些类似于大夫,只有病理临床诊治得多了,才有类比的余地,可以开出恰当的处方。对于做地质的人来说,首要的就是不怕吃苦,勇于实践,在办公室里是做不出成果的。"(刘洋,2008)不怕吃苦、勇于实践、深入实际考察研究矿床,也成了赵鹏大坚持的科学信念。

留学苏联的这段时间,正值新中国百废待兴、社会主义建设如火如荼的关键时期。赵鹏大和一些留苏研究生日夜期盼能早日回国参与建设,他们向当时的中国驻苏联大使馆提出:"能否只在苏联大学听一些国内尚未开设的新课程,学完后不写研究生论文,不要副博士学位,这样可以缩短在国外的时间。"大使馆不同意他们的做法,要求"一定写论文,一定要拿学位"。赵鹏大在一次访谈中谈道:"当时是花国家外汇,干脆我们回国,要那个学位干啥?多学几门课程,当时就是这种朴素的思想。"(方熠等,2011,第1-3页)后来的事实证明,大使馆的决定是完全正确的。作为留苏研究生,决不是仅仅要求多听几门课的问题,而是要求通过研究生论文工作,学习和了解包括收集原始资料、设计实验研究流程、选择必要与恰当的研究方法、形成结论在内的科学研究全过程。这一套科学研究方法的训练与实践,恰恰是研究生最重要的学习内容。通过论文工作,赵鹏大了解到了地质学的相关发展动态,参与了前沿课题研究,在学术思想上亲身实践和领悟到科学研究工作的基本要点,即要了解前人对所研究问题的工作成果,进行文献综述;要明确自己的主攻目标和实现目标的关键步骤;要自己获取丰富的第一手资料;工作要突出创新,一定要形成立足于自己工作的新论点、新见解和新方法;要力求成果对国民经济建设有实际意义和应用价值;等等。这段经历对赵鹏大后来的地质高等教育工作和矿产勘探学术研究与实践均有重要影响。

突出创新、服务国民经济建设一直以来都是赵鹏大研究工作的重要理念。在苏联留学期间,赵鹏大选择了祖国建设急需的"矿产普查与勘探"作为攻读的专业方向,并决定以中国富有但在当时属于新类型的网脉状钨锡矿床的地质特征和勘探方法作为论文的研究对象。在研究中他敏锐地发现:要求有定量结果的矿产普查勘探工作(如最后要求计算储量)缺乏定量的研究过程。例如,从矿床勘探类型的划分、勘探网度的选择、合理勘探程度的确定到勘查精度的评价等都是定性描述、经验判断乃至主观要求。这种因人而异缺乏客观准则,定性分析缺乏定量依据,规范要求缺乏科学论证,经验总结缺乏抽象提炼的现象比比皆是,为此大大降低了矿产普查勘探作为一门现代学科的科学性及作为实践性最强的应用学科和实际工作的可操作性。因此,他的研究生论文把地质勘探工作和矿床地质研究定量化作为首选方向。从此以后,定量地质科学及后来的数学地质,特别是定量勘查就成为他终生的研究方向。

第三节 心系祖国建设,踏遍青山找矿

矿产资源是经济社会发展的重要物质基础。人类文明史上,几乎每一种矿产的发现和利用,都极大地推动了社会历史的发展和人类文明的进步。然而在1949年,偌大的中国年钢产量仅15万吨,原油12万吨,煤炭3200万吨,有色金属1.3万吨,硫铁矿石2万吨,磷矿石不足2万吨,水泥66万吨。矿业处于如此低水平,使中华人民共和国工业大厦建设缺乏坚实的基础。正是在这样的历史条件下,毛泽东提出"开发矿业",发展地质事业使之成为

"国家经济建设的重要事业"。从莫斯科地质勘探学院毕业回国后,赵鹏大怀着满腔的报国热情,马上投入了工作。

1952年,毕业伊始,他主动申请到西藏工作。当时西藏刚刚和平解放不久,各方面的条件非常艰苦,赵鹏大坚决要求到西藏参加地质调查,为国家建设贡献自己的一份力量。但组织上没有同意他的申请,把他分配到了刚刚成立的北京地质学院筹备处参加建院工作。从此,在北京地质学院的助教、保卫、基建、团委等岗位上,到处都有赵鹏大忙碌的身影。

1958年,赵鹏大从莫斯科地质勘探学院毕业回国。适逢全国大炼钢铁,北京地质学院号召师生全国寻矿,赵鹏大被任命为福建地质大队队长,在福建省进行1∶20万地质填图和找矿(方熠等,2011,第3页)。1958—1962年,赵鹏大多次南下福建,他在《闽浙湘赣区域成矿规律》中提出"区域勘探评价"概念,首次从大区域角度研究矿床勘探程度、勘探经济及合理勘探程序。

1963—1966年,他带领学生到云南个旧锡矿区进行教学实习和科研生产。期间,他患上膑骨软化症,行走十分困难,但他仍然忍着剧痛,带领学生跋山涉水、深入矿井。对困难,他迎难而上;对工作,他精益求精。他要求学生,"对于勘探当中的任何一个问题,你们都不要马虎放过,要认认真真地勘查矿床、分析矿床"(陈华文等,2011)。从1963年,赵鹏大连续3年去云南个旧锡矿进行科研,开展早期的定量勘查研究。在个旧实习考察中,他创造性地将概率论的三项模型应用于锡矿复杂条状矿体勘探的模拟过程中,为选择合理勘探手段和提高钻孔见矿率提供了科学依据,受到国内外学术界和生产部门的重视。1963年,赵鹏大针对卡房矿区条状矿体平面分布的特殊形态,着力解决矿体的实际问题,提出了对复杂形态矿体勘探具有普遍指导意义的数学模拟理论和方法,这在国内地质界尚属首例。1964年,在云南老厂矿区锡矿进行研究时,赵鹏大提出了细脉带型矿体的定量研究方法,并于同年提出应用数理统计研究矿床合理勘探手段及工程间距的途径和方法,比美国学者提出类似的方法早了6年。同年,赵鹏大主持勘探系半工半读教学改革试点工作。

1966—1976年，赵鹏大受到不公正的待遇，被迫停止了心爱的地质研究工作。担任过中国地质大学（北京）校长的吴淦国曾这样描述赵鹏大："我是'文革'时在大字报上知道赵鹏大教授的。我上大学时认识的老师很少，除给我们上课、助课、带实习的老师外，就只有辅导员了。北京地质学院居然出了一个'苏修特务'，唯一的'证据'就是他出入过苏联驻华大使馆。出于好奇，我就到'劳改队'看看谁是'苏修特务'，一看完全不像，一派学者模样（方熠等，2011，第63页）。"

然而，他对祖国和人民深切的爱丝毫没有改变，"文革"刚一结束，他就以时不我待、只争朝夕的精神全心投入到工作中，率先在我国开展矿产资源定量预测的研究工作。早在1974年，赵鹏大去外地科考，去马鞍山铁矿开展数学地质研究工作。1975年，他又在全国进行矿床定量预测工作。自1976年起，赵鹏大在宁芜、迁安、白云鄂博、个旧及铜陵等地开展不同比例尺成矿定量预测等实际工作，并提出"矿床统计预测"的基本理论、准则和方法体系，为在我国开展矿产资源定量预测起到了带头和推动作用。他编写了《宁芜地区铁矿床统计预测》《矿床统计预测》等书籍。赵鹏大在自述中以时间为轴展示了丰富的地质科学旅程。"1978年开始招收首批地学研究生，开设'矿床统计预测''数学地质'等课程。1980年被评为正教授。1982年作为中国唯一的代表去纽约参加联合国开发署召开的专家组会议，研讨矿业生产消费名词术语定义及标准化问题。1983年被国务院任命为武汉地质学院院长。1984年开始招收数学地质专业博士生。1987年任中国地质大学副校长兼武汉校区校长。1994年任中国地质大学校长兼中国地质大学（北京）校长。1993年当选为中国科学院院士"（方熠等，2011，第3页）。从1974年至2005年，赵鹏大总结为实干的30年，"教科并重、兼挑行政、开拓创新、力求有成"。

1989年，赵鹏大作为课题组的技术负责人承担了新疆"305"科技攻关项目。1990年夏天，他不顾很多人的劝阻，毅然率队闯进了新疆罗布泊北山地区。在此之前，著名生物学家彭加木就是在这里被无情吞噬。然而，在赵鹏大和他的战友脚下，罗布泊被驯服了。他们连续15日兼程考察，汗水洒遍2

万平方千米的北山地区,课题组运用地质异常理论和矿床统计预测方法,在新疆北山地区发现两条铜镍硫化物远景成矿带,在东准噶尔地区发现一条金矿带。1992年,他们的《北山成矿远景区地物化综合研究与找矿靶区圈定》成果荣获国家计划委员会、科学技术委员会、财政部联合颁发的"七五"科技攻关重大成果奖。

近年来,赵鹏大根据我国矿产资源需求和开发现状及可持续发展战略要求,提出开展"非传统矿产资源"研究的思想,得到国家有关部门和同行专家的积极支持并不断取得进展。

赵鹏大在几十年的科学活动中始终如一地坚持实践第一,解决生产实际问题第一,以及理论与实践相结合的思想。他认为,地质科学研究不仅要把握住世界地质科学发展的前沿,而且更要把握住我国国民经济建设的前沿。一方面,在经济建设前沿中发现问题,进行总结提炼,推动理论前沿的研究;另一方面,又把理论前沿的成果应用于生产前沿中。这种"双前沿"和实践第一思想伴随着他几十年如一日以忘我的精神不断在理论上推陈出新,为我国的现代化建设做出了重要的贡献。

第四节 耕耘高等教育,培养地质人才

赵鹏大院士不仅是一位卓越的地质科学家,同时也是一位杰出的地质教育家。长期奉献在高等地质教育的第一线,赵鹏大形成了丰富的地质教育思想,有力地推动了中国地质大学的跨越式发展,为祖国培养了一大批优秀的地质人才,为我国的地质教育事业做出了重要贡献。赵鹏大对地质教育的贡献主要体现在两个方面,即在学术教育中开拓学科新方向、培养新型地质人才,创新地质高等教育管理。

首先,开拓新学科方向,为国家培养急需的地质人才。1952年6月至9月,中华人民共和国进行了全国高等学校的院系设置大调整,效仿苏联大力发展独立建制的工科院校。北京地质学院就是在这样的背景下成立的,由北京大学地质学系、清华大学地学系、天津大学(原北洋大学)地质工程系和

西南交通大学(原唐山铁道学院)采矿系地质组以及西北大学地质系合并而成。北京地质学院建院第一年的招生规模就达到1188人,是1948年北京大学全校招生规模(440人)的近3倍,是1948年北京大学地质学专业招生人数(13人)的91倍,由此可见那个时期地质专门人才的极度缺乏和国家对大规模地质人才的渴求。

1958年,赵鹏大从苏联学成归国,以极大热情投入到北京地质学院的工作中,承担了重要的教学和科研任务。1960年,29岁的赵鹏大晋升为副教授,成为当时学院最年轻的副教授,在国内首次招收矿产普查与勘探学专业硕士研究生。赵鹏大将勘探成就和学术成果编写成教材,为本科生和研究生开设相关课程。1978年首次在我国为本科生和研究生开设"数学地质""地质勘探中的统计分析""矿床统计预测"等课程,并在对宁芜等地开展不同比例尺成矿定量预测等实际工作的基础上,执笔编写了《宁芜地区铁矿床统计预测》,于1982年获得国家自然科学三等奖。基于此,1983年赵鹏大提出了"矿床统计预测"的基本理论、准则和方法体系,并为相关课程编写教材和专著,创立了"矿床统计预测"的新学科方向,培养了国家建设急需的大量地质人才。1990年,赵鹏大在其地质学术的研究基础上对数学地质学的相关成果进行汇编,将数学地质新体系的研究成果写成专著《地质勘探中的统计分析》,此书于1992年获得国家教育委员会首届全国高等学校优秀著作一等奖。

鉴于赵鹏大在地质教育领域的开拓性工作和成就,国务院学术委员会于1984年批准赵鹏大为"矿产普查与勘探"学科的博士生导师。1986年,获准为"数学地质"学科博士生导师。1988年,赵鹏大获得"国家级有突出贡献中青年专家"荣誉称号,并于同年培养出了第一个博士研究生,此后赵鹏大培养的硕士研究生和博士研究生逾200多人,他们中很多人都已成长为奋战在地质工作一线的骨干力量。

其次,与时俱进探索高等地质教育发展规律,提出具有时代特色的高等地质教育办学思想的人才培养理论体系。从北京地质学院到武汉地质学院再到中国地质大学,赵鹏大一直伴随着学校的变迁和成长。他不仅在科研和教学上有颇多建树,而且逐渐走上了行政管理岗位,在北京地质学院参加建院工作。在北京地质学院的助教、保卫、基建、团委等岗位上,赵鹏大辛勤工作,担负着繁重的任务,历任教研室主任、系副主任、系主任、院长、校长等职。他说:"三重门每一段我都经历过,参与更多的是武汉地质学院和中国地质大学的工作①"。1970年,原北京地质学院南迁湖北江陵,定名为湖北地质学院;1975年定址武汉市喻家山麓,更名为武汉地质学院(即中国地质大学前身),学校迎来了新的发展阶段。1983年7月,国务院任命赵鹏大为武汉地质学院院长。1987年11月,经国家教育委员会批准,中国地质大学宣告成立,标志着学校由单科性地质学院向综合性大学的改造迈出了重要的一步。赵鹏大被任命为中国地质大学副校长兼中国地质大学(武汉)校长。从1983年到2005年,赵鹏大连续22年担任该校校长,成为中国大学任期最长的校长之一。赵鹏大在担任校长的22年期间,也是学校发展史上承前启后、加速发展的关键时期。在长期的教育行政管理工作中,他对我国地质高等教育有着独到和深刻的认识和思考,形成了独具特色的办学思想和人才培养理论体系,也体现了他对新时代大学角色和职能定位的思考。

  1983年,赵鹏大在担任武汉地质学院院长后,历经3个月的深入调查研究,作了"立志改革,建设新时期新地院"的施政演说,展开了一系列大刀阔斧的改革。1985年,赵鹏大以一名地质学家和地质教育家的远见卓识,提出"一个为主,两个中心,三项功能"的办学思想,即以教学为主,以人才培养和科学研究为中心,充分发挥培养人才、发展地质科学、为社会服务的功能,明确了学校的工作重心。同时,赵鹏大根据地质科学和国民经济的发展趋势,前瞻性地提出"建设理、工、文、管相结合的社会主义综合性地质大学"的办学目标,指明了学校未来一段时期的发展方向。1987年,中国地质大学成立后,学校由理工科性质的院校发展成为以地质类理工科为主,兼有文管类专业的理、工、文、管相结合的综合性地质大学,赵鹏大根据国外大学的发展状况,适时提出要建设"现代型、开放型、国际型综合性地质大学"的新目标。

---

① 赵鹏大与中国地质大学(武汉)马克思主义学院师生访谈,2012。

1993年,中国高等教育的跨世纪工程——"211工程"开始实施。赵鹏大深知"211工程"对中国地质大学既是一次机遇,更是一场挑战。他果断提出,力争中国地质大学进入"211工程"前列、创办地矿类世界一流大学的奋斗目标。在学校教职工代表大会上,他提出了学校"211工程"建设的目标、步骤、途径和措施,得到与会代表的全力支持,师生员工空前团结、奋发图强、艰苦拼搏(中国地质大学校史编撰委员会,2001,第205页)。1997年12月6日,国家计划委员会发文《关于中国地质大学"211工程"建设项目可行性研究报告的批复》,同意中国地质大学"211工程"建设项目正式立项,确定了其建设方案。2001年顺利通过专家对一期建设成果的评审和验收,2006年又顺利通过了第二期工程建设的评审和验收。中国地质大学跃进到了一个更高的平台,学校实力和影响力不断提升。

1995年,经过长期的思索和实践,赵鹏大提出了培养"五强"人才的思想,即爱国心和责任感强、基础理论强、创新意识和创造能力强、计算机和外语能力强、管理能力强。

早在1985年,赵鹏大就创造性地提出在武汉地质学院建立一个"地球科学实验班",探索培养地质创新人才的新模式,希望能培养出李四光式的人物,培养出大师(宋春悦等,2014)。2005年,赵鹏大等在"五强"人才思想的指导下,先后对国内外20余所著名大学地质教育状况展开了调研,对"地质学专业国家理科基础科学研究和教学人才培养基地班"和国土资源部"地质工科基地班"学生进行调查与跟踪,对我国优秀地质人才典型个案考察,并结合人才心理学、教育学和创造学等理论认真分析,提出地质类创新人才的5个基本特征,以及影响地质创新人才成长的7个主要因素,并由此提出了一系列地质创新人才培养的方法与途径,形成了较为完整的地质人才培养理论体系。

一分耕耘一分收获,中国地质高等教育能够取得如今的成就,赵鹏大院士几十年如一日的奉献与奋斗在其中起到了不可或缺的作用。2006年,因为赵鹏大在担任中国地质大学校长期间的突出成就,他荣获了国内唯一面向高校管理者的评选奖项——第二届"IET-方正大学校长奖"。

第五节　老骥伏枥地质，志在千里思辨

赵鹏大80岁后，曾回顾总结自己的学术生涯，"南北西东，奔波未停"。一方面，他继续从事科研工作，指导北京、武汉两地的研究生，偶尔承担一些教育部、科学技术部、国土资源部、地质调查局等委托的咨询、评审任务。他把工作时间分为三部分：北京三分之一，武汉三分之一，外地三分之一。现在他卸任校长，在北京的时间略多，约占二分之一，但每月至少去武汉一次，为时一周左右[①]。同时，闲暇之余，他还应用哲学方法的抽象思辨，对地质科学和教育管理思想进行了颇有深度的思考和梳理。2012年9月中国地质大学（武汉）马克思主义学院师生对赵鹏大院士进行了访谈，探讨总结其地质科学生涯中包含的丰富地质科学思想、教育管理思想以及哲学方法论。其中涉及到学科之间的综合与创新、科学价值与科学伦理、科学研究中的简单性原则和不确定性原则以及对立与统一原则等多方面内容。

例如关于学科的综合问题，赵鹏大认为应从实际出发，做学科之间的交叉更有助于解决一些实际问题。如数学地质研究，需要地质学家、数学家和计算机科学家协调合作才能最有效地发展理论并解决具体问题。同时，他认为科学的发展要结合科学史，特别是地质科学的发展更要结合地质学史，根据科学发展中的科学思想总结出科学发展的规律，从而获得前人的智慧，为科学的发展提供动力和导向。科学思辨与哲学思辨是一脉相承的，科学的发展与创新并不是一个无方向的混沌过程，其发展本身与我们对外部世界的认识能力是相关的，特别是从科学实在论的观点来看，我们的科学知识是累积的，其中证据充足且为真的陈述必然与其表征的外部世界相关联，科学的理论表征也因其能够指称相同的外部世界而必然发生关联，因此不同学科之间的交叉能够帮助我们更好地认识世界和改造世界。

赵鹏大从幼年颠沛流离，少年艰苦求学，到青年时期坚持学习地质，开

---

① 赵鹏大与中国地质大学（武汉）马克思主义学院师生访谈，2012。

启了一代地质大师的"矿"意人生；从心系祖国建设，踏遍万水千山找矿到耕耘高等教育，培养地质人才，赵鹏大投身科学与教育虽有坎坷磨难，却始终坚持不懈。他在人生道路中，坚持"艰苦朴素，求真务实"，这正是所有地大人秉持的精神。这种精神在1994年由温家宝总理总结，并于2004年正式成为中国地质大学的校训。功不唐捐，玉汝于成。赵鹏大的理想和追求值得我们仔细研究和学习。

赵鹏大年过80后，依然保持着良好的身体状态，活跃在他一生钟爱的学术舞台，其拳拳报国心和责任感愈加强烈，愈加不知疲倦地为国家和社会奉献余热，正如他在《保持健康体、年轻态十诀》中所写"忘记年龄，淡化病痛；交年轻友，言行交融；量力工作，适度运动；坐姿端正，气血畅通；大步快行，昂首挺胸；天天阅读，日日笔耕；勤于动脑，凝练集中；遇事淡定，处事冷静；公益事业，尽我所能；呼吸不止，奉献不停。"

2012年，赵鹏大、莫宣学和翟裕生三名院士联合牵头承担了中国地质调查局重大项目"大型－超大型矿床形成的地球动力学背景、成矿过程与定量评价"（2012－2015年），开展了以地球动力系统、成矿系统和勘查评价系统"三位一体"的大型－超大型矿床成矿地质特征和勘查评价的科学研究，探索将基础地质、矿床地质和勘查地质三者紧密结合、相互渗透的定性与定量研究，旨在建立和寻找大型—超大型矿床的成矿和找矿模型。

2013年3月，赵鹏大接受《中国国土资源报》的专访，阐述了大数据时代需重视数字地质研究的观点。同年6月，已是82岁高龄的赵鹏大在云南省麻栗坡县南秧田钨矿床野外考察，还亲自下矿井指导工作。

2014年，赵鹏大在第十三届全国数学地质与地学信息学术研讨会上作题为"大数据和数学地球科学的新角色"的大会报告。

2015年，赵鹏大在《地质通报》上发表题为《大数据时代数字找矿与定量评价》的论文，并在西安召开的中国地质学会2015学术年会上作"成矿预测大数据平台及'云找矿'服务系统建设"主题报告。

2016年7月，赵鹏大受聘商洛学院双聘院士，不但毫无保留地帮助商洛学院做好专业和学科建设，还将学院所发津贴全部拿出设立了"赵鹏大奖学金",奖励商洛学院品学兼优的学子。同年10月,赵鹏大赴长沙参加第十五届全国数学地质与地学信息学术研讨会,并作题为"深部找矿:矿产勘查的新阶段,数学地质的新任务"的大会报告。

2017年,赵鹏大心系国家紧缺战略矿产资源对经济发展的影响,联合李曙光等6位院士提出大力加强四川杂卤石型钾资源地质勘查与技术开发的建议。他还应邀为地质类高校青年教师上"矿产勘查学"示范课,与来自全国各地的青年教师分享课堂教学经验。

2018年1月,赵鹏大接受《中国国土资源报》记者采访时指出"新时代地质工作将会与经济社会更加紧密结合,系统、综合、定量、立体、新型、智能、绿色、惠民将成为新时代地质工作的新特征"。同年6月,他还应教育部留学服务中心邀请与800余名公派出国留学的师生分享其留学经历和治学感悟,鼓励大家"干惊天动地事,做隐姓埋名人"。赵鹏大参加院士大会后,感慨于会上把建设科技强国作为根本任务而辗转难眠,提笔写下《创新图强,从我做起》的短文,指出"这一切都是要从不同角度和不同方面推进创新型国家的建立而努力开展的工作,最重要的是创新图强不能停留在一般号召上,不能搞形式主义,要踏踏实实从一点一滴做起,从现在做起,从我做起"。他还挤出宝贵时间为中学生们作科普报告,畅谈地质人生路及人生感悟,引导他们热爱科学,崇尚科学并建立今后献身科技事业的人生信念。同年10月,赵鹏大在第十七届全国数学地质与地学信息学术研讨会上作题为"地质大数据特点及其合理开发利用"的大会报告。赵鹏大87岁高龄还坚守三尺讲台为研究生讲授"科学思维与方法"和"地球科学进展专题"两门课程。

2019年2月,赵鹏大获2018—2019年度"华人教育名家"称号;同年2月,赵鹏大与中国地质大学师生合唱校歌《勘探队员之歌》登上中央电视台音乐频道《合唱春晚》特别节目。即便已是88岁高龄,赵鹏大仍在坚持招收和指导博士研究生,仍在不知疲倦地为本科生编写《数字地质》教材。

赵鹏大的科学成就的取得,并不是简单、轻而易举的事情。这些成就的取得,离不开赵鹏大做人做事的高尚人格,体现在他一生坚守的"行为准则",赵鹏大总结为以下几个方面。

1. 求异创新

在事物中发现差异,对事物提出自己的见解和看法,不愿人云亦云,言人之所未言,为人之所未为。在学术研究之中崇尚创新,强调求异。在工作中要力争做一些前人未曾做过的事。

赵鹏大总结出:人生的乐趣在于发现,见人之所未见,要有新发现。无论大小巨细,新发现都是有价值的,都是最大的乐趣。

看一篇文章、一本书,除了吸收其中有价值有意义的东西外,总是要努力找出它有什么不足,存在什么问题。反之,看一个人,首先要着重考虑他有什么优点,有什么长处,有什么值得学习。求异不是光看不足或问题,也包括发现优点和特色。

只要观察细微,深入思考,反复比较,了解常态才能发现异常,所以求异思想能引导深入思考、注意细节,"天下大事必成于细"。求异是创新的前提,创新不论大小都是贡献,都有价值,"勿以善小而不为"。要使求异创新成为一种习惯、一种思维和行为方式。

2. 追求完美

不论做什么事,大事小事,公事私事,都要求尽量做到完美。高标准、严要求、认真细微、一丝不苟、不留遗憾、不留尾巴。自己能完成的事,不麻烦别人。自己做的事,不给别人留下麻烦,不让别人补漏洞,不留后遗症。

追求完美是一种思想境界,是主观意识,是品格标准。要求不高的人,科学一定马马虎虎,一定是得过且过,一定活得没有品位。

只有没想到的,没有没做到的。只有没想好的,没有没做好的。既然做,就要做好,就要以一流标准要求,就要做得质量最佳。有了这种主观要求,但不一定真正能达到这种地步,所谓"取法于上,仅得为中,取法于中,故为其下""不想当将军的士兵不是好士兵",不想夺取冠军的运动员不是好运动员。想不想做得最好是态度问题,能不能做得最好是能力问题。首先要有好的态度,才能激发出好的能力。

赵鹏大在"文革"期间和"五七干校"劳动时,打扫厕所、当炊事员、烧开水,他都要求做到尽善尽美,高标准严要求。其实,这是最不容易的,因为这是小事,是"委屈"的事,一种对付一下就可以过得去的事。至于大事,负责任的事,要求做好那是理所当然的。

3. 虚心和诚心

为人处世,对待事业,对待工作,对待他人,都要虚心、诚心。虚心和诚心紧密相连,虚心不是虚情假意,而是真心诚意。

对己要虚心,心怀若谷。不能有一丝的骄傲和自满,不能有官架子,不能有学阀、学霸作风,不能有家长式作风,不能自命清高、脱离群众,不能自以为是、目空一切……总之,虚心是一种修养,是一种品德和素质,是一种常态。

对人要诚心,实心实意。不能有忌妒之心,不能算计别人,不能口是心非,不能蔑视别人,不能亏待别人,不能议论别人,不能利用别人,更不能损害别人。相反,要尊重别人,多看别人优点,虚心向别人的优点学习。即使给别人提意见,也应虚心诚恳,与人为善。宁愿人负我,不要我负人。有时还以德报怨,不计前嫌,切不可有报复心理或幸灾乐祸之心。赵鹏大从未感到谁是他的竞争对手,谁对他有何威胁,当别人有需要的时候,尽可能给以帮助,他从不会想到要取得回报。"严以律己,宽以待人,与人为善,助人为乐",这是他的基本原则。无论自己处于什么地位或状态,高官,顺境,行时如此;平民,逆境,背时也如此。

4. 恒心和耐心

做任何一件事,都需要恒心和耐心。这种品格要从日常生活中的小事做起,要从比较容易的事做起,比如坚持每天起床后第一件事是叠被,坚持正确的坐姿、行姿,坚持每天的锻炼,坚持良好的生活习惯,坚持守时守纪等。

恒心与耐心,相辅相成。有恒心才会遇到困难时有耐心,有耐心才能促进有恒心,把事情做成做好。

恒心和耐心是保持常态的必要条件,常态应随年龄之变化而有所不同。例如,每天阅读,每天写日记或其他文稿都需要恒心和耐心。对青壮年来说,恒心和耐心是事业成功的前提和保证;对青年人而言,恒心和耐心对身心健康都有很大作用。如果三天打鱼两天晒网则一事无成。赵鹏大提出的"四保持"就是恒心和耐心的具体表现。

保持生命的价值：坚持每天有一点贡献，做一点有意义的事，保持"工作态"或"劳动态"。

保持生命的活力：坚持每天的大步快行，坐姿端正和精神乐观，保持"年轻态"和"健康态"。

保持生命的常态：守时有序，整齐卫生，阅读笔耕，保持"学习态"和"上班态"。

保持生命的惯性：日复一日，保持"稳定态"。

5. 有心和专心

"功夫不负有心人"，办事有心是一种积极态度和主动精神，不作为或无所作为的人都不会有的。有心的人就是经常主动思考问题，主动提出问题，主动解决问题。要想推动事物前进和发展，就必须有这种主动精神，要多思、多做。例如在学校工作，就必须考虑把学校引向何处，达到什么目标，学校如何发展，前沿是什么，趋势是什么，高术是什么，难点是什么，方法是什么，等等。学生质量如何提高，师资水平如何提高，学校发展的瓶颈是什么，这些问题都需要校长有心。调动全校师生员工积极性，让大家都成为办学、学习的"有心人"。只有这样，学校才能办好，才能朝气蓬勃。

专心是一种执着精神，是一种专注和聚焦的能力。赵鹏大常说：人要善于"弹钢琴"，有时需要用"兴奋点转移"或"注意力转移"法，这是指同时有许多事情需要做时，必须做到有条不紊，互不干扰，但做任何一件事时，必须注意力集中，专心致志，不能三心二意，干这想那，否则什么事也做不好。赵鹏大长时期业务与行政双肩挑，白天干行政工作，晚上搞专业技术，这就需要善于"兴奋点转移"，即使是行政工作或专业技术，也有同时干多样、多类工作的时候，这就需要善于"弹钢琴"，该做的都要做，但必须合理安排时间和轻重缓急，而做每一件事时必须专心，不受其他因素干扰，这也是需要我们锻炼的！

6. 决心和信心

一个人要有远大理想和奋斗目标,要实现理想和目标,要完成任务和计划,都需要决心和信心。

赵鹏大在担任武汉地质学院院长、中国地质大学校长后,第一个目标就是改变学校单一地质类学科,实现多学科综合发展和建设理、工、文管相结合的地质大学;第二个目标就是办成一个三项功能(培育人才、科学研究和社会服务)和三型(现代型、开放型和国际型)的高水平大学;第三个目标是努力提高学校的"贡献力、影响力、竞争力和创造力",这"四力"是相辅相成的,也是多方面的、综合性的。他认为,要做成这些事,不是一蹴而就的,不是短期可以实现和实践的。这就需要决心和信心,特别是前进道路上遭到挫折,甚至出现了一些失败,也不能动摇决心和信心。其实做任何一件事,都要有决心和信心,事业上如此,生活中的事也是如此。例如战胜疾病、锻炼身体、教育子女等都需要决心和信心。下决心需要在不确定条件下进行选择,在众多选择中做出决策,一旦决策已定,则应力求实现,不可轻易动摇。既然选定目标,就要有信心实现,优柔寡断、患得患失、朝令夕改都是不可取的。关于信心,不是盲目自信,自信感是建立在对自己状态的评价和对客观环境及条件充分分析基础之上的一种科学判断。所以,决心和信心都是有科学依据的。

7. 热心和爱心

对事对人,都要有热心和爱心。热心是一种主动精神,是一种激情的表达,是热爱生活、热爱工作、热爱周边一切事物的自然流露。如把事情做好,把公益活动搞好,把与朋友的友谊维持下去并不断加深,都需要有热心,有激情,有主动精神,有无私奉献精神。做事和做人如果没有热心,就会对一切事物冷漠与无情,平常表现就是无精打采,得过且过;工作上就会平平淡淡,不求有功但求无过,做一天和尚撞一天钟,这样的人可能不会犯大错误,但生活与工作质量一定不高,失去了做人的价值。

爱心则是一个人精心、细心、关心、耐心、有心的综合体现,是一种心态和境界。知识水平高的人智商可能高,但不一定情商高。知识水平高的人不一定是有爱心的人,也可能是很孤僻、很清高、很自傲,甚至很自私的人,这样的人绝不会有爱心,因为爱心是付出而不是索取,是主动而不是被动。一个人在集体中必须要有爱心才能关心他人,才能得到别人的喜欢和爱戴,要主动发热才能使别人、使集体温暖;要主动温暖别人,而不是要求别人温暖自己。

8. 淡定与担当

遇事要淡定,出事要担当。淡泊名利,淡泊病痛,淡泊逆境。总之,凡事都冷静对待,妥善处理。对自己,主要是不计较个人得失,更不争名夺利。赵鹏大从未考虑过职称、待遇、名誉、地位等涉及个人好处的事,从未向组织或他人提出过这方面的要求和条件。他一直不清楚自己的工资是多少,奖金有多少,从未考虑过如何去赚钱、去获利;从未把钱和名誉地位看得很重,有了,很好;没有,无所谓。所以他的健身之道其中一条就是"名利无争",保持健康体和年轻态十诀中的一条就是"忘记年龄,淡泊病痛",无论在他长期担任学校行政领导职务或是他在面对科研教学以及生活压力时,他都会首先冷静对待,以苦为乐,苦中求乐,他在总结地大精神时就提出"视困难为机遇,视逆境为阶梯,视公益为己任,视得失为等闲"。总之,要做到自我减压,要举重若轻。一旦出了事,就要勇于担当,不回避问题,不推卸责任,不埋怨客观,不怨天尤人。他在就职校长后不久就当众宣布:他不怕告状,有做得不对的大家可以向上告状,他不怕以势压人,联合签名之类的东西。不可能办的事,办不到的事,有多少人联合签名也没用;可以办到而应该办的事,没有一个人签名也要办。

9. 平凡与出彩

平凡就是要做平凡人,不论职务多高,学问多大,也是普通一员,是一个平凡的人。平凡就是永不自满、自傲,不盛气凌人,不高高在上。赵鹏大自认是一个出身很平凡的人,父亲是沈阳铁路局的小职员,没有受过高等教育,但他勤学苦练,写一手好字,尤其是工笔小楷,他每写一封信,都要用工笔小楷誊写一遍,装订成册,名为"文轩信稿"(文轩是父亲的字,大名为赵桂章),他积累的信稿本有好几大本,可惜未能留传下来。母亲是没有上过学的家庭妇女,但是一位地道的贤妻良母,他还有一个哥哥,所以他是平凡出身,来自平凡的家庭。但是,赵鹏大有着很不平凡的生活经历、学习经历、工作经历和人生经历。从出生4个月时"九一八"事变爆发,他就开始随家背井离乡逃难沈阳入关,1937年"七七"事变又从河南逃往四川,直至1946年抗日战争胜利后第二年才从四川、重庆乘木船等经过千难万险回到东北,经过9所学校才从高中毕业,大学毕业后又去哈尔滨工业大学学俄语,北京俄专(北京俄文专修学校)留苏预备部,再到苏联攻读硕士学位3年,工作从助教到教授,从教研室主任到校长,担任一所学校之长工作达22年之久,自1984年招收博士生至今已培养100多名博士生。所有这些,不是能"复制"的。所以,一个平凡人,有过不平凡的经历,平凡人要努力做不平凡的事,这就是出彩。所以,赵鹏大的准则是:做平凡人,做出彩事,或者说,做人要平凡,做事要出彩。

10. 善始与善终

"好的开始是成功的一半",赵鹏大很重视有一个好的开端,"万事开头难",所以要善始绝非易事。成功的找矿要从精准的预测开始,优秀的论文要从选好题目开始。总之,走好第一步是十分重要的,凡事要善始。更重要的是善终,毛主席曾说过:"办一件好事不难,难的是一辈子办好事。"做好一件事,开头做得很好,但一直坚持到最后,把整个事情办好就不容易,特别是要做成一件事,中间的过程有时是千辛万苦,有时是遇到很多挫折和困难。在这种情况下,做到不动摇、不气馁是要有足够勇气、信心和毅力的,所以,有时善终更难。

做人更需善始善终。漫长人生道路绝非风平浪静,经常会遇到各种新情况、新事物,会处于新环境、新状态,不论处于何种状态,都要遇事不惊、冷静对待、泰然处之、妥善处理。赵鹏大曾写过这样的话:"视困难为机遇,视逆境为阶梯",要力图变坏事为好事,变害为利。应该说,经历各种挫折和失败而最后胜利到达终点才是最可贵的,才是最有价值的。人的一生要经过无数次考验、失败、成功、再失败、再成功,直到最后成功,这才是有意义的人生,才是值得骄傲的人生。

第二章 贡献与影响

> 作为一名教师、一名伟大的地球科学研究者和中华人民共和国地质人才培养的领导者,您实现目标的工作能力、才能以及顽强的性格让您在科学活动中获得了公认的成功。作为校长,多年来您成功地领导了中国地质大学。您无与伦比的工作能力、效率以及责任已成为专业精神和忠于选择的光辉榜样。
>
> ——莫斯科国立大学校长、俄罗斯科学院副院长萨多夫尼奇

赵鹏大是一位杰出的地质学家。在矿产普查与勘探、数学地质两个学科,有着突出的贡献,是这两个学科在中国发展的开拓者和引路人。作为我国"数学地质之父"和在国内外的广泛影响力,赵鹏大被选为中国科学院院士、俄罗斯自然科学院院士、国际高等学校科学院院士、俄罗斯工程院院士。

赵鹏大有着出色的管理才能。他在担任武汉地质学院院长、中国地质大学校长期间,带领学校实现了跨越式发展。同时,他也是一名杰出的学术带头人,主持了众多重要的科学研究项目,并在欧洲、亚洲和美洲的各种国际学术会议上弘扬中国的地质科学,是中国地质学者在国际上的杰出代表。

不仅如此,赵鹏大还是一位卓越的地质教育家。在长期的教学和管理

实践中,他形成了对人才培养的独到和深刻的见解,为祖国培养了一大批高级地质人才,为我国地质教育事业做出了重要贡献。

同时,赵鹏大还是一位独具特色的科学思想家。在进行地质学实践探索和研究过程中,他自觉地运用了丰富的、辩证的科学和哲学思维方式,对科学实践进行了提炼和升华,形成了独具特色的、丰富而深刻的科学思想,奠定了他在国内外地质科学发展中杰出的科学家、思想家的地位。

对于赵鹏大在地质科学研究、地质教育等方面的贡献,国内外专家给出了高度的评价。

赵鹏大院士,一位为数学方法勘探应用做出了重要贡献的杰出地质学家。作为一名教授,他教授了这一领域许多地质学科的课程。作为在武汉首次举行的矿床统计预测和评估国际研讨会的主席,赵鹏大做了大量的工作。除此之外,赵鹏大多年担任国际数学地质协会会员,促进了数学地质在中国和世界的发展。他是亚洲第一个获得克伦宾奖章的人。"尤其需要提到的是赵鹏大杰出的管理才能。早在1959年,他就担任了北京地质学院教研室副主任,1980年任教研室主任,1983年任武汉地质学院校长,1994年成为中国地质大学校长"(方熠等,2011,第31页)。"赵鹏大教授是一位优秀的科学家,既具有采矿工程师和地质学家的专家素质,在中国地质学进一步发展的理论与实践中探索新的科学问题,也结合了一名高超的学术领导人、学术导师的素质"(方熠等,2011,第40页)。在国内外地质公司及设计院里,他的一系列勘查方法和实践经验得到了广泛应用。俄罗斯的地质专家们在教学和科研过程中广泛引用他的文献。地质矿物学博士卡玛申科,俄罗斯地质勘探大学副校长也赞赏赵鹏大是一位优秀的科学家。"1989年在中国地质大学(武汉),在矿床普查与勘探基础上赵鹏大教授为解决地质过程数学建模问题创建了综合的专业科学研究实验室,有针对性地对矿床普查、勘探与开发问题进行了研究。这也是他最初在研究与中国矿产勘探领域相关科研方向发展中做出的一个重要贡献"(方熠等,2011,第30页)。"赵鹏大院士极大地促进了地质科学的发展,主持了中国地质大学(武汉)和中国国土资源部的很多科学研究项目。数学地质的理论、历史和实践成为他的主要指导依据。每年他都参加欧洲、亚洲和美洲各种国际学术会议,讨论世界科学的前沿问题,弘扬中国的地质科学"(方熠等,2011,第40页)。卡玛申科与赵鹏大多年合作,对赵鹏大的学识和敬业精神充满敬佩。莫斯科国立大学校长、俄罗斯科学院副院长萨多夫尼奇院士曾在赵鹏大80寿辰的贺词中肯定了赵鹏大实现目标的工作能力、才能以及顽强的性格,这些是他在科学活动中获得成功的关键。

在数十年的地质研究生涯中,赵鹏大取得了丰硕的成果。他撰写并出版了大量论著,在国内外期刊上发表学术论文150余篇,其中包括基础教材、教学手册、专著、学术论文、教育研究论文等30余篇,荣获国家自然科学三等奖一项,"七五"科技攻关重大成果奖一项,教育部科技进步一、二等奖各一项,其他省部级科技成果奖多项,国家教学成果二等奖一项,湖北省教学成果一等奖一项。他于1960年被评为"北京市先进工作者",第七届全国人大代表;1988年被授予"国家级有突出贡献的中青年专家"称号;2006年获得IET-方正大学校长奖等荣誉。由于在数学地质领域作为研究者、教育者及带头人的长期经历和突出贡献,1992年他被授予国际数学地质协会最高奖——克伦宾奖章,成为获此殊荣的第一位亚洲人;1993年当选为中国科学院院士;2011年被授予国际数学地球科学协会"终身荣誉会员"称号,是获此荣誉称号的第五人。

归纳起来,赵鹏大在地质科学研究领域的贡献主要表现在以下三个方面:地质科学思想、地质教育和管理理念及地质哲学思辨。

第一节 地质科学:引进新学科,开创新方法

赵鹏大在地质科学研究的多个领域都有突破与创新,取得了很多创造性的成果,主要集中于矿产普查与勘探和数学地质两个学科。

一、开拓矿产普查与勘探学科的若干新内容

从苏联回国后,赵鹏大在北京地质学院工作,承担了重要的教学和科研

任务,并于1960年晋升为副教授。1958—1962年,赵鹏大参加了福建地质填图及找矿工作,参与编写专著《闽浙湘赣区域成矿规律》(1960年),在该专著中提出"区域勘探评价"的概念,并以专门章节对其进行论述(中国地质大学校史编撰委员会,2001,第200页)。从此,专家学者及后来研究者对"区域勘探评价"这一概念有了系统和清晰的认识,这是首次从大区域角度研究矿床勘探程度、勘探精度及合理勘探程序。另外,赵鹏大还提出了矿床勘查与评价最优化原则,包括以下五个方面:①最优地质效果与经济效果的统一;②最高精度要求与最大可靠程度的统一;③模型类比与因地制宜的统一;④随机抽样与重点观测的统一;⑤全面勘查与循序渐进的统一。在五个最优化原则的基础上,赵鹏大进一步提出矿床勘查的最优化战术决策及战略决策,从整体上考虑了地质勘探过程中多种因素之间的协调问题。

赵鹏大将矿产普查与勘探学科的一些新概念、新内容引入中国,并将其编入地质教材中,不仅开拓了我国地质研究的新领域,增强了我国矿产普查与勘探学科的理论基础,而且为矿产普查与勘探地质学未来的发展提供了研究平台。基于其重要性,以赵鹏大为学科带头人的矿产普查与勘探学科,于1988年被评为国家重点学科。赵鹏大在长期的地质探索中,不仅为我国地质学开创了很多新的研究领域,针对实地研究中出现的各种问题,还提出了很多创新性的见解,解决了很多地质学研究中的疑难问题,他提出的矿产普查与勘探概念及其学科的建立,在我国地质学发展史中占据了重要的地位。

二、中国数学地质学的开创者之一

早在苏联留学期间,赵鹏大就开始在找矿勘探中运用数学分析来解决问题,为其后的研究奠定了基础。20世纪60年代,留学苏联归国后不久,赵鹏大便首次开始我国数学地质的研究,系统地研究矿床勘探中数学模型的应用问题,利用数学模型模拟了矿床勘探过程。这在当时是一个重大的学术突破。在此之前,中国找矿更多的是凭借经验。他的数学地质概念刚刚提出,就在地质界引起了关注。1978年地质出版社出版了《宁芜火山岩盆地铁铜矿床成矿规律、找矿方向及找矿方法研究》一书,书中由他执笔编写的《宁芜地区铁矿床统计预测》,作为项目整体的一部分,于1982年获国家自然科学三等奖。在接下来的几年里,他在科研方面更是焕发出更大的活力,研究成果接二连三地发表。在1982年发表的《试论地质体数学特征》中首次论述了"地质体数学特征"的内容和方法。在1991年发表的《初论地质异常》中系统阐述了"地质异常"的不同模式、不同尺度水平、成矿意义及其表示和研究方法。他于1990年完成的专著《地质勘探中的统计分析》,被同行专家鉴定为"总体上达到国际水平,其中部分数学地质方法的应用达到国际先进水平,地质体数学特征研究处于国际领先水平"。

此外,他还提出了"矿床统计预测"的基本理论、准则和方法体系,并以此为内容编写了教材和专著,在我国首次创立了"矿床统计预测"学科方向,以他为首编著的《矿床统计预测》获原地质矿产部优秀教材奖。随后,国务院学位委员会批准他为矿产普查与勘探和数学地质两个学科的博士生导师。20世纪80年代,是我国地质学研究突飞猛进的年代,是不断推出创新成果的年代。在此期间,赵鹏大不断丰富数学地质的研究,建立了地质体数学模型。在《矿床勘查与评价》专著中,针对矿产勘查难度日益加大的现状,他提出了集"理论找矿、综合找矿、立体找矿、定量找矿"为一体的找矿新思路。1989年,在美国华盛顿召开的第28届国际地质大会上,赵鹏大宣读了《矿产定量预测的基本理论、基本准则和基本方法》报告,这也是他首次在世界科学舞台上,系统完整地将"数学地质"研究进展公布于众。

2001年5月,中国地质大学主持召开"成矿多样性与矿床谱系"国际学术讨论会,赵鹏大首次提出"三联式"成矿预测理论。"三联式"成矿预测强调地质基础的重要性,以识别、揭示、提取新型的及深层次的成矿地质信息——各种类型和尺度的致矿地质异常为重点。"三联式"成矿预测是把作为预测对象的矿床放到预测区的成矿时空及成因演化系统中去考查,通过揭示成矿多样性建立矿床谱系去预测矿床。这一理论的提出,得到了国内外学术界的普遍关注和广泛赞誉。

赵鹏大在我国地质科学的发展过程中，做出了很多开拓性的贡献，丰富了我国地质科学研究的领域和方向，创造性地将定量思维运用于地质科学研究中，创立了数学地质学新学科，开拓了地质科学研究的新领域。他应用数学方法成功解决了地质学中的很多实际问题，并得到了快速发展。目前，我国数学地质研究成果显著，在国际上有较大的影响力，这与赵鹏大的长期努力是分不开的。从1992年起，每四年召开一次的国际地质大会数学地质学科的分组会上，都有中国学者担任召集人或联合召集人。2007年，我国成功举办了以"数学地质及地学信息与资源环境灾害"为主题的第12届国际数学地质大会，这是国际数学地质大会首次在中国举行，也是议题综合规模较大的一次年会。赵鹏大在数学地质学方面的成就得到了国际社会的广泛认可。1992年克伦宾奖的获得，使赵鹏大不仅在中国数学地质学领域占有重要地位，在国际数学地质学领域也享有盛名。如今，我国数学地质学科优势领域和特色方向明显，国际地位也不断提高，离不开赵鹏大长期以来的努力和付出。卡玛申科指出："在他的指导下，很多年轻有为的地质学家和他的学生从事了数学地质学领域的研究，并成立了独一无二的、具有世界水平的中国数学地质科学学派。"（方熠等，2011，第32页）

除了矿产普查与勘探和数学地质学两个学科之外，赵鹏大在社会地质学和资源产业经济学方面也做出了开创性的贡献。1996年他提出"社会地质学"概念及研究内容，这一理论从地质学的角度，为人类社会的人地关系问题提供了指导思想和较为有效的解决方式。1998年他又提出开展"非传统矿产资源基础研究"，对非传统矿产资源的认识既具有重要的理论意义，又具有重要的现实意义。非传统矿产资源的开发，为保证矿产资源的可持续供给提供了解决的途径，为社会的可持续发展提供了能源的保障。

三、赵鹏大地质科学研究的贡献与影响

赵鹏大在矿产普查与勘探和数学地质学两个学科做出的贡献，在我国地质科学发展史上占据重要的地位。矿产普查与勘探学科是赵鹏大的主攻

学科,他在该领域所做出的突出贡献,使得中国的地质研究在该领域逐步走向正轨并有所建树。赵鹏大在数学地质学方面的成果,不仅使他成为了我国数学地质学的开拓者和奠基人,也使得他在国际数学地质领域享有盛誉,并获得"中国数学地球科学之父""杰出地质学家""优秀科学家""学术带头人""学术研究的楷模"等美誉。

全面总结赵鹏大地质思想,对于 21 世纪中国地质事业的发展无疑具有重要的指导意义和启示意义。我国地质工作取得了长足进展,离不开像赵鹏大等地质工作者探求真理、不懈追求的科学精神。我国地质工作所取得的进展,进一步验证了地质工作者实事求是的工作作风。地质勘探工作是一个实践、认识、再实践、再认识的探索过程,地质勘探工作的发展,使得我国地质学研究水平得到了提高,地质勘探工作的实践性也得到了重视,地质工作者的意志得到了锻炼,这些都更加有利于地质工作的开展和地质事业的发展。赵鹏大地质思想对地质工作实践有着指导意义,促进了地质精神的发扬,赋予地质精神新的涵义。

赵鹏大在数学地质领域的开拓性工作及突出贡献也得到了国际地学界的高度认可。1992 年 8 月,来自 100 多个国家和地区的 5000 多名学者齐聚日本京都,参加第 29 届国际地质大会。正如该届协会主席麦坎蒙博士在致词中所说,"赵鹏大教授在数学地质领域作为研究者、教育者和带头人的长期经历和对数学地质的杰出贡献使他荣获克伦宾奖章当之无愧",并称赵鹏大为"中国数学地质之父"。1995 年,他当选为俄罗斯自然科学院院士和国际高等学校科学院院士,被莫斯科大学授予名誉教授称号,还获得了莫斯科地质勘探科学院名誉院士和纽约科学院院士等殊荣。1996 年他获得了俄罗斯彼得大帝金质奖章。2011 年 5 月 6 日,国际数学地球科学协会授予赵鹏大国际数学地球科学协会"终身荣誉会员"称号,他是第五位获得该荣誉的科学家。他的一些地质学理论和成果,不仅在中国地质学领域内是开创性的,在国际地质学界也是超前的。很多创新性的解决问题的思维方式和实践方式不仅适用于中国地质学问题的解决,在国际地质学领域也同样受到相当的关注。赵鹏大在他的《人生感悟》一文中总结了他的治学理念为 16 个字——"定量求异、突出实际、交叉创新、重视普及"（方熠等，2011，第6页）。他的科学思想在当代地质科学发展中具有重要的引领作用，有力地促进了中国地质科学在矿产普查与勘探和数学地质学领域大批成果的取得，对发展地质科学也将继续发挥指导及借鉴作用，帮助国内外地质科学工作者取得更加丰硕的成果。

第二节 地质教育：关注教育，创新育人

关注教育、重视人才培养是赵鹏大科学思想体系中的一个重要组成部分，是他重视科学技术发展的重要体现。赵鹏大在从事地质科学研究的过程中，为国家培养了大批优秀地学人才，在长期的教育实践中形成了系统而全面的教育思想，并根据自己的亲身经历，结合现代地质科学发展的情况，形成了我国培养地质科学人才的教育思想与教育体制的改革方案。他坚持地质科学工作以人为本，始终重视培养青年学者，提携青年地质科学研究人才；提出了德、智、体、美、劳全面发展的人才教育观和开拓创新、注重科学精神及创新人才培养等创新理念。

一、培养地质人才的时代背景

赵鹏大在其教学生涯中，既勇于参加教学实践，又善于总结教学经验，不断改革，不断前进。中华人民共和国成立初期的国情，决定了中国必须优先发展重工业，快速赶上先进工业国家的经济发展状况，这关系着中华民族的前途和命运。地质工作是重工业发展的探路者，是重工业发展的原材料供应源。毛主席提出"开发矿业"，表明地质事业的发展在当时中国占据着重要地位。地质工作的进一步发展需要先进的设备，更需要有大量掌握先进技术的人才。赵鹏大从到北京地质学院任教至今，和其他地质学家一起，培养了大量的国家急需的优秀地质人才。地质人才的增加直接推动了地质队伍的壮大，地质勘探事业也在各个方面有了迅速的发展，地质机构也逐步完善，地质科研和地质教育都有了很大的进步。

二、人才培养成果及经验

赵鹏大在数十年的教育生涯中,培养了200多名硕士、博士后和博士后,为地矿事业的教学、科研和生产单位输送了大量技术骨干和优秀人才。

在学科发展竞争中,首先是人才实力的竞争。在赵鹏大多年的辛勤耕耘和培育下,涌现出了一大批优秀学科带头人和专业技术骨干,带动了整个学科的发展,提高了学科水平。赵鹏大也非常重视培养青年科技工作者,在对待年轻同志的教育上,他精益求精,从严要求,诲人不倦,甘为人梯和铺路石,积极指导和支持他们进步,使一大批中青年同志很快地成长起来,成为学科的骨干力量,为学校梯队建设、学科建设做出了贡献。

赵鹏大认为,学术研究和研究生培养必须注重创新能力的培养,闭门造车就是死路一条,要以开放和创新的眼光看待科学。他重视国际学术交流,鼓励研究生们参加各种国际学术会议。在国际会议论坛上,在欧美高校的讲坛上,经常可以看到他和弟子们参加学术交流的身影。

赵鹏大对教育教学的孜孜以求和精益求精给学生们留下了难以磨灭的印象,对他们的人生道路产生了深刻影响。赵克让在《校长楷模》一文中回忆道:"1960年,年仅29岁的赵鹏大晋升为副教授,他从没有因为是副教授、副博士而拒绝或减少给本科生上课,他主讲的"矿产普查与勘探""数学地质"等课程深受同学们欢迎,为本科生的成长打下了坚实的基础。"(方熠,2011,第55页)北京地质学院毕业的一位学生,后来成为了中国科学院的院士,曾深有感触地说:"赵老师教风好,既讲理论又讲实践,重视基础理论,指导我一生健康成长,才有了今天。"(方熠,2011,第55页)原中国地质大学(武汉)校长张锦高也谈到赵鹏大的精神。他说:"赵院士始终把教书与育人联系在一起。从50年代开始,他就一直非常注重培养学生的创新意识和实践能力,并且一直坚持带学生到野外、到矿山进行教学实习和科学研究。无论是在课堂教学上,还是在野外实践教学中,他都很注重引导学生破除因循守旧、墨守成规的旧观念,很注重鼓励学生通过自己创造性的劳动为社会做出贡献,很注重培养学生的求知欲望、学习兴趣、洞察科学问题的能力、灵感与思维爆发力和吃苦耐劳的精神。他为人师表的风范对学生影响很大,在他直接指导的学生中,涌现出了一批优秀学子。"(方熠等,2011,第69页)直到今天,池顺都、魏铁军、张寿庭、陈建国、夏庆霖、方熠等学生还经常在一起回忆与赵鹏大老师吃窝窝头、爬山找矿等感人场景。

在长期的地质教育工作中,赵鹏大积累了丰富的人才培养经验,强调培养地质人才德、智、体、美、劳全面发展的教育理念。其中,一是坚持教育改革,培养"五强"地质创新人才。1995年赵鹏大在《坚持教育改革,培养"五强"地学创新人才》一文中提出,中国地质大学应该培养具有"爱国心和责任感强、基础理论强、创新意识和创造能力强、计算机和外语能力强及管理能力强"的"五强"人才。二是教育创新与跨越式发展。2003年赵鹏大提出,在一定条件下,在某些地区和某些领域,我国高校是可以实现跨越式发展的,并指出实现高校硬件设施和量上的跨越式发展比起高校实质内涵的发展和质的提高要容易得多。教育创新应该贯穿高校发展的全过程,应成为高校全体工作者的自觉行为。要真正实现教育创新和跨越式发展,就必须制定具有实际效应、针对性强的发展规划,并明确新的发展阶段所赋予的新的任务。三是全面贯彻"地质大体育"教育观。赵鹏大在学校的教学工作中,非常重视体育教育在地质院校的开展。地质工作往往需要长期在野外奔波、风餐露宿,对体魄有较高的要求。重视体育教育的开展,体现了赵鹏大在地质教育中的全局意识和长远眼光。在地质大体育观的影响下,中国地质大学在攀岩、登山、羽毛球等多项体育竞技项目中取得了许多丰硕的成果,在国内外体育界占有重要的地位。

三、办学理念及高校管理成果与经验

赵鹏大担任中国地质大学校长长达22年,为学校的成立与发展奉献了自己的大半生。他在任期间也正是中国地质大学发展最为迅速的关键时期,在他的带领下,学校实现了跨越式发展。赵鹏大总结出其中的办学理念：一个为主（教学），二个中心（教学、科研），三项功能（人才培养、科学研究、社会服务），四力强校（创造力、贡献力、影响力、竞争力），五强人才（爱国心和责任感强、基础理论强、外语及计算机能力强、管理能力强、创新能力强）。他还提出要创办三型大学，即"现代型、开放型、国际型"；学科建设有八字方针，即"前沿、急需、联合、交叉"；加强"艰苦奋斗、严格谦逊、团结活泼、求实创新"的校风；整顿学风，提出"学风是灵魂，发现是核心，勤奋是关键，服务是根本"等。这些办学指导思想和办学理念，不仅对于中国地质大学的发展起到了重大的促进作用，对于我国其他高校的发展也具有重要的启示和借鉴意义。

多年来，赵鹏大对中国地质大学的精心管理，使得学校的发展事业蒸蒸日上，在苦练内功的同时，还积极开展国际学术交流和国际合作，与国际地球科学共同体建立了密切联系。中国地质大学先后与美国爱达荷大学、澳大利亚马奎尔大学、韩国忠南大学、日本东京大学等多所国外著名高校建立合作关系并开展学术交流，特别是与莫斯科大学建立了联合培养大学生的合作机制并长期坚持实施，为学校的国际化创造了必要条件。他多年担任国际数学地质协会的会员，促进了数学地质在中国和世界的发展。在中国地质大学与苏联机构的交流合作之后，又与俄罗斯机构、莫斯科国立大学及国际其他高校机构进行学术交流与合作。莫斯科国立大学校长、俄罗斯科学院副院长在致赵鹏大80寿辰的贺词中写道："我们非常感谢您在加强校际间科研合作和发展中所做出的贡献和工作。感谢您参与建立并成功地发展了莫斯科国立大学和中国地质大学的地质学家们之间紧密的联系。我相信，您将继续服务于科研和教学理念的进步，发展基础科学和基础教育的伟大传统，加强我们两校的相互联系以及加强俄罗斯人民和中国人民的相互联系"（方熠等，2011，第32-33页）。培养复合型人才和"五强"人才，为提高教学质量和满足社会不同需求提供人才保障创造了必要条件。如今，中国地质大学已是地矿类院校中的佼佼者，赵鹏大的名字不仅会被中国地质大学的历史永远铭记，也将在整个地学发展史中留下深刻的烙印。

四、教育改革理念

赵鹏大在教育改革中也有独到的见解,他强调,改革的目的是要调动一切积极因素使学校更有活力、更有生气、更能适应形势发展的需要。改革必须考虑有利于把学校办成教育和科研的中心。在培养学生以及精神产品的生产上,不仅要看数量,更要保证质量。为了培养德、智、体、美、劳全面发展的人才,教员既要教书又要教人,要对学生全面负责,倾注全部心血。因此,教育工作是不能简单地用工作量去衡量的。

经过教学改革,地质类高校新开设了许多更加细化的专业,新编和翻译了大量地质类教材,提高了教学质量。同时赵鹏大强调要提高地质工作者的业务水平,地质工作者自身的专业性提高了,地质队伍的整体素质也就得到提升。现在,无论是从事地质研究的地质工作者,还是从事实际野外操作的地质勘探人员,在数量上都有了很大程度的增加,在地质人才的构成上,也有了明显的改变。有从事研究的工程师,还有进行野外勘探的技术人员,兼顾了研究和实践,大大提高了地质资料的实用性和真实性。另外,随着地质院校的创办,地质队伍有了后备力量,培养了大批高素质的人才。随着地质教育的革新,地质知识得到了丰富和发展,大量引进新的技术方法为地质工作者所掌握,实际的勘探工作也为地质工作者提供了丰富的第一手地质资料,地质教育工作的质量有了一个质的飞跃。

五、地质教育贡献的评价及影响

赵鹏大的地质教育理念,对于我国地质人才的培养提供了思想和方法上的指导。关心和重视青年地质科研队伍的成长,为我国地质人才的培养提出了德、智、体、美、劳全面发展的教育体系目标。多年的地质学研究及地质学教育经验,使他对地质学研究领域需要什么样的人才,以及如何培养能满足地质科学发展需要的创新型人才有了清晰的认识。他的教育理念、培养高素质的地质人才的责任感和高校跨越式发展理念,为高校建设理念的突破与创新,提供了发展的新思路和新模式,具有重要的战略指导作用。同时,赵鹏大对体育教育的重视,体现了他对于地质人才特殊性的认识和对地质人才培养的全局性把握及长远性发展的重视。他强调人才培养的创新性,需要在工作中不仅适时转变教育思想以适应时代背景,而且将教育改革的目标与地质学学科的特殊性相结合,将地质教育发展和地质科学发展相联系。实践证明,赵鹏大独到的地质教育改革思想和观念及其由此引发的理论思考,对反思当前我国的地矿类教育改革、指导我国当前的地质人才培养以及地质教育事业的发展都具有非常重要的现实意义。

赵鹏大教育思想的内容是多方面的,经验是丰富的。发掘赵鹏大教育思想,正确认识教育的本质功能,构建德、智、体、美、劳教育理念,培养创新人才,加强思想政治教育、高等教育以及教学理论、教育科学研究工作,提高教学和科研水平,具有重要的指导意义。

第三节　地质思辨:立足地质,思辨哲学

赵鹏大在地质哲学方面的贡献主要表现在他自觉地将唯物辩证法思想,即马克思主义哲学的辩证方法论运用于地质科学研究和实践中,并取得了重要的成果。其重要启示在于,他把十分抽象和深邃的哲学思想较为具体地、成功地运用于地质学领域。他对地质学相关领域进行创新和突破,是在对马克思主义辩证唯物主义深入思考和领悟的基础上逐步形成的,这对于我们如何认识当代地质科学以及运用马克思主义指导具体科学提供了一条新思路。通过辩证方法和实践论的阐述,学习、理解、创新和发展地质科学,对于丰富和发展地质科学的理论与实践具有重要的方法论意义。

在赵鹏大在科学研究生涯中,哲学思维方式贯穿于其科学研究的全过程。他的丰富的哲学思维方式,是在科学探索中不断取得的,主要体现在科学认识论、科学方法论和辩证法特色三个方面。

一、对科学认识论思想的运用

赵鹏大在地质科学研究工作中,大量运用科学认识思想。一方面,他认为实践是地质科学研究中的决定性因素。在科学研究生涯中,他坚持实践是检验真理的唯一标准,实践第一,实践是认识的基础这一马克思主义基本观点,坚持地质科学理论探索与野外实践相结合,他将地质科学研究与地质科学发展的前沿问题和我国经济建设紧密结合。首先,他将地质研究实践中发现的问题,总结提炼形成假设和理论推断,从而促进实践到理论的飞跃。其次,理论是否正确,需要应用于实际生产之中加以检验,从而实现理论到实践的第二次飞跃。在此基础上,正确的、经过实践检验的理论能够解决大量实际生产中出现的问题并推动地质理论各个方面的新进展。在实践中解决实际问题的过程,是地质理论不断充实的过程,也是实践—认识—再实践—再认识的科学认识的辩证运动过程。地质工作在我国国民经济建设中有着重要的地位和作用,特别是在中华人民共和国成立初期。赵鹏大等老一代地质学家卧薪尝胆,艰苦奋斗,在地质研究过程中解决了一个又一个地质实践问题和地质科学问题,为我国国民经济的发展和迅速摆脱贫穷落后面貌做出了重要贡献。

另一方面,赵鹏大在地质科学研究工作中,充分发挥了作为勘探者在找矿过程中的认识主体作用。赵鹏大及其团队在进行地质研究的过程中,表现出了敢于挑战艰难险阻,敢于献身、勇于奉献的精神。他们在艰苦的野外地质勘探工作中不畏艰苦、迎难而上,这正是地质人从事艰苦地质工作所不可或缺的品质。高尚的品德、深厚的专业素质、缜密的思维、强大的心理素质等这些地质人所需具备的素质在他身上得到了充分的体现。赵鹏大及其团队在矿产勘查活动中充分发挥的能动作用,表现出了强烈的找矿意识。他们在找矿过程中能够积极主动探索并认识自然界中矿产储藏的客观规律,继而利用客观规律以找到丰富的埋藏于地下的矿产资源,发挥了主体在认识客观规律的主观能动性。

二、赵鹏大地质思想所体现的科学方法论

正确的世界观和方法论能推动科学理论和科学事业的发展，错误的世界观和方法论则起阻碍作用。赵鹏大在科学研究中大量运用相似类比、求异出新、定量研究、交叉思维等辩证思维方法，辩证的科学方法论是他取得丰硕成果的关键因素之一。

在类比与求异思维指导下进行地质发现与创新。相似类比方法在赵鹏大早期的研究工作中经常应用，在他看来，同类的金属矿床在成因和富集成矿机制上都会存在相似点，相似类比方法在找矿中能够发挥很大的作用。赵鹏大在地质研究中巧妙地运用相似类比思维进行矿床统计预测，在这一思想指导下，取得了丰富的地质研究成果，发现了大量矿床，为我国找矿事业做出了突出贡献。在"矿床统计预测"理论体系中，赵鹏大把相似类比思维和求异思维作为找矿实践中必须遵循的理论之一。

大量运用求异出新的方法，是他不断取得成功的重要法宝之一。20世纪60年代，赵鹏大利用求异出新思想，发现并确认了云南老厂矿区的网脉状矿床。这种方法使我们可以更加准确地选择勘探手段、勘探程序和确定勘探精度。赵鹏大的求异思维还表现在他处理实际问题的切入点上。赵鹏大在一个矿区开展工作前，第一件事就是要弄清楚有利和不利的成矿条件，弄清楚能形成大矿和不能形成大矿的原因。地质工作者都选择在有矿地区进行研究，忽视了对无矿地区的研究。没有求异思维的指导，就不可能准确地确定出云南老厂矿区的细脉带型锡矿床。求异出新不仅是推动地质科学不断进步的动力源泉，还是整个科学领域发展的推动力。中国的地质科学能够发展到今天的程度，是一代代地质先贤们翻山越岭、下泥潭、踏深渊、不走寻常路、不因循守旧、敢于挑战传统、敢于寻求新方法的结果。要进步，就要求异；要发展，就要出新。求异出新，是推动社会发展的永恒动力。

创造性地运用定量思维方式进行地质研究。赵鹏大率先在传统地质学的基础上加入定量的方法，使得定量地学在中国的地质学领域中独树一帜。

早在苏联学习期间,赵鹏大在编写毕业论文期间,发现很多地质勘查论文和著作缺乏定量的记录和依据,如合理勘探程度的确定、勘查精度的评价、勘探网度的选择等,这些需要具体数据的地方都仅有定性的和经验的判断。这激发了他对定量地质学进行研究的动力,促使他向定量地质学的方向不断靠拢。他认为地质学与数学交叉结合,地质学走定量化发展道路是历史的必然。定量化是地质学不断发展的需要,是社会对地质学提出的要求。社会和经济的发展,使得人民对生活环境有了更高的要求。政府和人民需要更精确地知道地震、泥石流、滑坡等地质自然灾害发生的时间和地点,以尽快做出安全措施,这些都需要用精确的数字信息进行传达。在地质实践中,赵鹏大成功地将地质学和数学结合起来,并将数学方法成功运用于找矿实践中,取得了许多地质成果。

运用交叉科学思维方法创立数学地质学科。交叉科学思维方法是现代科学研究中十分重要的思维方法,它在地质研究工作中是一项十分有价值的思维方法。数学地质就是在数学与地质学相互作用、相互结合中形成和发展起来的。数学地质将数学理论、方法或手段运用于地质学的研究课题中,从而有所发现、有所发明、有所突破、有所创新。赵鹏大数学地质实质上是将数学学科的思想方法运用到地质学研究课题中,把数学中的定量统计概率等思想方法与矿产勘查工作结合,形成数学地质交叉学科。交叉科学思维为制定地质学科发展政策和战略提供了思想基础。在矿产勘查行业和其他行业,社会与环境相互联系的条件下,交叉科学思维方法为培养地质工作者的素质提供了新的思想基础,无疑会有益于制定正确的政策和发展战略。

三、赵鹏大地质教育思想中的辩证法特色

任何一门科学的发展都不是静止的,而是动态的过程,这与辩证法理论的过程是一致的。没有辩证法思想参与的地质学,不可能成为一门真正的科学,也不可能取得一项项创新性的成果;没有辩证法思想参与的科学,不

可能得到快速的发展,不可能得到真正的进步。辩证法思想是赵鹏大的地质学研究生涯中最基本的哲学指导思想,也是最重要的指导思想之一。赵鹏大之所以能取得多项重大的地质成果,离不开辩证法思想的指导。

其一,在科学研究和地质院校改革及发展中坚持运用适度原则。赵鹏大地质思想及教育和管理思想中多处体现了唯物辩证法"适度"原则。在地质学研究方面,他在矿产勘查与评价研究中提出最优化战术决策与战略决策,提出在地质勘查过程中,要追求"适度"原则,既要把地质勘查程度控制在一定的限度内,又要把勘查过程的经济消耗控制在一定的限度内,要达到地质勘查效果与经济效果的统一,以实现勘查成果和经济效益的最大化。对于中国地质大学的发展事业,赵鹏大强调,我们在做任何事情的过程中都"要有强烈的'度'意识,做到心中有数、把握分寸和追求适度原则"。在制定学校教育事业发展和改革计划时,既要从迎接国际上新技术革命的挑战出发,为我国现代化建设提供必要的人才和智力支持,又要保证政治和社会的稳定,坚持和发展社会主义制度,培养可靠的接班人;既要从中国地质大学的发展现状出发,提出明确的奋斗目标,又要努力探索适应现代化建设需要的人才培养模式,为把中国地质大学建设成具有中国特色的现代性、开放性、国际性的综合性地质大学而努力奋斗。

其二,重视体育教育在地质事业发展中的特殊地位。作为德、智、体、美、劳全面发展的教育理念的重点之一,赵鹏大重视体育教育在地质事业发展中的特殊地位,体现了辩证法中两点论和重点论相统一的原则。由于地质工作者工作性质的特殊性,野外的工作环境异常艰苦,因此,地质工作者需要有较好的身体素质。重视体育教育在地质事业发展中的重要地位是赵鹏大教育思想中的一大特色。正是由于对体育教育的重视,中国地质大学培养出一批批德、智、美、体、劳全面发展的地质人才,他们努力攀登地质科学高峰,取得了一大批开拓性的地质成果。由于对体育教育的重视,中国地质大学还培养出一批优秀的国家级、国际级运动健将,为我国体育事业做出了重要贡献。

其三,在学校管理工作中,正确处理学校发展中内因和外因的关系。赵鹏大高校建设理论中包含着内因和外因的辩证关系。辩证唯物主义告诉我们,在事物的发展过程中,内因和外因都是不可缺少的,内因是事物发展变化的根据,外因是事物变化的条件,外因通过内因而起作用,这是事物发展变化的一般规律。赵鹏大地质教育研究成果,是内因和外因不断相互作用的结果。他对内主张学校要结合生产实践,进行教学改革,开展科学研究,学校内部要注重校园文化建设、重视实践教学、注重课堂教学与实践教学相结合;对外要发挥学科特色和优势服务西部大开发战略,开展资源调查,在科研方面坚持重大前缘科学问题和基础理论研究与应用研究相结合。这些举措,增强了地质工作者为国民经济建设服务的意识,使中国地质大学立足于培养具有开拓精神和创新意识的新世纪人才。在应用研究方面,大学教育要直接服务于国家经济建设和社会发展,要为国家经济建设布局和社会发展规划提供科学的决策依据,为具有资源和能源矿产的勘探与开发提供定位信息,为大型工程建设提出避灾和减灾的合理方案,为国家急需的能源资源保障提供不可或缺的支撑和服务。

在任何一门科学的实践中,科研工作者都要把哲学和科学技术统一结合起来。哲学要指导科学,哲学也来自科学技术的提炼。当今自然科学正处于重大突破的前夕,正酝酿着一系列技术革命,所以要不断汲取新科学、新技术的成就作为发展现代哲学的素材。赵鹏大将丰富的哲学思维应用于地质科学研究过程和教学管理过程中。他在地质科学研究过程中取得的多项成果,离不开对哲学思维方式的运用。我国现阶段的矿产普查与勘探和数学地质科学研究水平能基本达到世界先进行列,这与赵鹏大做出的贡献是分不开的。赵鹏大的哲学思想和观点贯穿了马克思主义哲学的本质,即具体问题具体分析的基本原则,将马克思主义哲学与地质研究工作紧密结合起来,发展出了一套地质辩证法理论,形成了一个科学的找矿辩证法体系,这是赵鹏大哲学思想的精髓。

第四节 贡献与影响：从地质科学研究、教育管理到哲学思辨

一、影响赵鹏大地质人生的十件大事

赵鹏大的一生是奋斗的一生，努力的一生，从青年立志献身祖国地质事业，勤奋学习，艰苦工作，勉力钻研，为地质科学及其教育事业、为地质科学思想及其思辨做出了重要的、独特的贡献。至今他临近 90 高龄，仍努力工作，奔波祖国大江南北，为地质事业不遗余力地奉献自己的心血。余暇时间，赵鹏大总结了"此生有重大意义的十件大事"。

1. 抗日流浪与独立生活

抗日战争时期，在四川省威远县、自贡市等地就读小学和中学，特别是国立东北中山中学初中阶段的三年艰苦生活，12～15 岁独立住校，半军事化生活，锻炼了他较强的独立生活能力、吃苦耐劳的能力以及坚持、有序、准时的良好习惯。

2. 北大就读与地质情怀

1948 年考入北京大学地质系，确定了赵鹏大一生的专业方向。他经历了中华人民共和国成立前后的转折期，较早接受了民主、进步教育。赵鹏大在大学阶段要求上进，1952 年加入中国共产党。良好的学习环境和师资条件，培养了赵鹏大较好的学习能力，打下了良好的业务基础。

3. 留学苏联与奠定方向

赵鹏大留学苏联，开拓了视野，增强了能力，特别是外语能力和国际交往的能力。确定了矿产普查与勘探的学科方向，较早开展研究工作，进入数学地质的交叉领域，确定了他的专业特色和优势方向。

4. 研究基地与重视实践

赵鹏大以个旧锡矿为长期稳定的研究基地。从 1963 年第一次去个旧锡

矿开展科研工作,先后近半个世纪,从未脱离个旧情缘。最重要的是确定了科研为生产服务、为解决生产实际问题的研究宗旨和目标。他认为判断成果好坏的标准是能否解决实际问题,能否受生产部门所接受和欢迎。在此基础上,才能进一步进行理论提升和撰写学术论文,不可本末倒置。

5. 校长生涯与教育理念

赵鹏大的校长生涯,从1983年担任武汉地质学院校长至2005年由中国地质大学校长职务上退出,总共历时22年。在一所大学担任如此长时间的校长工作在我国也实属罕见。这期间他心系教学,血融于校,与学校同呼吸共命运,苦乐同享、荣辱与共。他兢兢业业,无愧于这份使命。在他任期,狠抓机遇,实现了由单一地质类学科的地质学院向多学科综合发展的地质大学的发展,为此他做了大量的工作,如争取贷款,改善实验装备条件,争取首批进入研究生院,首批进入"211工程"建设,为学校实力提升创造了条件。在此期间,他做到了学校不改名,保持"地质"大学的名称,不合并,以地质学为主,坚持南北联合一体等正确方针。

6. 当选院士与责任担当

1993年,赵鹏大当选中国科学院院士。当时由院士担任校长在国内并不多见。由于这个原因,学校在很多方面得益不少,对于提高学校知名度和扩大学校影响力均有较好的效果。他在教育部设置的各种组织中,如科学技术委评审委员会中担任组长,作为中国地质大学的唯一代表,同时还有国务院学位委员,等等。赵鹏大以他个人的事业和影响力对学校的发展产生了重要的影响。

7. 桃李芬芳与教学相长

赵鹏大培养了近200名硕士、博士和博士后。迄今为止,博士毕业生已达113人,硕士23人,博士后20人,尚有在读博士40余人,估计总人数可达200人,这是赵鹏大的"嫡系"学子。作为博士生导师培养300多名博士生,其论文有1篇入选百篇优秀论文,2篇入选百篇优秀提名奖和4篇省级优秀论文,这也是他在人才培养方面做出的贡献,有如此多的博士毕业生在国内导师中也是不多的。

8. 创新思维与学术追求

创新思维和超前意识,对新鲜事物和发展趋势的把握和敏感,对复杂事物和广泛领域的分析和凝练能力等素养的形成,与赵鹏大从上大学开始就不是死读书,光读书,而一直在从事专业与社会工作双肩挑和负重锻炼有关。科学思维与科学方法对一个人的成长和成就至关重要,在治学和研究工作中赵鹏大提出并形成自己的一些学术见解、学术思想和学术理论均受益于此,比较重要的学术思想有:矿体地质及矿体变化性三要素(变化性质、变化程度及控制变化的因素)和样品代表性(个体代表性、分级代表性及总体代表性);成矿预测三理论(类比、求异及定量组合)及地质开采成矿预测及"5P"地段靶区圈定;"三联式"成矿定量预测及数字找矿模型建立(地质成矿多样性及成矿谱系);非传统矿产资源的认知、发现、勘查和开发利用;并出版了相关几部具有典型代表的专著,如《矿床勘查理论与方法》《矿床统计预测》《地质勘探中的统计分析》《非传统矿产资源研究》等。这是赵鹏大毕生从事研究的心得结晶。

9. 各种奖励与人生激励

赵鹏大从事教学、生产、科研、大学行政管理及社会活动,在各方面均获得肯定和奖励,有国家级的、省部级的,有企业的、民间的、社会的,有国际的、国内的各式多样的奖励。其中,国家级有自然科学三等奖、国家优秀教学成果二等奖、有突出贡献的中青年专家、国家特殊津贴;省部级有国家教育委员会和湖北省科技进步一等奖、地矿部科技成果二等奖、北京市文教先进工作者;社会的奖励有IET-方正大学校长奖、"科学中国人"最受社会关注奖;企业的奖励有云南云锡集团最高荣誉奖天爵奖;国际的奖励有国际数学地质协会最高奖克伦宾奖章、俄罗斯自然科学院十字勋章、莫斯科大学名誉教授、俄罗斯国立勘探大学名誉教授、俄罗斯自然科学院院士。其他的还有如:国家教育委员会、国土资源部优秀教材奖,国家民族事务委员会、国家侨务委员会优秀奖

10. 人生哲学与乐观向上

赵鹏大的人生哲学是永远乐观向上。他对生活的乐观态度、对身体的

自信态度、对别人的宽容态度和对事业的认真态度,是他成功的法宝。他指出,人生的价值在于奉献,人生的乐趣在于发现,人生的阅历在于实践,人生的品位在于磨炼。

他把他的人生哲学和乐观向上的精神归结为:

> 选好方向,逆境而止。
> 以民为本,名利无争。
> 不为名利而烦恼,不为名利而专营。
> 崇尚诚实待人,踏实做事。
> 主张平等待人,一见同仁。
> 反对自以为是,居功自傲。
> 反对学霸作风,盛气凌人。
> 每个人都有比你强的地方,
> 每个人都有值得你学习的东西。
> 谦虚谨慎,务实求真。
> 团结合作,共同求人。

二、赵鹏大科学思想的贡献与影响

赵鹏大科学思想,从地质科学到教育管理,再到哲学思辨,无不闪烁着智慧和理性的光芒,对整个科学界和人文科学领域产生了重要的影响。因此研究他的科学思想有着重要意义。赵鹏大的科学思想不仅成就了他在中国地质学史上的重要地位,而且深刻影响到后继地质工作者及其他各行各业从业者的科学精神、道德观念和精神面貌,从而推动我国地质学和其他各门科学技术的发展。我们挖掘他在地质学中所蕴含的科学思想,也是对他一生地质勘探工作的再认识。同时对其地质学成就及贡献中的科学思想及方法进行解析,也有利于这门学科更好地发展。对赵鹏大的地质学思想进行系统地研究,不仅可以完善对赵鹏大科学思想的研究,还能丰富中国近现代史、中国近现代科技思想史、中国近现代地质科技史、中国近现代地质科技思想史等的研究,对今后地质学的发展也将具有指导作用及借鉴意义。

赵鹏大科学思想的影响具体表现在以下四个方面。

第一,丰富的科学思想、科学理论和科学方法的影响。在赵鹏大长期的地质科学工作中,他丰富的实地考察经验、严谨的研究态度和高效的科研团队,不仅对地质科学,而且对整个科学也是一笔丰富的财富。

第二,科学思想的社会功能。在世界进入科学技术社会化、人类日益生活在知识之网中的今天,科学技术已经作为一种社会现象,这是现代社会发展的新要求与新趋势。研究科学技术及其对社会经济发展的推动作用,研究地质科学对建设强大的社会主义中国的重要意义,从而使科学家拥有强烈的社会责任感与时代担当。因此,研究赵鹏大的地质科学思想,不仅对地质科学的研究工作具有重要意义,而且对于地质科学的社会功能的发挥产生着积极的影响。

第三,教育与管理思想的影响。在地质科学教育和地矿类院校的管理方面,赵鹏大总结了一套有借鉴意义和启发性的教育思想和方法体系。他的治学理念基于我国地质教育乃至高等教育长期实践经验的总结,是地质教育史上一笔不可多得的精神财富。

第四,地质科学的哲学价值。在长期的地质学习研究和实践中,赵鹏大以科学家的理性、严谨和求实精神,深入思考地质科学、教育及管理中的各种复杂问题,不仅有深度而且有广度。他勤于思考、不断学习,提出解决问题的新思路、新办法。探索创新、辩证分析是其科学研究过程中最突出的特点,影响了一代代地质科学工作者运用辩证思辨的方法推动地质事业向前发展。

赵鹏大不仅坚持在地质科学研究中运用丰富的哲学思维为指导,在地质教育和院校管理中也坚持以辩证思维推动高校教育的改革、创新与发展。一方面,赵鹏大在矿产普查与勘探和数学地质领域做出了开创性的贡献。其地质科学理论具有前瞻性和预见性,体现着丰富的辩证法色彩。他的地质科学思想来自丰富的亲身实践,又充分地运用于实践,是地质科学、社会科学、哲学以及有关科学技术等多学科知识的综合集成；他的地质科学观与方法论不仅汲取了丰富的哲学思想和当代世界先进的科学技术的创新性成果，而且凝聚着高度的社会责任感，体现了地质科学的时代价值。另一方面，赵鹏大不仅具有广博的地质科学知识，更是一位具有开拓思想的教育家。他在地质教育和管理中运用丰富的哲学思维和创新理念，取得了许多有开拓性的教育思想和方法，推动了中国地质教育事业的改革。

三、赵鹏大科学思想的现实意义

站在21世纪的时代高度，从地质科学思想这一视角去审视和评价赵鹏大，具有重要的现实意义。赵鹏大在地质学中的成就斐然，他创立了矿产资源定量预测的方法体系及理论，详细研究了数学模型在矿产勘查中的应用。他的方法体系和理论在地质学的定量预测方面，取得了良好的效果。对赵鹏大地质学研究过程中的思想进行探究和解析，给地质勘探及数学地质学科的发展甚至整个地质学的发展提供理论及思想上的指导，能更好地促进我国地质勘探及数学地质事业的发展，为我国的找矿事业做贡献，为我国的经济建设奉献力量。当前，我国发展仍处于重要的战略机遇期，研究赵鹏大的地质科学思想及其教育思想必将为地质科学及教育事业的发展提供有益的思想指导和启示。

现阶段，我国地质科学研究和地质工作虽然取得了显著成绩，但是，同世界先进水平相比，同我国经济社会发展的要求相比，还存在一定的差距。21世纪，国家发展现状和社会的现实需求对地质科学提出新的发展方向和要求。随着社会生产力的发展，人类活动对地球的影响越来越大，地质环境对人类的制约作用也越来越明显。中国人口密集、社会经济快速发展，在人类活动与自然资源和环境相互作用及社会可持续发展为地质学家提出了重大的科学命题。如何合理有效地利用地球资源维护人类生存的环境，已成为当今世界共同关注的问题。因此，地质科学研究领域必须进一步拓展到人地相互作用的生态环境的可持续性发展的研究。繁荣地质科学，加大力度推进地质工作,进一步加深对地球的了解和认识,促进资源环境的保护和合理利用,最大限度减轻自然灾害的影响,建设和保持良好生态环境,对于改善和优化现阶段的社会发展现状具有重要的意义。面对社会发展对地质环境的挑战,地质工作者在工作中需要充分利用赵鹏大地质科学思想给现阶段地质科学发展带来的启示,来解决地质科学发展中出现的各种问题。在处理人地关系问题上,地质科学工作者要把握好"度",既要做到保证人类的物质生活利益不受损害,又要保证人类生存环境不受到威胁,使得人地关系得到和谐发展;既要开发矿产资源,以保证人类日常生存需要,又要限制能源的消耗量,以保证资源的可持续利用;既要充分利用自然资源给我们提供的便利,又要限制对自然的过分占用,保护自然环境不被人为的破坏。

地质学作为源远流长的自然科学,是人类在创造自身美好生活的过程中逐渐发展起来的。21世纪以来,我国的地质事业蒸蒸日上,迎来了一个黄金时代。我国地质学具有独特的地域优势和研究积累,如能抓住发展的机遇,可能出现新的繁荣时期,并为社会做出更多更大的贡献。近年来,地质学家们通过长期的研究积累,已取得了一系列引人注目的成果。2017年2月3日,国土资源部中国地质调查局公布了中国地质学会2016年度"十大地质科技进展、十大地质找矿成果"。"十大地质科技进展"分别是:①地球上最早大型多细胞生物化石的发现;②山东矿床成矿系列及找矿方向研究;③铀矿大基地资源扩大与评价技术研究;④新疆阜康市白杨河矿区煤层气开发利用先导性示范工程;⑤我国三稀资源战略调查与评价;⑥元坝超深高含硫生物礁大气田高产稳产技术;⑦地质灾害综合防灾减灾方法技术取得新进展;⑧古老油气系统源灶多途径规模成烃机理与成藏;⑨青藏铁路沿线高温地热资源调查评价;⑩新一代高精度南海地质地球物理图系编制。"十大地质找矿成果"分别是:①新疆新源县卡特巴阿苏矿区金(铜)矿床勘探;②山东省莱芜市张家洼矿区深部及外围铁矿普查;③新疆阿克陶县奥尔托喀讷什锰矿勘查;④新疆察布查尔县洪海沟铀矿勘查取得重大突破;⑤新疆和田县火烧云矿区铅锌矿普查;⑥广西平南县大洲矿区稀土矿普查;⑦山西省沁水煤田黎城县黎侯勘查区煤炭详查;⑧陕西省陕北石炭－二叠纪煤田府谷矿区马家梁－房子坪勘查区普查;⑨准噶尔盆地玛湖凹陷石油勘探获得重大突破;⑩贵州省松桃县桃子坪锰矿详查(中国地质学会,2016)。这些成果不但是地质学家们努力的结果,也从一个侧面表明,新的社会需求已重新引起社会对地质学研究的关注。中国在地质学方面仍然有很大的发展空间,中国地质学发展的势头依然强劲。另一方面,我国社会经济高速发展引起的石油消耗量的剧增和矿产资源的紧缺,也使人们重新审视社会发展对传统资源和能源的依赖性,从而促进地质学向新的领域进行开拓,成为地质学发展的强劲动力。

当前社会主义转型期面临着经济、政治、文化、社会及生态文明等各个方面建设的新任务,这对于我国地质科学发展既是机遇又是挑战。面对经济发展和资源短缺、环境恶化等方面的矛盾,地质工作者必须敢于迎接挑战,把地质科学发展与服务社会两大主题密切结合在一起,聚焦与地球系统的复杂相互作用过程,及长远的可持续性发展等有关的重大科学问题,并通过广泛的科普活动,唤起社会对地质学研究的关注,树立地质学研究在公众中的新形象,迎接全球地质学新的繁荣时期。今天,现代地质学随着观察和研究的范围领域日益扩大、多学科的合作不断上升,发展为以地球系统的过程与变化及其相互作用为研究对象的地球科学,包括地质学、地理学及其相关的多学科衍生学科,从而拓展了传统的地质学发展的视野。我们当前面临的形势总的来说是有利的,我们要善于总结经验、坚持科技强国之路,发挥优势,缩短与国际间的差距,推动社会主义地质科学和地质事业加速前进。

第二篇

地质科学思想:
科学精神与实践特征

◆ 赵鹏大在云南腾冲地区考察热泉型金矿

◆ 赵鹏大在新疆可可托海3号脉指导勘查工作

◆ 赵鹏大和专家们一起在井下进行考察,为河南省栾川县打造"矿产资源与地质环境产学研基地"

◆ 赵鹏大(中)在新疆罗布泊野外考察

◆ 赵鹏大在云南都龙锡锌铟露天采场考察

◆ 赵鹏大在新疆北山地区野外地质考察时午餐(1991年)

◆ 赵鹏大在云南南温河钨矿坑下考察

◆ 赵鹏大（左）在美国参加第28届地质大会期间进行地质考察

第三章　赵鹏大的地质科学精神

> 最真实的资料、最准确的结论都来自于大量的调查研究,通过实践得出的科学事实是一切论点最可靠的支柱。最终久不衰、最富生命力的部分,也是最有价值、最具光彩、最受人尊重的部分。
>
> ——赵鹏大

赵鹏大在长期的地质科学研究中展现了内涵丰富的地质科学精神,包括求真务实的科学精神、孜孜不倦的敬业精神、协同合作的团队精神、成就后学的包容精神、社会责任的奉献精神。他在进行地质科学探索中所具有的独特的精神气质,给地质工作者树立了良好的榜样。

第一节　求真务实的科学精神

地质科学精神从本质上来讲是一种科学精神。科学精神是人们在长期的科学实践活动中形成的共同的信仰、价值标准和行动规范的总称,是科学研究活动中共同的精神状态、思维方式和主观理念,体现科学探索者的信念、勇气、意志、工作态度、理性思维、人文、价值关怀和牺牲精神等。1916年,任鸿隽曾在《科学精神论》一文中谈到"科学精神者何?求真理已"。1916年,我国著名的气象学家、地理学家竺可桢在他的《科学之方法与精神》一文中提出了三种科学态度:一是不盲从,不附合,依理智为归。如遇横逆之境遇,则不屈不挠,不畏强御,只问是非,不计利害。二是虚怀若谷,不武断,不蛮横。三是实事求是,严谨一致。1996年,周光召在全国科学普及工作会议上把科学精神的内涵扩展为民主与平等、创新与发展、团队精神和求实怀疑精神。2011年,杜祥琬院士在北京大学作报告时提出,科学精神的真谛在于追求真理和造福人类。

　　赵鹏大在地质科学研究中,努力探索并逐步形成了独具特色的科学思想和科学方法。他认为,科学家在从事科学活动中应具有责任感、敬业精神、包容精神和团队精神。在长期的科学实践过程中,由于地质学科需要大量参与实地实践,赵鹏大养成了勇于探索地质奥秘、崇尚教育与实践、不断创新、奉献社会的地质行为规范和态度,以及与地质发展要求相一致的价值观念。这些行为态度和观念都体现了地质探索活动必不可少的科学精神。在他看来,科学研究要求实、求真,面对充满迷人魅力的大自然和客观对象,地质学家要勇于实践,按科学的标准实事求是,不弄虚作假,不人为编造数据,做大自然虚心的学生。20世纪50年代,在讨论地质研究中是否要沿用苏联尤什柯的重砂矿物鉴定表时,赵鹏大指出,科学研究要根据实际情况,我们的科研水平、实验室的条件和设备与苏联不一样,不能照搬苏联的实验,强调必须尊重事实、尊重科学。

第二节　孜孜不倦的敬业精神

　　在赵鹏大看来,敬业精神是一种对科学事业孜孜不倦的、不断追求完美的、发散式的而又追求精准精确的科学思想。它要求科学家具有全身心投入工作的认真态度和一丝不苟的工作精神。作为一个科学家,在科学研究和工程实践中不断探索和创新,对于工作环境之恶劣,赵鹏大毫不畏惧、毫无怨言,以严谨的科学态度、朴实的工作作风和顽强的精神斗志发挥了他在组织管理庞大地质工程方面卓越的领导才能。赵鹏大具有多领域的科学造诣,为发展和繁荣我国地质事业做出了巨大的贡献。为了获得第一手资料信息,他常年赴野外实地调研,其严谨求实的工作作风和吃苦耐劳的精神令人十分敬佩。原云南省副省长、省人大常委副主任、曾在个旧任308地质队技术负责、总工程师和队长的李树基谈论到赵鹏大的敬业精神时说,"为查明老厂细脉带矿床的内部结构及品位变化原因,他带领人员对揭露矿体的所有中段、各条穿脉、上千的样槽逐一统计矿脉的矿石类型、产状、脉幅、脉频"(方熠等,2011,第50页)。"有一次,他肠胃不适,我们打算让食堂给他做点面食,他一口拒绝了,说不要麻烦,不搞特殊化"(方熠,2011,第51页)。20世纪60年代初期,308队老厂分队接待出差人员,不过是一间铁皮顶、木板墙、放置10来张双层床的大敞房,冬不保暖,夏不隔热。下大雨和冰雹时,屋里响声犹如锣鼓齐鸣,冬天刺骨寒风带着啸声从木板缝中往屋里挤。"对赵老师的一点'照顾'就是安排在临窗又靠角落的床位,多一点光亮,少一点打扰。晚上赵老师有整理资料、看书的习惯,房间灯光昏暗,他就用白天下坑道尚余有电石的矿灯照亮"(方熠,2011,第51-52页)。赵鹏大这种认真敬业的科学精神,一直以来鼓励着地质勘探的科学研究者。

第三节 协同合作的团队精神

团队精神是指科学家有大局协作、服务和团结意识,协同合作,共谋科学活动的高效运转和科学事业的发展。在赵鹏大看来,团队精神首先要有目标导向功能和高效的组织结构。如20世纪80年代初期,赵鹏大带领矿产地质系勘探教研室和数学地质所的李紫金、胡旺亮两位副教授,魏民、金有渔、胡光道三位讲师和几位研究生组成的团队,在教学科研实践中团结协作,不断创新,取得了突出的科研成果和优秀的育人质量。这个团队被戏称为一个"老板",两个"掌柜",三个"跑腿"(方熠,2011第65页),曾任中国地质大学(武汉)校长的张锦高非常肯定赵鹏大对干部的关心和爱护,尤其是对年轻人的成长和发展的关心、奖掖后学、提携晚进(方熠,2011,第69-70页)。赵鹏大不仅对事业认真负责、精益求精,而且关心科研队伍中每一个人的成长,"不但是教我们如何做学问,更教我们怎样做人"(方熠等,2011,第127页)。

60多年来,赵鹏大无论是作为一名优秀的地质学家,还是作为一名堪称楷模的校长,都通过自己的不懈努力,在地质科学领域走出了自己独特的成功之路,而且还注重团队精神,培养了大批高素质的地质工作者和专业技术人才,组建科研地质团队。1992年,他倡导成立"地球科学实验班",把热爱地球科学、勇于献身地质事业的优秀学生集中起来培养成高水平的地质人才。这个班学生毕业后都选择攻读硕士、博士,甚至博士后研究。同时他还提出中国地质大学与莫斯科大学联合开办地质班的"2+3"培养模式,集中了大学科学研究的大量优秀人才。在北京地质学院迁入武汉之初,部分老师因身体困难和家庭困难不能迁往武汉,加之配偶在北京、老小不便等因素,地质科研教学队伍人心不稳,老北京地质学院多年打造的一支高素质、高水平的科研教师团队面临解散的风险。赵鹏大作为校长千方百计采取措施,稳住了地质师资队伍。

第四节 成就后学的包容精神

包容精神,指科学家在科学活动中愿意牺牲自己,乐于帮助他人进步,即甘为人梯,乐于奉献。这既是一种精神,也是一种胸怀。1996年,俄罗斯工程院院士吴淦国曾到中国地质大学与赵鹏大共事长达10年。他说:"我为能得到赵校长的亲自教诲和帮助感到十分荣幸和高兴。他外表严肃,内心慈善,处事决策果断,听取意见真诚。作为长者,耐心帮助后生;作为同事,他真心支持他人;作为老师,他热心教导学生。我和他共事,什么话都可以对他说,什么事都可以和他商量,什么意见都能够向他提。由于我政治思想的不成熟,工作能力不强,领导艺术不精,说了一些错话,办了一些傻事,提了一些臭意见。他都是委婉地指出问题所在,热情地提出解决办法,有时亲自出面解决难题。"(方熠,2011,第66-67页)《工程地球物理学报》副主编方熠,曾转向学习中国传统文化,涉猎禅学、易道诗词等领域而自得其乐,其家人和朋友不以为然,但赵鹏大却给予了理解。并不因为弟子不走专业发展路线或从事管理工作而加以责备,"相反对我办刊工作和业余爱好方面取得的细小进步总是予以肯定和鼓励。事实上,先生对所有的弟子的个人发展目标和方向一向包容,尊重个人选择。他常说,不要求每个弟子都从事所学专业领域的工作,但要求必须把科学精神和科学思维带到不同的工作当中"(方熠,2011,第133页)。

第五节 社会责任的奉献精神

责任感即科学家对社会、对国家的一种担当和责任,以及振兴科学、造福社会和报效祖国的拳拳之心。作为一个地质学家,地质科学研究领域是赵鹏大倾注心血最多的领域。此外,他还经常从国家的全局和长远的发展来考虑问题,以一个地质学家的满腔热忱,胸怀富国强民的崇高理想,关注社会经济生活的方方面面,努力寻找适合我国国情的地质科学发展道路,体现出了他强烈的爱国之情和高度的社会责任感。作为一个知识分子,他对国家、对社会具有深厚的感情,为国家做出了重要贡献,为社会贡献了他的全部智慧和科学创造力。赵鹏大出生在东北沦陷前夜,目睹侵华日军践踏中国,激发了他民族奋发的情感,从而立志学地质报效祖国,投身国土资源事业。赵鹏大的女儿赵卫华曾回忆道:"每当我听到'革命人永远年轻'这首歌,都会想起我敬爱的父亲……""父亲就是这样一个革命人,他把自己的一生都奉献给地质事业。地质事业的发展和科学进步就是他为之奋斗终身的革命事业""父亲从小就对地质有浓厚的兴趣,立志要探索地球奥秘,为中国地质事业做贡献。因而违背我祖父的意愿,在解放前就报考了北京大学地质学系,开始了对地质专业的系统学习。他一直在地质方面不断地从事学术研究和综合管理,深入实地野外实践,足迹踏遍万水千山;在教学上辛勤耕耘,桃李满天下;他带领队伍克服困难,不断改革和创新,科研硕果累累;他任校长期间立志革新,发展教育,使学校在社会上的影响力日益增强。他赋予学校的无形资产是无法用语言描述的,这是父亲的梦想和理想,是他一生为之奋斗、百折不挠的事业!如果问他'下辈子打算干什么?'我相信他会毫不犹豫地回答你,他还搞地质"(方熠,2011,第144页)。

第四章　赵鹏大论地质科学的基本原则

> 地质科学的基本原则，即综合交叉原则、简单性原则、创新性原则、价值与伦理原则和对立统一原则。
>
> ——赵鹏大

第一节　综合交叉原则

赵鹏大认为从实际出发，做学科之间的交叉更有助于解决一些实际问题。他认为，在数学地质的研究中，地学家、数学家和计算机科学家协调合作才能最有效地发展理论并解决具体问题。同时，他进一步指出，科学的发展要结合科学史，特别是地质科学的发展更要结合地质学史，根据科学史总结能够认识科学发展的规律，从而得出超前的思想指导，为科学的发展提供动力和导向。综合交叉原则是赵鹏大坚持一生的科学方法论原则。

科学的发展与创新并不是一个无方向的混沌的发展，其发展本身与我们对外部世界的认识能力是相关的，也与学科之间的综合交叉有关。地质科学和数学的交叉与融合正是综合交叉原则的最好体现。他把对数学方法的浓厚兴趣运用到归纳和分析积攒多年研究成果的实际材料工作中，所有这些也协助促进了信息技术的快速发展以及因存储、检索、传输和处理大量信息的计算机设备的发展（方熠，2011，第38页）。赵鹏大的数学交叉方法即数学地质于20世纪30年代提出,到60年代数学地质已成为一门独具特色的新兴学科,形成了分析地质学、理论地质学、统计地质学、地质统计学和数学地质学等多门交叉学科。原中国地质大学(北京)勘探教研室任建新教授指出,"赵鹏大先生一贯重视不同学科的交叉生长,他意识到地质学已经发展到定量地质学的新阶段,敏锐地抓住数学地质这门新兴的边缘学科,在教学与科研中大力推进,取得了令人瞩目的研究成果,荣获了国际数学地质界的最高奖:克伦宾奖。《矿床统计预测》一书,乃是在他主持下的一部代表作"(方熠等,2011,第89页)。

第二节 简单性原则

赵鹏大在2012年的访谈中还推崇科学的简单性原则。他认为科学的目的就在于提高结论的说明能力,能够用最简单的方法做出最清晰的说明。他说:"创新就是提高成果的清晰度以及说明的普适性,把一个复杂问题说简单了,这就是科学[①]"。比如他对地质科学进行定量化,即进行数学地质的研究正是这种追求,也就是利用数学演绎系统研究地质问题,预测地质现象。

这种研究正是将复杂的地质现象利用演绎法则来做出一种简单性的说明,或者说这种从无规律到有规律正是对简单性的追求。但是,他不认为这是一种把复杂问题简单化,而是把复杂问题明晰化。这种明晰化的目的在于能够用最简单的结论清楚地说明复杂的现象。"科学研究就是把复杂问题明晰化,说成是简单化有些不太好听,实际上就是把一个复杂的问题系统化、条理化、明晰化,我认为科学研究不是把一个问题越搞越复杂,当然在研究过程中会有一些复杂问题……而把复杂问题说简单做明白,这就是科学研究[②]"。在这里,赵鹏大虽未将此称为简单性,但这种关于科学的"明晰性"

[①] 赵鹏大与中国地质大学(武汉)马克思主义学院师生访谈,2012。
[②] 赵鹏大与中国地质大学(武汉)马克思主义学院师生访谈,2017。

的问题正是关于科学发展是否追求简单性的思考。或者说，这种明晰性正是要求用简单的理论来说明复杂的现象，甚至是用更少的理论说明更多的现象。在科学哲学视野中，科学方法论所主张的用最少的独立假设、公理、简单的明晰的初始概念来建构理论体系被称为关于理论建构和方法论的简单性原则。简单性原则能够追溯到毕达哥拉斯学派的数的和谐，这种简单性原则在科学发展中一直被科学家所推崇，甚至牛顿和爱因斯坦都认为科学的内在性追求就是简单性原则。由此来看，赵鹏大对科学研究或者说科学方法论的这种思考正是一种对简单性原则的思考。

第三节　创新性原则

赵鹏大在60多年的地质科学研究中，遵循的最主要的一个基本原则是创新性原则，即要有创新思维。他强调，对于前人的成果总结消化要突出新认识；二次资料开发要注意新信息，野外地质勘查要注意新现象，要有新观察、新样本、新数据和新成果。始终要突出一个目标——为找矿服务，无论是二次资料开发、信息汇集提取、野外地质观察与采样分析，都必须同找矿紧密结合（方熠等，2011，第116－117页）。

不断探索、不断创新是赵鹏大地质科学研究的精髓。主要体现在地质科学研究具体工作中的探索创新，是他取得地质科学成就和贡献的主要原因。一个人具备了探索创新精神，不仅能够把潜在的智慧创造性地开发出来，而且能够在实践中根据实际需要发展创造智慧。在祖国需要的时候，赵鹏大以报国之情毅然投身我国地质科学，领导、组织地质研究事业，献身地质找矿事业，并在长期的工作中追踪科技前沿，谦虚好学，开拓创新，表现出了极大的创新能力和开拓性精神。赵鹏大的精神境界能够对地质工作工作者产生精神上的感召力，这种感召力将使地质事业更具吸引力，能够吸引更多优秀人才积极投身于地质事业之中。著名的岩石学家和地质教育家、中国科学院院士、曾担任中国地质大学（北京）副校长的莫宣学总结赵鹏大的地质科学研究时指出，"创新是赵校长最突出的一个特点。他认为，创新性思维是科学家最宝贵的素质。在教育上,他也总是把培养创新性人才放在首要的位置。他自己身体力行,不断地在科学上创新,努力做出不同于前人、超越前人也超越自己过去的新贡献"(方熠等,2011,第11页)。

赵鹏大于1993年被选为中国科学院院士,在数学地质学和矿产普查与勘探学科领域做出了系统的、创造性的贡献。成功不是偶然的。他的一位学生曾经回忆到,"在我与赵老师的接触中,有两点使我感触很深,一是创新已经成为他的思维习惯,并不需要刻意强调就会自然地付诸行动;二是他善于学习,不停地学习。创造性思维不是凭空产生的,除了科学家的天赋之外,主要取决于是否善于学习,善用古今中外的知识来充实自己。他就是一个善于学习的人,因此对新事物具有高度的敏感性和洞察力。"20世纪90年代我国面临经济与社会的可持续发展的需求和矿产资源的不可再生性矛盾,赵鹏大提出了"非传统矿产与矿业"理念,这一创见,为解决我国矿产资源日益增长的需求开辟了新的视野和空间,在全国产生了很大的反响。2000年,第31届国际地质大会在巴西召开,会议呼吁重视非传统矿产与能源,说明国际上也开始注意到非传统矿产与能源问题了,但其准确性和完整性远远不及赵鹏大已经阐明的理念。20世纪90年代,在一次大学学位委员会讨论学科建设的会议中,赵鹏大谈到要建设城市地质学学科,主要研究城市环境地质、污染问题,他提出要重视城市空间问题的全新理念。现在,"城市空间"已经成为前沿和热门的科学与社会话题,但在十几年前,赵鹏大就预见到这一问题,非常难得。事实证明,一个有远见的带头人,对于一个学科、一个学校的发展是多么重要!其实他的创新性思维贯穿在日常工作中,我们常常一起参加一些会议,而每一次他的发言都有新意,都会提出一些新的见解,因此大家都爱听他的发言,感到很有收获。这使我又一次地体会到,做出大成果固然是创新,而做别人没做过的事,即使很小也是一项创新。很多有意义的小创新不断积累,从量变到质变,就可能产生对经济、社会与科学发展有重大意义的大创新(方熠等,2011,第11-12页)。在一次访谈中赵鹏大谈到地质人才创新应遵循的"十力"原则,即广泛知识的积累力、相关事件的综合力、新鲜事物的洞察力、不同学科的交叉力、瞬间现象的捕捉力、灵感思维的爆发力、关键问题的提取力、不屈不挠的坚持力、复杂系统的分析力和高新技术的应用力[1]。

第四节 价值与伦理原则

赵鹏大认为科学本身是一把双刃剑,其中有很多主观可预计的和客观不可预计的影响。对很多不可预计的影响而言,我们无法从主观上对其作出可预计的好坏、善恶评估。比如,三峡大坝建立本身的目的在于防洪发电、疏通航道,但所带来的很多灾害问题和环境问题是三峡大坝规划与建立时未能完全预计的。灾害问题和环境问题本身不是伦理学的问题,但是这些问题一旦出现,势必会产生连锁反应,引起各种伦理问题。正如三峡大坝建设一样,所有的科学活动本身都具有两面性:一是造福人类,提高人们的生活水平质量;二是由于历史条件的限制,科学家对科学活动的不良后果不能做出正确的预判,或者由于操作不当等原因导致负面作用的产生,危害人类。科学活动必须趋利避害,遵循伦理原则。"一旦知识成为商品,就会出现知识产权,一旦有了知识产权,就会出现知识产权领域的是非,甚至犯罪[2]。"除此之外,科学所带来的政治价值等也会产生科学伦理问题。比如,即便我们知道原子能的应用能带来巨大的能源,也能带来核战争的阴霾,我们仍旧会基于政治等目的对核科学进行研究。赵鹏大认为科学价值与科学伦理的问题是当代科学家和科学哲学家要重点关注的问题。在当代科学技术哲学中,科学与社会的关系衍生出了一个尤其重要的学科——科学技术与社会。赵鹏大以科学家的视角来关注科学价值及其伦理思想,而这正是科学技术与社会学科关心的问题之一。

---

[1] 赵鹏大与中国地质大学(武汉)马克思主义学院师生访谈,2017。
[2] 赵鹏大与中国地质大学(武汉)马克思主义学院师生访谈,2012。

第五节　对立统一原则

在哲学中,对立统一规律表明,矛盾的同一性和斗争性是矛盾双方固有的两种属性。同一性和斗争性是相互联结、相互影响、相互转化的。同一性是相对的、有条件的,而斗争性则是绝对的、无条件的。矛盾双方既同一又斗争,从而推动了事物的发展。赵鹏大认为在科学研究中很多科学问题都具有不确定性,既具有同一性,又具有斗争性,遵循对立统一规律。因此,科学研究需要从这种不确定中寻找确定的结论,也就是寻找从相对走向绝对的真理。在访谈中赵鹏大指出:"任何不确定的事情都意味着产生的结果具有多样性,这个结果的多样性不是等量齐观的。因此,在不确定条件下,某一种结果的产生的概率可能是最大的,所以要估计每一种可能事件发生的概率大小,找到具有最大概率的结果[①]。"赵鹏大认为,科学真理具有不确定性的相对性,这就要求科学家要把科学真理向前推进,从不确定性中寻求确定性,从相对性中探索绝对性。对立统一原则在地质科学研究中特别是在地质勘探中被广泛遵循。赵鹏大对此作出了很详细的举例:在西藏进行勘探打钻时,打1米的钻要2000元,那么打1000米的钻就要200万元。如果从开采角度来看,打的钻越多,数据就越详细,那么开采就越容易;而从勘探角度来看,打的钻越少越省钱。因此在地质勘探中打几个钻是需要充分论证的,要兼顾矿床开采和矿产勘探两者之间的最佳选择,这就需要将对立的矛盾统一起来,在地质科学研究中尤其需要对开采和勘探作出对立统一分析,从而找到最佳的勘探方案,既能够降低开采风险又能节约勘探成本。因此他认为,在科学研究特别是地质科学研究中,对立统一的思想是十分重要的。

[①] 赵鹏大与中国地质大学(武汉)马克思主义学院师生访谈,2012。

第五章　赵鹏大论地质科学的实践特征

地质科学是帮助人类认识自然，指导人类利用自然、改造自然，服务于人类实践活动的科学。地质科学与人类生产、生活密切相关，因此，作为地质学家了解并研究地质科学方法尤为必要，尤其是重视观察和实践的重要性。赵鹏大的地质科学实践论，丰富了地质科学研究的理论及实践探讨，为科学思想史和科学哲学的研究与发展提供了丰富的科学素材。

第一节　地质科学始于观察

赵鹏大是一位出色的地质学家，在长期的地质科学研究中，赵鹏大形成了独特的思想观点和见解，表现在对地质科学研究问题源于观察的认识，对第一手资料(实地考察)重要性的洞察以及对地质科学实地考察等的认识和强调。

观察与科学研究的联系表现在两个方面：第一，观察是认识的来源。马林诺夫斯基认为科学起源于观察。观察是人们认识世界、获取知识的一个重要途径，也是科学研究的重要方法。一切科学实验、科学新发现和新规律都是建立在周密、精确和系统的观察基础之上的。居里夫人的女儿曾把观察比喻为"学者的第一美德";巴甫洛夫把"观察、观察、再观察"奉为座右铭,并告诫学生:学不会观察,就永远当不了科学家。通过观察才能对研究对象获得鲜明、生动、具体的感性认识,积累丰富的感性经验,通过抽象概括达到理性认识。第二,观察是科学探究的一种基本方法。科学观察可以直接用肉眼,有时也需要借助一些仪器、工具,如放大镜、显微镜等仪器,或利用照相机、录音机、摄像机等工具,有时还需要测量。科学观察不同于一般的观察,具有明确的目的性;观察时要做到全面、细致和实事求是,并及时记录。任何科学的出现都来源于实践,来源于对现实世界的把握,而这些都是在观察的基础上实现的。只有在观察的基础上才能发现问题,提出问题,做出假设,检验论证,最后解决问题。

地球科学与数学、物理学、化学、生物学并称为自然科学五大基础学科。地质泛指地球的性质和特征,主要是指地球的物质组成、结构、构造、发育历史等,包括地球的圈层分异、物理性质、化学性质、岩石性质、矿物成分、岩层和岩体的产出状态、接触关系,地球的构造发育史、生物进化史、气候变迁史,以及矿产资源的储存状况和分布规律等。在我国,"地质"一词最早出现在三国时魏国王弼的《周易注·坤》中,属于哲学概念;后来才具有科学的含义,最早见于1853年(清咸丰三年)出版的《地理全书》。综合而言,地质的范畴是表示地球质地状况的一个综合性概念。地质科学是一门探讨地球如何演化的自然哲学。地质科学的产生源于人类社会对石油、煤炭、金属、非金属等矿产资源的需求,由地质科学所指导的地质矿产资源勘探是人类社会生存与发展的基本活动。地质科学是研究地球的物质组成、内部构造、外部特征、各圈层之间的相互作用和演变历史的知识体系。随着社会生产力的发展,人类活动对地球的影响越来越大,地质环境对人类的制约作用也越来越明显。如何合理有效地利用地球资源、维护人类生存的环境,已成为当今世界所共同关注的问题。

在地质科学研究中是先有观察还是先有问题,站在唯物辩证法的立场来分析这个问题,结果是毋庸置疑的。问题来源于观察,同时,问题也会推动人们对研究对象的进一步观察。为什么说问题来源于观察呢？主要是由地质的学科性质和观察的主要特点所决定的。

地质学是一门历史性科学，它的研究对象涉及到悠久的时间和广阔的空间里的事物。地球自形成以来，已经有46亿年的历史。在这悠久的时空中，地球始终处在不断的运动、变化之中。任何一个变化和事件，任何一粒矿物和一块岩石的演变，往往都要经历数百万年甚至数千万年的周期，我们不能像物理、化学一样通过实验来研究这些变化、事件，也不能像历史学一样单纯地依靠前人留下来的各种记录，我们必须通过自身的观察去记录各种资料，以确保资料的真实性、可靠性、客观性。同时，地球由于具有空间的广阔性，在不同地区、不同深度具有不同的物质构成基础和外在因素，因而有不同的发展过程及表现形式。如每一个矿区、每一个矿床，既有共性，也存在差异。在一个成矿系列中可以包括不同成因类型、不同矿种的矿床。矿床之间具有亲缘关系。在同一成矿系列中发现一种矿床类型，就可遇见另一种矿床类型，还可以在两个端元矿床之间发现过渡性矿床，一个成矿系列可构成一个带，也可能在空间上隔绝为不同矿带，还可能构成矿田。这些发现都要求我们以科学严谨的态度去观察、去勘探。

地质科学的实地考察既是一种具体的科学研究方法，又是一种自成系统的方法论。说它是方法，是指在实施某项实地考察计划时，它体现为一系列具体的方法、步骤和技术，因此它是地质资料收集的主要方法。说它是方法论，是指任何一项实地考察的实施，又都具有认识、判断和分析地质现象的理论基础。整个实地考察方法、步骤和技术的运行，都体现为一系列具有哲学思辨特点的认识过程。在地质资料收集的过程中，忽视指导方法、步骤和技术等理论准则，是不完全的、不科学的，是难以真正获得成效的。因此，实地考察既是一种技术手段，又是一种方法，被广泛地应用于地质找矿与勘探具体工作中，并由此取得真实而丰富的地质资料，为地质学的系统研究打下坚实的基础。

赵鹏大在留苏期间，选择了"矿产普查与勘探"为专业主攻方向，与其敏锐的理论和实践观察是分不开的。他看到未来中国矿产资源的开发必然会涉及到一些富矿与贫矿地段交叉、矿体与围岩分界模糊、难以勘探的矿床类型,于是决定把"网脉状钨锡矿床地质特征和勘探方法"作为一个科学问题,决定攻克这一难关。而这一问题的研究,离开定量分析则无从下手。赵鹏大地质科学研究的突出成就与他基于观察基础上的科学问题的提出息息相关。包括的科学问题有:①方向选定(网脉状矿床普查与勘探);②难题攻克(矿体与围岩,富矿与贫矿复杂交替问题的解决);③问题提出(如何定量研究等)。20世纪90年代,随着我国经济与社会可持续性发展的需求不断增强,矿产资源的不可再生性问题日益凸显。赵鹏大指出,科学研究必须从收集第一手资料开始,要清楚研究的问题所在;要非常清楚主攻对象是什么,为此要达到的目的,要解决的问题,需要什么方法,流程的设计,收集详细的资料,前人的研究成果的提炼;还需要进行评述,谁做的,做的怎么样,哪一点是好的,哪一点做得不够。对前人成果进行评述是很重要的。如果不做论文,也不会有针对性地去思考这些问题。所以这是方法的选择,流程的设计,研究过程反反复复,深入地去研究问题,最后形成结论。这些结论要凝练,要把它条理化、系统化,上升到原则。所有的这些都离不开扎实的地质观察和实地考察以及敏锐的洞察力,以此获得丰富的第一手资料。

第二节　地质科学第一手资料的重要性

　　地质科学具有其他学科无法比拟的特性,它不像物理学、化学、生物学一样通过实验模拟来推测发生的变化、事件、活动。地质科学必须通过野外实地考察来获得第一手资料,如果没有实地考察获得的第一手资料,推理就缺乏依据,成为无本之木、无源之水,而相关的实验、模拟特别重视事实,尤其是野外直接观察到的事实。在18世纪末地质学建立初期,常常由于重大地质事实的发现而引起地质科学理论的建立或突破。现代地质研究中的板块构造理论最终也要诉诸可观察的地质事实论据。因此,地质学研究方法的传统是相信事实,这一特点是地质研究方法的优越性。因为地质科学不会接纳无事实根据的假说和结论,不会故意掺假,所以由此建立的理论具有可靠性和相对稳定性。

第一手资料从哪里来？必须首先是以地球为大课堂，以大自然为实验室，进行野外调查研究，掌握大量实际资料，进行分析，对比归纳，得出初步结论，然后再用以指导生产实践，并不断修正补充和丰富已有的结论。远在数十万年前的旧石器时代，人类的祖先在制造、使用石器的过程中，逐步掌握了岩石的一些特性。在铜器时代、铁器时代，人类又在生产活动中逐步掌握了寻找矿床的某些规律。近代以来，由于工矿业的发展，特别是相邻学科和现代技术的进步，又推动了地质科学的突飞猛进，不断形成新的理论，新的勘探手段和交叉科学技术的使用，使得第一手资料的来源愈加丰富，愈加具有准确性和合理性。

从地质科学所研究的对象和内容来看，小到矿物组成的微观世界，大到整个地球以及宇宙的宏观世界，从矿物岩石等无机界的变化到各种生命出现的演化，从常温常压环境到目前还不能人为模拟的高温高压环境，从各种变化的物理过程、化学过程到生物化学过程，从地球本身各个部分的物质能量转化到地球与外部空间的物质能量转化，等等，都充满着各种矛盾和相互作用的复杂过程。任何一种地质过程，都不可能是单一的物理过程和化学过程。因而第一手资料的获得不仅涉及地质科学的知识，还依靠一些物理学、化学、生物学等学科知识，具有综合性和复杂性等特点。这些都要求地学科学研究者在获取第一手地质资料时要深入观察，全面了解观察对象。

在赵鹏大看来，地质研究的传统方法是以地质观察为基础。地质观察是人们为达到一定的目的，在认识和改造地质客体的过程中，通过感觉器官（借助仪器和工具），获得关于地球客体的现象材料的基本方法。地质的观察是科学的观察，是认识的感性阶段，也是社会实践的一种形式。地球客体具有可观察性，这是地质观察，也是科学实践活动的依据和出发点。无论是从时间上和空间上，还是从地质运动的结果去追溯它的原因，都必须以第一手资料作为依据，而地质观察就是取得第一手资料的最基础方法。

第三节　范例：实地考察

实地考察是从人类学中借用过来的定性研究方法，它是指为明白一个事物的真相和势态发展的流程而去实地进行的直观而详细的调查。实地考察要先明白考察的对象和目的。考察什么，为什么去考察，是考察之前必须清楚的问题，否则就会陷入盲目考察的境地，难以达到预期效果。要注意了解事物的总体与局部，在考察的总体性原则基础上，重点考察有代表性的局部。没有总体考察，印象就会变得支离破碎；没有重点考察，就难以取得突破性进展。要注意边考察，边分析，边记录，以取得丰富的资料。地质科学的学科性质、研究对象和范围指向，决定了它是一门注重深入物质世界，并要求从中吸收和积累丰富资料的科学。在研究方法上特别强调要进行实地调查，要通过实地考察活动尽可能获得详实的研究资料。不论是过去还是现在，纵观地质科学取得的一系列理论成果，都是建立在实地考察和资料积累的基础上的，只有进行丰富的实地考察并获取大量的第一手资料，学术上才有可能有所突破，有所发展。因此，一些著名的地质学家毕生都在坚持不懈地进行实地考察，并将此项工作作为自己学术生涯的重要组成部分。他们在理论上和实践上进行的科学探索，不仅使自身在学术上获得发展，也为地质科学的发展做出了重要贡献。

赵鹏大作为地质科学领域的研究者、带头人，为地质科学的发展做出了重要的贡献。他系统研究了矿产勘查中数学模型的应用，建立了矿产资源定量预测理论及方法技术，并在地质异常论与成矿预测方面也取得了突出成就。这些成就的取得，与他长期坚持地质科学的实地考察分不开的。早在苏联留学期间，导师雅克仁教授就一针见血地指出了地质科学的实践特征："要想成为一名优秀的矿床学家或矿床勘探学家，必须跑上 500 个矿床！"赵鹏大在苏联留学的 7 年里，不畏艰苦、跋山涉水，考察了包括世界著名的乌拉尔、科拉半岛和外贝加尔等地的数十个矿床，积累了丰富的实地考察的经验和资料。1958 年，赵鹏大回国以后，在福建省进行 1：20 万地质填图和找矿考察，长达半年之久。1963—1966年去云南个旧锡矿进行实地考察，开展早期的定量勘查研究工作。1964年，在云南老厂矿区锡矿进行研究，提出了细脉带型矿体的定量研究方法。起初，根据矿体的一些主要特征进行类比，初步确定为网脉型矿床，但他仍不放心，因为这影响后面的勘探方法的选择和精度的确定问题。他进一步分析研究采集的标本，到现场仔细勘测，细心寻找每一个不同点，最后根据新的发现，确定为细脉带型矿床，为精确地选择勘探程序、勘探手段和确定合理勘探精度确定了依据。之后，赵鹏大提出应用数理统计研究矿床合理勘探手段及工程间距的途径和方法，逐步建立了比较完整的矿体变异数学模型。1965年，在解决松树脚矿区实际问题中进一步提炼出接触带型锡铜矿床的勘探手段和评价方法。

1975年，在马鞍山铁矿，上百个钻孔提取的岩芯率不足规范要求的一半，按当时勘探规范要求，不能作为储量计算的依据，因此，面临大量钻孔报废和经济上的重大损失，赵鹏大用数理统计方差分析方法解决了这一难题，避免了重大的经济损失。在安徽宁芜地区，赵鹏大用矿床统计预测方法在700千米范围内预测了新的矿床，并先后在河北、内蒙古、新疆等地的一些矿区或成矿远景区也开展了不同比例尺的成矿定量预测工作。

1976年，赵鹏大在宁芜、迁安、白云鄂博、个旧及铜陵等地成矿定量预测的实地考察基础上总结出了"矿床统计预测"的基本理论、准则和方法体系，建立了一套地质变量构置、取值、变换和筛选的模型，推动了我国开展矿产资源定量预测等方面的地质科学研究。方熠在《侧记导师赵鹏大先生》一文中曾回忆道，"出野外是先生每年活动安排中的一项必须的安排，如云南个旧和三江地区，学校各教学实习基地和科研基地等，一位外国同行来了因时间关系不能到外地，就在学校旁边的南望山安排了一条考察线路"（方熠，2011，第131页）。李树基是原个旧308地质队技术负责、总工程师和队长，也在云南个旧的地质考察回忆中讲述了赵鹏大的实地考察事例。有一次在老厂大斗山调研，他不肯放弃一个荒弃老探槽可能获得的地质信息，从近两米高的边帮上跳下槽底，他有旧伤的膝盖骨再次受损，当时痛得站不起来。野外采集的标本，他坚持要背上他认为应该分担的一份。赵老师到个旧工作,往往一住就是一二十天,甚至一两个月"(方熠等,2011,第50页)。在云南有色勘探公司308队资料室,至今仍保存着赵鹏大从1963年到1965年在那里工作期间实地考察的大量科研报告,记录如下:赵鹏大,1963年,《老厂网状矿脉研究》;赵鹏大,1963年,《卡房条状矿体研究报告》;北京地质学院勘探教研室,1963年,《卡房矿区Ⅱ-10、Ⅱ-8条状矿体地质及勘探类型、勘探方法研究》;赵鹏大、彭程电,1964年,《应用数理统计方法探讨矿床合理勘探手段及工程间距的新途径》;赵鹏大,1965年,《老厂湾子街矿区细脉带型锡矿床的某些地质特征及勘探方法初步研究》。此外,还有一些他的助手和学生的报告。云南个旧有世界锡都之称,个旧锡矿是赵鹏大长达半个世纪魂牵梦萦的地方。他说:"我与云南个旧锡矿结下了深厚的友谊。"(方熠等,2011,第94页)陈西京,原云南省人大常委会委员和环境与资源保护工作委员会主任,曾担任云南省地质矿产勘查开发局局长和云南省国土资源厅厅长,曾回忆道,20世纪60年代初,赵鹏大就把个旧锡矿当作教学实习和科研基地,当作服务矿山企业的战场。他熟悉那里的山山水水,深交了一批那里的地质工作者。1959—1961年,同他们餐风沐雨,同甘共苦,习惯了喝苞谷酒,啃干豆腐。还参加他们的"丐帮大会"(云南锡业集团每岁末,把新老技术人员召集起来,开个会,通报找矿成果,吃一顿饭,辞旧迎新,云锡人把这自嘲为"丐帮大会")(方熠等,2011,第72页)。赵鹏大以近80岁的高龄,不辞辛苦,多次到矿区指导合作勘查,运用新理论、新技术开展中大比例尺成矿预测,为老区深部找矿和新区勘查提供综合信息,指导矿山勘查。夏庆霖,中国地质大学(武汉)资源学院教授,也常谈到赵鹏大20世纪60年代在个旧教学和科研的实地考察工作的情景,他为矿山解决了大量地质勘查中的技术难题,并运用矿床统计预测的方法成功预测了高松矿田。"2004年,已是73岁高龄的他带领我们重回个旧,与云南锡业集团联合开展'云南个旧锡铜多金属矿床找矿预测研究'科研项目"(方熠等,2011,第123页)。

1989年,赵鹏大作为课题组的技术负责人承担了新疆305科技攻关项目。1990年夏天,已近六旬的赵鹏大不顾亲朋好友的劝阻,毅然率队闯进了新疆罗布泊北山地区。在此之前,地理学家彭加木就是在这里失踪,至今仍杳无音讯。罗布泊的荒凉和险恶不能阻止赵鹏大为祖国建设找矿的决心，也动摇不了他运用科学理论找矿的信心。在赵鹏大的带领下，课题组克服重重困难，15天里行程3000多千米，汗水洒遍了2万平方千米的北山地区。他们的艰辛努力没有白费，课题组运用地质异常理论和矿床统计预测方法，在新疆北山地区发现两条铜镍硫化物远景成矿带，在东准噶尔地区发现一条金矿带。1992年，他们的《北山成矿远景区地物化综合研究与找矿靶区圈定》成果荣获国家计划委员会、国家科学技术委员会、财政部联合颁发的"七五"科技攻关重大成果奖。近年来，赵鹏大根据我国矿产资源需求和开发现状及可持续发展战略要求，先后提出开展"非传统矿产资源"研究和"三联式"成矿预测理论，得到国家有关部门和同行专家的积极支持并不断取得进展。

由此可见，赵鹏大在长期的地质科学活动中以身作则，亲身实践，长年奔跑野外，彰显了地质科学实践活动中实地考察的重要性。

第四节　地质科学的实践特征

地质科学相较于其他自然科学，由于其历史性、演化性的特点，与实践的关系更为紧密、更为突出。地质研究大量的第一手资料都来自于科学研究的实践行动。赵鹏大非常重视地质科学研究的实践特征，他的地质科学实践，对地质科学研究乃至整个科学研究都具有重要的启发和借鉴意义。

赵鹏大在苏联求学期间无数的实地探矿经历对赵鹏大以后的教学科研事业产生了深远的影响。毛泽东曾经说过："人的正确思想，只能从社会实践中来，只能从社会的生产斗争、阶级斗争和科学实验这三项实践中来。"（中共中央文献研究室，1999，第320页）思想根源于实践，反过来又作用于实践，指导具体的生产实践活动，使人在实践活动中不至于走弯路、错路。赵鹏大投身于社会经济和生产实践，参与了矿产资源开发项目中的各个环节，对矿产开发活动中的问题有着清晰的认识；投身于教学科研和人才培养，在带领学生学习研究的各个阶段，都始终强调科学实践的重要性。

在云南个旧,赵鹏大总是穿上工作服、戴上安全帽率先下井。在矿井下,他经常给研究生现场教学,教他们认识矿体和矿床的特性及形成的机理。他告诫学生,对于勘探当中的任何一个问题,不要马虎放过,要认认真真地勘查矿床、分析问题。赵鹏大以身作则,以实际行动向学生们传递科学实践、尤其是地质科学实践的重要性。实践具有"重复进行使其熟练、深入学习使其成为习惯、应用知识使其达成目标"的含义,因而科学实践更是强调了所进行的活动是一个重复的,并且随着对学科核心概念的理解而不断熟练的过程,是一个运用科学知识的过程。

赵鹏大在长期的科学实践中,逐步形成了独具特色的实践观,即在地质科学实践中把握科学发展前沿,把祖国生产建设实践需要作为第一准则,尊重科学事实。

首先,赵鹏大认为地质科学的实践研究不仅要把握住世界地质科学发展的前沿,而且更要把握住我国国民经济建设的前沿。一方面,在经济建设前沿中发现问题,进行总结提炼,推动理论前沿的研究;另一方面,又把理论前沿的成果应用于生产前沿中。这种"双前沿"和实践第一的思想伴随着他几十年如一日,以忘我的精神不断在理论上推陈出新,解读地球亿万年演进的"密码",并以此为指导发现一座座地下宝藏,为我国的现代化建设准备工业"食粮"。尤其是近年来,随着信息技术的高速发展,人类已经迈入到"大数据"时代。赵鹏大认为地质工作的现代化、地质科技的创新都离不开信息化,大数据时代要重视数字地质与矿产资源评价研究,用数字地质推动地质找矿新发展。数学地质是地质与数学结合的交叉学科。数字地质是数学地质发展的新阶段,是数学地质的延伸与拓展。数字地质以地质学中的信息技术应用为基础,以地质学中的数学应用和数学模型研究为主要内容,以解决地质理论和实际问题为目的。数字地质是地质学的定量化理论和信息技术,它与数学地质相比,无论是在内涵上还是在外延上都大大扩展了。其目的是有效发现和提取信息,有效揭示和解释变异,有效查明和预测规律性,有效研究和解决地质问题(赵鹏大,2012,第 225 - 228 页)。赵鹏大呼吁应加强数字地质研究,提高地质数据研究达到一个新水平。如今,以至耄耋之年的赵鹏大在攀登地质科学高峰的道路上没有停歇,以睿智和勤奋始终站在时代的前沿,为数学地质和矿产勘探的发展不断贡献着自己的力量。在实践中,赵鹏大提出科学实践不仅建立在实际科学考察基础上,还要注重社会分析。

其次,赵鹏大的实践论还强调尊重事实,尊重科学的重要性。任建新回忆道,"有一次谈到重砂实验时,我说我们不应该使用苏联尤什柯的重砂矿物鉴定表,那是根据人家实验室的设备条件制定的,我们的设备和人家的不一样,应根据我们的实际条件制定一个简明实用的鉴定表。他当时就给予了肯定并鼓励,在年终的教研会上,还把我搞出来的鉴定表作为实验室的一项成果以实验室的名义提出来。在那时的政治环境下他敢于这样做,实在出乎我意料,这体现了他尊重事实、尊重科学、尊重人的高尚品质,给了我很大鼓舞,也使我感到了人的尊严"(方熠等,2011,第88页)。

最后,赵鹏大的实践论也包含着科学家实事求是、敢于说真话的地质科学家的高尚人格。1966—1976年,各个学校都树起了毛主席塑像,而在1976年以后,却又出现了大拆毛主席塑像的风。记得在一次校务会议上,有同志提议拆除校园里的毛主席塑像,代之以地质队员塑像,大家觉得也可以,但谈到拆除费用起码要花十万元时,都犹豫起来。赵校长一直在倾听大家的讨论没有说话,最后他说:"为什么一定要拆除毛主席塑像呢?别人拆,我们留着,将来还可能成为北京一景,供人们瞻仰呢。"(方熠等,2011,第13页)大家都没有想到,但听后都一致赞成他的意见。至于在日常工作中,他这种不随波逐流、不隐瞒自己观点的性格,更是大家熟悉的。

科学思想来源于实践,来源于大量的科学活动。地质科学研究必须建立在大量观察和第一手资料基础之上,这一切都离不开实地考察的基础,即以大量的实地考察为起点,寻找发现有价值的科学问题,以丰富的第一手实地材料为基础,踏遍青山,实地考察。赵鹏大长期投身实地考察工作,在实践中发现科学问题,研究科学问题,解决实际问题。他把地质科学研究的基本要点总结为:一是要了解前人所研究的问题取得的工作成果;二是要明确自己的研究方向和目标,以及实现目标的步骤;三是要获得丰富的第一手资料；四是研究工作要注重创新，提出自己的新观点、新见解、新方法；五是要突出研究成果在实践中的意义和价值。赵鹏大身体力行，投身于科学研究的社会实践，参与矿产资源勘查开发项目的每个环节，并力图学以致用，对症下药，将地质学与数学结合起来。事实证明，赵鹏大的思想十分正确地契合了中国地质学发展的需求，使得中国地质学研究突破了一个十分关键的瓶颈。这一瓶颈的突破，为中国地质学的发展逐步扫清了道路，在此基础上，使中国地质学走向了一个新的台阶。

实践在科学认识与科学发展中起重要作用，但由此得出的科学预测和结论仍然需要通过实践作进一步严格的科学检验。逻辑证明的作用，不过是实践检验作用的间接表现和补充。逻辑证明的思维过程及其结论是否正确，仅靠思维和逻辑本身的证明是不够的，还需要回到实践中去，通过实践来作最后的检验。由此可见，很多理论都是需要我们付诸实践才能发掘和呈现的，理论是通过我们在社会实践中不断总结、提炼、浓缩才能得到的，也是在更多实践活动中得到证明的，也即在实践中获得真理、在实践中检验真理。现在，成矿区划、矿产资源总量预测已成为我国地质勘查生产工作中必不可少的重要组成部分。

第五节　地质科学实践的独特性

由于地质科学的勘探、考查等科学实践和科学实验表现出多样性和复杂性，因此相较于其他科学，地质科学的实践具有自身的独特性。

首先，从空间上来考量，地质科学的实践在地点上是多样的、不确定的、甚至令人难以想象的。即使是室内实验工作，也必须同野外地质工作紧密结合。实验科学技术方法的试验研究，要同具体的地质工作项目相结合，落实到地质矿产工作任务上。地质学家必须走过许多地方，也经常风餐露宿。如果说教室、实验室是赵鹏大教学的阵地，那么广阔的大自然，则成为他地质研究的大舞台。苏联雅克仁教授所说的跑500个矿床，是对地质科学家实践工作的最好理解。

走向唯物辩证法的地质科学
——赵鹏大科学思想探析

从西部绵延起伏的昆仑到惊涛拍浪的东海,从严酷荒凉的西部戈壁到四季如春的云南之乡,都留下了赵鹏大地质勘探的身影。在黄沙漫漫的沙漠中,在空气稀薄的高原上,在人迹罕至的深山里,在条件艰苦的矿井下,赵鹏大和地质工作者一道认真研究每一个地质现象,精心采集每一块岩石标本。即使是在实验室里,也因为武汉、北京两地都有研究生实验室,还要两地奔波。

其次,除了地质科学实践的地点令人瞠目,时间特征也是寻常人难以理解的。从地质实践的时间上来说,野外地质实践,正常一去就是大半年,一两年都在野外是家常便饭,更不用说是专门的地质研究项目。地质科学家们长年累月在野外跋山涉水,整年整月"过家门而不入"。"好女不嫁地质郎",这是对地质科学实践长期性和艰苦性的有力佐证。同时,从地质科学实践到得出研究成果的时间跨度,更是一般人难以接受的。譬如 1958—1962 年,赵鹏大在福建参加的 1∶20 万地质填图及找矿工作,研究长达整整 5 年。

赵鹏大对自己多年来的地质研究和地质科学实践的经历笑谈道:"由于工作性质的原因,我经常在野外工作。1958 年在福建,我们找矿、检查工作,每天七八十里在山里跑路,这都是一种锻炼"(陈华文,2011)。

赵鹏大长期从事"矿床普查与勘探""数学地质"两个学科的教学和研究工作,他作风扎实,治学严谨,具有高深的学术造诣。40 多年来,他艰苦创业,执着追求,足迹踏遍了祖国的大江南北、崇山峻岭、戈壁沙漠,尤其是当他 60 岁年事已高时,仍坚持到新疆的塔克拉玛干大沙漠和云贵高原三江地区的深山密林进行实地考察和科学研究,他把理论同实践紧密地结合起来,系统地总结了科学找矿的理论和方法,为发展"矿床普查与勘探"重点学科做出了突出贡献,并在实践中实现了将理论找矿、综合找矿、立体找矿和定量找矿融为一体的科学找矿途径(邢相勤,1994)。

老骥伏枥,志在千里。赵鹏大将一生的精力都投入到了地质的学习、实践和研究中。他对地质科学领域的热爱,以及他坚持地质科学实践和科学实验的精神,使他获得了丰硕的地质研究成果,为我国地质学的发展进步做出了极大的贡献。赵鹏大为未来青年学子们留下的地质实践及实地考察宝贵资料,将会在地质研究历史上继续书写辉煌。

第六章 赵鹏大地质理论与方法的创新：数学地质

> 数学地质是以数学为工具，以计算机为手段，以建立模型为内容，以解决地质问题为目的的一门新兴交叉学科，它的产生是地质科学向定量化方向发展的必然结果和客观需要，而数学地质的发展又进一步推动地质科学的进步和现代化进程。
>
> ——赵鹏大

赵鹏大以敏锐的洞察力认识到数学地质在地质科学发展中的引领趋势。他认为有必要把"地质现象数学模型"具体化为"地质体、地质过程和地质工作方法"的数学模型。和其他一切新兴学科一样，数学地质也是诞生于生产实践，随着物质生产的发展而变化发展。伴随地质勘探工作迅速发展，仪器分析和记录自动化程度迅速提高，各种观测和实验数据也大量增加，一个新的课题在赵鹏大的地质工作中出现了：怎样根据地质数据进行定量分析，传统的定性研究方式逐渐满足不了地质研究实践的新的发展需求，地质实践的需求推动了地质研究向着精确化、定量化的方向发展。从地质学研究对象本身的特性来分析，不仅不应否定定量化的必要性，恰恰相反，在地质学中建立并应用数学模型的正是由地质研究对象本身特点所决定的。数学地质是地质学发展的必然。在《地质学的定量化问题》一文中,赵鹏大指出数学地质方法为宏观地质研究提供了定量的可能,对研究未知属性矿体的归属有着重要的意义。

第一节 传统地质科学方法及其问题

传统地质科学方法主要基于经验论的地球观,以直观的经验观察为主要方法。这种研究方法是以人的直接经验为依据考察和认识地球及其演化规律。经验论是地质认识论的重要来源。地质学家发现地质规律总是从大量观察中归纳概括出来的,即认识主体面对大量的经验事实,进行感性思维,通过感觉、知觉、表象上升到理性认识,从而形成科学定律。同时,任何理论,尤其是地学理论都要在实践中进行检验和还原,即理论要在实践中进行验证。只有经受住实践检验的地质科学理论和方法才能在地质科学发展历史中站稳脚跟,才能在地质科学研究中长久地发挥作用。

1. 经验观察法

经验观察法在早期的地质研究中发挥过重要的作用。地质历史上著名的水成论与火成论之争主要是取决于科学经验和观察。火成论最终战胜水成论,很大程度上是因为水成论的创始人维尔纳不注重实地观察的结果。维尔纳在研究中忽视野外实地考察的重要性,只注重实验研究。他根据化学家波义耳关于晶体会从溶液结晶出来的实验结论,认为花岗岩和各种矿脉都是由原始海水结晶而成,否认地球上火山的成岩作用,把火山仅仅看作是煤炭和硫磺在地下燃烧,把岩浆凝结而成的玄武岩认定为煤和硫磺燃烧后剩下的灰烬。当他在哈兹看到花岗岩时,不仅没有注意到花岗岩与岩浆活动有关,可能晚于上部岩层,而且还臆断这种花岗岩是"山脉的核心",是地球一开始形成的"原始地壳"。他引用圣经《创世记》中的洪水说,认为地球形成初期曾被史前那场灾难性的大洪水淹没。在维尔纳看来,一切地质系统的形成都是水的力量在推动,史前洪水的作用和洪水的退却造就了各种不同的地层。他不仅否定火成作用,也否定倾斜岩层是地壳变动引起,否定海陆可以发生沧海桑田的演变,把沉积层的出露简单地视为洪水退却的结果。"水成论"的观点遭到了从事野外实际地质工作,特别是在火山岩地区工作过的地质工作者的反对。以赫顿为代表的"火成论"者经过多年的野外地质实践和实验操作,不仅证明了玄武岩不是煤和硫磺燃烧后的灰烬,而且对"水成论"的观点逐个进行了攻击。"水火之争"最终以"火成论"的胜利而告终。

2. 归纳与演绎法

归纳与演绎法是在经验观察阶段地质研究最重要的方法和手段。归纳推理是从局部、个别的地质现象出发进行研究,最后推出更普遍、更抽象的规律。金伯利岩和钾镁煌斑岩中产出金刚石;三叶虫是寒武纪地层中的化石,这些判断都是经过对一些具体现象进行观察,归纳概括出的一般性结论。演绎是从一般到个别的推理过程,主要形式是三段论,即大前提、小前提、结论。大前提是已知的一般原理,可以是公理、经验、科学理论,也可以是科学假说,都是通过地质观察和实验总结出来的。例如,"正常层序的地层都是上部新,下部老""不整合面代表一个沉积间断或风化剥蚀"等。小前提指具体的特殊的项,如A地层、B不整合面。结论则推出一个包含在大前提中的结论。"A地层是上部新,下部老""B不整合面代表一个沉积间断或风化剥蚀"等,都是通过演绎方法得出的结论。

3. 类比法

类比法是地质研究中最为重要的方法之一。"将今论古"充分体现了类比的重要作用。这一思想最早由英国地质学家莱伊尔在《地质学原理》中提出。它是指在地质学研究各种地质事件遗留下来的地质现象与结果的过程中,可以利用现今地质作用的规律,反推古代地质事件发生的条件、过程及特点,即"现在是了解过去的钥匙"。例如,现代珊瑚只生活在温暖、平静、水质清洁的浅海环境中,如果在古岩石中发现有珊瑚化石,便可推断这些岩石也是在古代温暖、清洁的浅海环境中形成的;又如,火山喷发能形成一种特殊的岩石——火山岩,如果在某地发现有古代火山岩存在,便可推断当时这一地区曾发生过火山喷发。

莱伊尔提出的"将今论古"思想是类比推理的雏形,即从现今那些最常见的自然现象——风、雨、潮汐、火山以及地震等,推测在漫长的地质时代里它们对地球的改造和变迁所起的作用,是一个从个别到个别的过程,即根据两类对象之间在某些方面的类似或相同,推测在其他方面的相似或相同。这种方法可以启发联想,由已知类比推知未知的相似性。

除了"将今论古"法,与之相对应的"将古论今"法也是传统地质研究中常用的类比方法。将古论今,即从已知的现在(或过去)预测未知的将来,如同位素测年法、古构造分析法等,用于探讨地球早期形成过程和演变特点,进而推论地球的现在和未来。"将今论古"与"将古论今"都是根据类比推理方法对地质体的未知参数进行推断、猜测的方法,在地质发展过程中都发挥着重要的作用。

4. 假说方法

假说是地质理论发展的重要方法。地质科学充满假说,这是由地质研究对象在时间和空间上的大尺度性、地质过程的混沌性、作用机制的非线性等特点,即"由地质研究对象的观察的不确定性、过程的不明朗性、作用机制的非单一性等诸多特点所决定的"(余良耘,2002)。科学假说作为地球科学理论的形成方法之一,在地质发展过程中具有不可替代的作用。假说以观察事实为基础,运用已有的科学知识建立起来。魏格纳发现了大西洋两岸动植物化石的相似性,地形、山脉以及地层都具有连续性。据此,1912年魏格纳提出了一个大胆设想:两亿年前大西洋并不存在,南北美洲大陆与欧非大陆是连在一起的。这个近于荒唐的说法震动了当时整个地质学界,引发了一场激烈的论战,50年后,大陆漂移、海底扩张和板块构造学说发展成为全球性的新构造理论。

地质学研究历史上旷日持久的均变论和灾变论之争,正是由于两个学派所得出的结论都是根据经验推断得到。均变论最终战胜灾变论的前提在于:其一是人类认识的非至上性及地球历史和人类历史两种时间维度的不可通约性。毕竟以人类有限的生命历史观察到地球上大的灾难的机会是相当少的。其二,在现实主义与非现实主义之间不得不做选择时,地质学家们更乐于接受以现在起作用的地质力来解释过去发生过的事件的现实主义的方法论(刘郦,2016)。地质科学假说在地质理论的发展与形成过程中具有重要的作用。体现为:①解释新经验、新事实的有效性;②提出新思想、新观点的创造性;③形成新学派、新阵营的驱动性(余良耘,2002)。

任何科学方法都具有历史性,随着科学实践的发展,科学方法也应该与时俱进,推陈出新。地质科学的方法亦是如此。随着地质科学的发展,传统地质科学方法逐渐表现出不足和缺陷。在现代地质科学研究中,传统地质科学研究方法的局限性主要表现在以下几个方面。

(1)以经验观察为主,受人体生理和观察仪器的限制。经验观察法是地学研究的典型方法。在早期的地质科学研究中,受人类认识水平和技术条件的限制,地质学家们通常只能根据感觉器官对地质体进行观察分析,并对相似的地质现象作出归纳。但是人的感官是有一定阈值的,只能对一定范围的现象进行精确的观察,超过阈值,感官就不能发挥有效的作用。随着科学技术水平的发展,逐渐出现一些能够辅助主体进行观察的观测仪器,地质科学研究者能够借助仪器对地质现象进行比较全面而精确的观察。但观察的精确性程度的高低,受社会历史条件和科技水平的物质条件的制约。

(2)以推断和预测为主,具有很强的自否性。归纳法是早期人们从事地质科学研究时常用的方法。但是由于地球范围极其庞大,地质研究者不可能穷尽所有被观察对象,只能观察到部分地质对象,认识一定层次上的地质现象。简单枚举法,从局部、个别的现象,推出更普遍的现象并作出结论,由于不能穷尽所有需要观察的对象,其结论具有猜测性。归纳方法在地质研究过程中的确发挥过一定的作用,如早期地质学家利用此方法寻找古洋盆、古缝合带;发现三叶虫是寒武纪地层中的化石。但是随着地质时间的推移,总会出现与其结论相矛盾的反例。

假说是对所研究问题的可能回答,即概率。这种回答常常是在科学事实不太充分、检验条件不太完备的情况下做出的。因此,假说具有很强的易变性,它会随着地质科学新发现而变化,会随着理论的发展而不得不做出修改或被淘汰。例如,地质研究历史上的灾变论,由于无法精确地解释灾变自然事件的作用机理,不得不求助于神创论,最终走向了唯心主义。

(3)只进行定性研究,没有定量的发展。近代地质学自创立以来,虽然取得了许多重大的成就,但是在其几百年的发展历程中,定性的描述远远多于定量的解释。使用定性研究方法进行地质研究,会使研究结果受主体的主观因素影响较大,研究过程很难精确地重复。定性研究获得的资料数据难以用统计学方法进行统计分析处理,无法得到较为精确的地质体信息。人类对地质研究虽然有着悠久的历史,但是数百年来,地质学家们都习惯于运用传统的观察、比较、历史分析等定性的研究方法进行地质研究,造成了长期的地质研究中缺少精确的数据资料。

赵鹏大认识到传统地质科学方法论的局限性,主张定量化研究方法,这是根据地质科学和社会发展的需要做出的选择。社会经济和生产的发展,要求对矿产资源进行更为精确的定量评价,政府和社会对环境与资源的关注,要求更准确地和定量地预报诸如滑坡、地震、泥石流等地质灾害,要求确定发现新矿床的概率等。这些现实的要求都需要地质学与数学紧密结合,定量化地解决问题并给出答案。

第二节 数学方法的引入及其意义

作为地质学中一门独特的、有勃勃生机的学科,数学地质不仅仅是一门数学与地质学交叉的边缘学科,而且也是一种独特的科学方法,是对传统地质方法的一种突破和创新。随着人类认识水平的不断提高,地质研究方法也在不断更新发展,逐渐形成了现代地质研究方法。后者继承了传统地质研究方法中的精华,将传统地质与当代科学和哲学发展成果相结合。现代地质研究方法摒弃了近代以前重经验而轻理论、重局部而轻整体、重定性而轻定量的传统思维,在众多的现代地质科学研究方法中,数学地质方法占据了重要的地位。

数学地质是地质学的分支学科,是20世纪60年代迅速形成的一门边缘学科。它是地质学与数学及电子计算机相结合的产物,目的是要对地质科学问题进行定量的研究。它的出现反映了地质学从定性的描述阶段向着定量研究发展的新趋势,为地质学开辟了新的发展途径。数学地质方法的应用范围是极其广泛的,几乎渗透到地质学的各个领域。"数学地质"一词则是20世纪60年代初期由苏联学者维斯捷利乌斯首先提出并在以后为学术界所接受,其定义为:"数学地质指对具体工作中建立和分析及利用地质现象数学模型进行研究的科学"(赵鹏大,2012)。1968年布拉格召开国际地质大会,正式成立国际数学地质协会(现改名为国际数学地球科学协会),标志着数学地质学科正式得到了国际公认。

  定量地质学的发展经历了一个漫长的过程。1833年英国的地质学家莱伊尔运用数理统计分析方法划分了巴黎盆地的沉积地层,这是地质学和数学的首次结合。梅里安姆1981年在《定量地质学之根》中,将定量地质学的发展划分为四个阶段:第一阶段(1833—1895年)为形成阶段。如结晶学中三角几何的应用;确定年龄及热流中的计算。第二阶段(1895—1941年)为开发阶段。应用一元和二元统计方法解决地质问题,作为一种可利用的技术为地质学各领域的发展准备了基础。数学的应用,特别是在地球物理中的应用得到继续发展。第三阶段(1941—1958年)为发展阶段。多元统计分析的应用使其扩展到地质学的各个领域,迅速发展到用于解决实际问题的概率方法。第四阶段(1958年至今)为自动化阶段,标志是计算机的地质应用(赵鹏大,1992)。现在,人们倾向于将1958年即计算机地质应用开始之时作为定量地质学成为独立学科——"数学地质"的诞生之日。首次应用者——美国沉积学家克伦宾被公认为国际"数学地质之父",奖章因其而得名。

  在《定量地学方法及应用》一书中,赵鹏大指出,20世纪是新兴学科、交叉学科和边缘学科大发展的时代,也是综合科学和系统科学兴起的时代。而数学地质"恰恰是以数学为工具,以计算机为手段,以建立模型为内容,以解决地质问题为目的的一门新兴交叉学科,它的产生是地质科学向定量化方向发展的必然结果和客观需要,而数学地质的发展又进一步推动地质科学的进步和现代化进程"(赵鹏大,2004,等第1页)。数学地质学是地质学的定量化发展的关键部分,实现定量化既是地质学自身发展的必然趋势,也是当代经济社会发展对地质学提出的新要求。

在莫斯科地质勘探学院学习期间,赵鹏大意识到传统方法的局限性,将地质学与数学交叉结合,走定量化发展道路是历史发展的必然趋势。他将数学定量方法运用到研究生论文的研究和写作中,并发表了相关学术论文。从而成为在当时我国最早进行数学地质研究的地质科学家之一。1963年赵鹏大首次在国内应用数学方法来模拟勘探过程。20世纪90年代,在不断丰富和完善数学地质学科方面进行了多方面研究的基础上,他建立了数学地质的新体系,即研究地质体数学特征,建立地质体数学模型;研究地质作用因素及其相互关系,建立地质过程数学模型;研究地质工作方法及地质数据特点,建立地质方法数学模型。1990年《地质勘探中的统计分析》出版获国内外同行专家的好评,被认为达到和处于国际先进水平。同行专家鉴定为"总体上达到国际水平,其中部分数学地质方法的应用达到国际先进水平,地质体数学特征研究处于国际领先地位"。一个独具特色的"矿床定量预测"学科体系在赵鹏大等地质工作者的努力下建立起来了。

一、数学地质方法产生的原因

马克思曾说过:"一门科学,只有当它达到能够成功地运用数学时,才算一门成熟的科学"。与自然科学其他学科如物理学、化学相比较,地质学传统上属于定性的、推理的、历史的科学。数百年来,地质学家们都习惯于运用观察、比较、历史分析等研究方法,习惯于定性描述地质现象和地质过程。有人甚至认为:地质学家是概念和模型定量化的最强烈的反对者(赵鹏大,1992)。

传统矿产普查与勘探工作,只看重计算储量而缺乏定量的分析研究过程。从矿床勘探类型的划分,勘探网度的选择,合理勘探程度的确定到勘探精度的评价等都是定性描述、经验判断乃至主观要求。这种以经验判断为基础的传统方法,主观性较强,降低了矿产普查和勘探工作的科学性。这种传统方法造成的后果之一就是使得地质学说众说纷纭、派别林立。各种学说、理论自成体系,互不衔接,甚至论据相同,结论却完全相反。如火成论与水成论、活动论与固定论、均变论与渐变论以及突变论,等等,后学者往往无所适从。实际上地质工作者也各自沿用不同的理论体系作指导,没有统一的科学工作程序。这些问题的存在很大程度上是因为地质学所沿用的传统研究方法有缺陷,而解决这一困难的关键途径之一,就是要推动地质学与数学的结合,推动地质学的定量化、模型化和标准化。数学地质方法,应用多元统计分析方法和计算机方法以解决实际地质科学中的问题,克服了传统地质学的上述缺陷与不足,因而迅速地扩展到地质学各个领域。

地质学在自身的发展过程中,由于测试仪器的改进、新的物探和化探手段的增加,特别是人造地球资源卫星信息在地质学中的应用,使地质数据和资料的数量增长速度很快,地质工作者开始面临"数字的海洋",应用传统的定性手段分析这些资料已无法完成任务。20 世纪 50 年代,计算机技术的问世和发展为这一问题的解决提供了技术支持。以计算机为工具,以数学方法为手段,以解决地质问题为目标的数学地质学科应运而生。由此,海量信息背后包含的规律得到了更好的认识,以前无法在实验室中再现的复杂地质过程也可以通过建立数学模型、利用计算机进行数字模拟。

二、数学地质思想产生的过程

20 世纪 50 年代起,赵鹏大在苏联学术刊物上发表了概率统计在地质勘探中应用的学术论文。

60 年代,赵鹏大将概率模型应用于个旧锡矿复杂矿体勘探过程的模拟,这在当时找矿凭经验感觉的中国地质学界是一个重大的学术突破,引起了地质界的高度关注。

1975 年起,赵鹏大先后在江苏、安徽、湖北、内蒙古、云南、新疆等地的一些矿区或成矿远景区开展了不同比例尺成矿定量预测工作。在吸取国外先进理论和大量实践基础上,于 1983 年提出了"矿床统计预测"的基本理论、准则和方法体系。

1978年,赵鹏大首次给学生开设"数学地质""地质勘探中的统计分析"和"矿床统计预测"等课程。这些课程研究的问题属于学科前沿问题。地质出版社随之出版了《宁芜火山岩盆地铁铜矿床成矿规律、找矿方向及找矿方法研究》专题成果。

20世纪80—90年代,赵鹏大在不断丰富和完善"数学地质"学科方面进行了多方面的研究,建立了"数学地质学"新体系,即研究地质体数学特征,建立地质体数学模型;研究地质作用因素及相互关系,建立地质过程数学模型和研究地质工作方法及地质数据特点,建立地质方法数学模型。

1982年,赵鹏大发表了《试论地质体数学特征》一文,首次论述了地质体数学特征的内容和方法。

1989年,在美国华盛顿召开的第28届国际地质大会上,赵鹏大宣读了《矿产定量预测的基本理论、基本准则和基本方法》,首次在世界科学舞台上系统完整地将"数学地质"研究进展公布于众。

1990年,年近花甲的赵鹏大带领课题组成员深入新疆罗布泊地区进行野外勘探,将"数学地质"新体系的研究成果编写成专著《地质勘探中的统计分析》。

从1992年起,在每四年一届的国际地质大会数学地质学科的分组会上,都有中国学者的主持和参与。2007年,北京成功举办了以"数学地质及地学信息与资源环境灾害"为主题的第12届国际数学地质大会。1992年及2008年,国际数学地球科学协会最高奖——克伦宾奖章两度颁给了中国学者,这也是迄今亚洲仅有的两位获得者。这些来自国际上的权威认可和荣誉足以说明中国在这一学科中的地位。

总体来讲,我国数学地质形成了两大优势领域,一是矿产资源定量预测与评价领域,二是非线性地质领域(滕艳,2009)。矿产资源定量预测与评价领域中的"三联式"数字找矿模型及定量预测方向正是赵鹏大长期耕耘并取得累累硕果的领域。

1993年11月,赵鹏大先后当选为中国科学院院士、俄罗斯自然科学院院士、国际高等学校科学院院士、莫斯科地质勘探科学院名誉院士、纽约科学院院士等。2011年5月6日,赵鹏大被授予地球科学协会"终身荣誉会员"称号。

纷至沓来的荣誉并没有让赵鹏大停止探求地质学的奥秘,他在地质学领域不断开拓进取。20世纪90年代末,赵鹏大根据我国矿产资源人均量少、需求量大、后备储量不足等现状,提出并初步建立"非传统矿产资源"理论体系。1998年3月,赵鹏大等6名中国科学院院士联名提出倡议:尽快启动非传统矿产资源发现与开发基础研究。"非传统矿产资源"理论的提出引起了国内外同行的广泛关注,今天非传统矿产资源已成为学科发展的热点研究领域,赵鹏大又一次走在时代前沿。2001年5月在中国地质大学召开的"成矿多样性及其定量预测与评价"国际学术研讨会上,赵鹏大首次提出的"三联式"找矿理论和方法,把地质异常、成矿多样性及矿床谱系的联合分析研究作为成矿预测和找矿的新的"切入点",为数字地质学发展提供了新的理论增长点和实践指导方向。

三、数学地质的基本方法

在《地质科学思维》一书中,赵鹏大指出,几乎所有的数学方法,包括近几年来发展和兴起的一些新的数学分支学科,如数学形态学、模糊数学、分形几何学、稳健统计学等,都被用于研究和解决地质问题(赵鹏大,1993,第53页)。

赵鹏大博采众长,在已有的数学方法的基础上,建立了我国的矿产资源定量预测理论及方法体系,开创了"矿床统计预测"新学科,提出了"地质异常""地质体数学特征""三联式"成矿预测、非传统矿产资源研究理论等。对矿产勘查难度日益增大的趋势,赵鹏大提出了集"理论找矿、综合找矿、立体找矿、定量找矿"为一体的科学找矿方法,引起了同行的高度重视。

1. 多元统计分析法

多元统计分析以多个变量的统计总体为研究对象,通过多个变量的观测数据,分析研究总体间的差异和诸变量间的关系,以达到化简、分类、预测等众多目的。由于地质问题具有多元特性,多元统计分析方法几乎已经应用于地质学的所有方面,而且取得了一定的应用效果。

2. 数学模拟方法

早在1977年苏联学者帕格列比茨基提出了矿床普查与勘探的三大基础:地质基础、经济基础及数学基础。赵鹏大提出矿床普查与勘探本质上是三门科学方法的综合。而矿产勘查的地质、经济基础是比较明显的,但如何理解它的数学基础?最早应用于矿产勘查的数学学科是"概率论与数理统计",这是因为,无论是矿床的形成还是矿床的普查与勘探工作都受概率法则支配,都是在不确定的条件下进行决策与评价,都是研究受多种因素制约的对象或结果,因而"多元统计分析"也成为矿产勘查应用较多的数学学科(赵鹏大,2001,第5页)。因此,定量勘探方法,如"矿床统计预测""地质勘探数据统计分析"等可以说是矿产勘查学与数学地质学方法之间形成的交叉的、综合性的方法。赵鹏大断言,计算机技术与应用已成为与矿产勘查十分密切的地质科学方法。由于矿产勘查必须借助各种技术手段与方法去实现发现、揭露和查明矿床的目的,因此,"矿床地球物理""勘查地球化学""遥感地质学""地理信息系统""全球定位系统""钻探技术与钻井工程""坑探技术与掘进工程"等学科都与"矿产勘查和预测"密切相关。

当今,环境问题已成为影响矿产勘查的重要问题。从矿产资源集约利用和可持续发展角度出发,矿产勘查必须考虑生态环境保护问题和矿业活动可能造成的环境效应问题。因此,矿产勘查与环境地质学、生态环境学关系密切(赵鹏大,2001,第5页)。因而,多元统计分析方法成为地质勘探与预测的重要方法。1964年,他提出用数理统计方法研究矿床合理勘探手段及工程间距。1975年在全国多个省(市)开展不同比例尺成矿预测工作。1983年提出了基于数学地质理论的矿床统计预测的方法和准则。1978年在《宁芜火山岩盆地铁铜矿床成矿规律、找矿方向及找矿方法研究》专题成果中编写了《宁芜地区铁矿床统计预测》,总结了统计预测分析方法。赵鹏大在总结统计预测的理论依据时,讨论到定量组合控矿的多元统计分析方法。应用数学方法模拟地质过程已是研究基础地质理论的重要途径之一,是数学地质方法中的一个重要内容。地质过程的数学模拟研究主要包括确定性数学模拟和随机过程模拟两类,前者应用精确的可以得到确定解的数学方法模拟地质过程,而后者则应用随机过程方法模拟地质过程。通过数学模拟在电子计算机上使地质过程再现,充分利用电子计算机内存大、速度快的特点,提高地质过程模拟研究的效率,缩短地质过程模拟研究的周期,从而大大加快地质理论研究的进程,甚至所得结果有可能从根本上改变某些旧的地质结论。20世纪80—90年代,赵鹏大在不断丰富和完善数学地质科学方法的基础上,建立了数学地质学新体系,即研究地质体数学特征,建立地质体数学模型;研究地质作用因素及相互关系,建立地质过程数学模型和研究地质工作方法及地质数据特点,建立地质方法数学模型。在《试论地质体数学特征》一文中,首次论述了"地质体数学特征"的内容和方法。赵鹏大指出"数学地质的兴起对整个地质科学的发展起着重要的推动作用。第一,数学地质提供了一种重要的地质数学思维方法。首先,要求思维的严密性以指导各项地质工作的进行;其次,地质作用、地质产物和地质工作在很大程度上受概率法则支配。由于这种复杂因素(其中包括随机因素)的影响,在大多数情况下地质作用可被视为某种随机过程,而地质产物和地质预测结果则具有随机函数或随机变量的性质。只有自觉遵循和运用概率法则才能获得比较正确的认识,较好地掌握地质对象的规律性。第二,它提供了一种十分重要的具有强大生命力的工作方法——数学模拟法。利用电子计算机对地质过程和产物进行数学模拟可以弥补物理模型法或实验地质学法之不足"(赵鹏大,1982)。赵鹏大总结其统计预测的理论依据时讨论到定量组合控矿的多元统计分析方法。矿床的形成和分布受多种地质因素、多阶段发展地质过程、多重物质来源的制约已是被多数人所接受的成因理论。但应强调的是,这种综合因素制约成矿是有其严格的数量基础,或者说存在着严格的数量规律性。在用逻辑信息原理研究控制矿床不同规模的地质因素时可以发现:制约不同规模矿化的各种地质因素组合是完全确定的。这就是说,从某种因素组合中不能去除任何一种因素,否则就不能区分各种不同规模的矿床,反之,也不能增加任何一种因素,因为增加了并不起任何作用。我们称这种控制不同矿化规模的确定的地质因素组合为最小区分标志组合(赵鹏大等,1983,第118页)。

他进一步分析,在用相关原理研究单个控矿因素与矿化等级的相关联系时可以发现:各种因素与矿化特征之间通常并不存在一种简单的线性关系。例如,断层不一定距主干断裂越近越好,岩石的裂隙度和孔隙度不是越大越有利于成矿,与矿化有成因联系的中酸性侵入体也不是越小越利于成矿,等等。从数量上来看,各种控矿因素都存在着一个最有利于成矿的数值范围,我们称之为"控矿有利数值区间"。用多重回归、特征分析或其他统计分析原理探讨不同控矿因素与矿化的关系时可以发现:各种因素对矿化所起的作用性质、作用方向和贡献大小是不同的,它们组成一个"控制成矿向量"(赵鹏大等,1983,第118页)。

赵鹏大总结说,从数学角度考查成矿作用可以概括为如下模式:因素组合-因素区间-因素向量。这就是"定量组合控矿"的三个基本要素。它们的结合就构成了矿床的成矿数学模型(赵鹏大等,1983,第118页)。

3. 定量类比演绎

类比法是地质学中最重要的方法之一,矿床预测也不例外。它的理论基础是类似的地质环境应该产出类似的矿产资源。但是在实地考察中地质学家们发现没有完全相似的地质条件或完全相似的矿床,通常所谓地质条件相似、矿床类似等皆属某种模糊概念(赵鹏大等,1983,第119页)。赵鹏大指出,为了进行研究对象的分类和对比,必须依据某种数量准则进行定量类比评价。所谓定量类比,是指类比对象或类比项目定量化和类比标准的定量化。统计预测中,通常根据地质研究程度较高的控制区(模型区)或已知矿床建立模型,这是定量类比的基础。定量类比中应特别注意模型区与研究区的"可类比度",即模型区的代表性(赵鹏大等,1983,第119页)。因此,建立矿床数学模型、估计成矿找矿概率、进行对象的定量类比,必须应用类比方法。

4. 概率法则和定量准则

由于地质对象是在广阔的空间、漫长的时间和复杂的介质环境中形成、发展和演变的,因此地质现象在很大程度上受概率法则支配,且具有特定的数量规律性,这就要求数学地质研究必须遵循和自觉运用概率法则和定量准则。同时,地质观测结果不可避免地带有抽样代表性误差,因此对各种观测结果或研究结论都要做出可靠概率的估计和精度评价。赵鹏大在《地质学的定量化问题》一文中强调,地质学研究的对象,无论是各种地质体或地质现象以及各种地质预测结果,都普遍地受概率法则支配和影响。地质对象是由一些单个单元联合起来的,这种联合是遵循概率法则的。正因为如此,概率论和数理统计以及多元统计分析目前仍是数学地质的基本理论之一和重要的方法技术(赵鹏大等,1992,第53-54页)。地学定量化方法要求判断发现新矿床的概率,对地学定量化提出了客观要求,而科学技术的发展,特别是数据分析处理技术的发展为地学定量化准备了条件。地学定量化是由地学研究对象的特点和地学学科发展趋势所决定的。随着非线性科学和高新技术的飞速发展,地学定量化呈现出广阔的前景(赵鹏大等,1997)。赵鹏大进一步总结了地学定量化方法的几种前景:①可借助空间信息技术和GPS技术、遥感技术、地理信息系统以及人工交互网络等,不断地完善各种时空尺度的资源定量预测准则。②利用模式识别、神经网络、专家系统等人工智能技术,通过建立数学模型检验地学理论和假说成为可能。地学与数学的进一步结合,以及对现代化计算工具的利用,将会使地学理论和假说建立在更可靠、而且可以检验的基础上。③对地学过程模拟将更加直观准确。随着地球系统科学研究的深入,对生物圈、岩石圈、地幔、地壳的演化过程以及地球动力学过程的数学模拟也将变成现实。④未来,非线性科学将可能得到进一步完善,不仅提示普遍性规律,而且还可解决实际问题。地学对非线性科学的形成和发展起了重要作用,如作为分形经典例子的海岸线问题,作为混沌过程的典型代表的气象问题等都是地学的基本问题,在非线性科学日趋成熟的未来,我们应抓住机遇,迎接挑战,把它大胆引入地学领域,使地学取得前所未有的发展(赵鹏大等,1997)。关于成矿概率准则,赵鹏大进一步指出这种方法的可行性。"矿床的形成、分布、变化以至最后的保存情况等都取决于一定因素组合,同时又因时因地受大量随机因素的影响。因此,可以认为成矿作用是一种随机事件,矿床和矿点乃是这种事件的结果。所以矿床和矿点在空间上的分布随机,可用概率分布模型加以拟合,矿床的规模大小、成矿物质的富集程度等也符合随机变量的某种分布律;此外,各种定量标志组合也只能以一定的概率指示成矿。矿床统计预测的任务恰在于查明地壳中具有最大成矿概率的地段、查明指示成矿概率最大的因素组合并建立矿床预测的概率模型。可以说,成矿的概率法则是矿床统计预测的出发点(赵鹏大等,1983)。

5. 定量求异方法

1989年,赵鹏大在成矿预测中,根据求异理论提出地质异常找矿新概念,并于1991年发表了《初论地质异常》一文,系统阐述了地质异常的不同模式、不同尺度水平、成矿意义及其表示和研究方法。赵鹏大指出,"地质异常是在结构、构造或成因序次上与周围环境有着明显差异的地质体或地质体组合……地质异常的表现形式以及按不同尺度水平划分的类型。目前,虽然从地质背景圈出地质异常是一件较困难的事情,但我们仍可以应用数理统计、模糊数学和经验方法对其进行圈定和研究"(赵鹏大等,1991)。他分析道,物、化探异常作为矿床预测的重要依据是人们所熟知的,但地质异常的概念和意义却较少论及。地质异常区别于一般的控矿地质因素或找矿标志,它具有一定的空间范围和时间界限。地质异常是可能产生特殊类型矿床或产出前所未有的新类型或新规模矿床的必要条件。根据目前已知矿床所建立的矿床模型,只能预测与之类型相同和规模相似或更小的矿床,而不可能预测出尚未发现过的新类型矿床或迄今未曾发现过的规模巨大的矿床。因此,不能单纯根据相似-类比理论与已知类型的成矿环境类比,重要的是要发现地质异常,也就是要应用求异理论找出那些地质异常体(赵鹏大等,1991)。地质异常的几种定量研究方法:第一,这一信息论中的重要概念反映的是不确定性,可用它来查明和表征某种控矿地质因素的地质异常特征。第二,分形。分形理论是近十几年来发展起来的一种新的科学方法论,分维和多标度分形谱是分形结构复杂性的定量指标,它们对研究地质结构的异常特征有特殊意义。第三,地质统计学是建立在地质变量既有随机性又有结构性这一认识基础上的,利用变差函数对某地区地质变量进行结构分析,进而用克立格方法提取地质异常。地质统计学的中心内容是变差函数。第四,传统统计学方法。传统的统计方法是在模型假设的基础上建立起来的,在地质数据服从模型假设时是行之有效的,它可以与上述各种方法互为补充(赵鹏大等,1983)。赵鹏大认为定量地质学的发展不能不考虑非线性问题。"只有找到了定量化的规律,我们才会有精确的认识,才会有有力的工具,因而自然规律需要有数学的表述。过去,人们常用的是线性模型,但自然界存在的事物大多是非线性的,因为在线性的规律中往往忽略了相互作用,忽略了二次以上的因素。非线性现象指那些专门科学中所出现的线性规律所不能解释的现象,混沌是其典型代表,像天气变化、晶体生长、物质裂缝的发展等都与之有关。非线性科学研究是寻找个性中的共性。共性多种多样,这就引出了普适类的概念,人们从每个普适类的研究中,找出事物更深刻的规律。20 年来发展起来的可积系统和孤立子理论、10 多年发展起来的混沌和分形理论,就是普适类的典型代表"(赵鹏大等,1993,第 54 - 55 页)。长期以来,决定论和确定论在地质学中是占主流地位的方法论原则,赵鹏大指出,"以牛顿 1687 年出版《自然哲学之数学原理》为标志,直到 20 世纪 20 年代,决定论长期占主导地位,18 世纪法国的数学家拉普拉斯甚至说,如果已知宇宙中每一粒子的位置和速度,他就可以预测整个宇宙的未来"(赵鹏大,1993,第 55 页)。尽管人们逐渐接受了概率观念,直到最近一个时期之前,人们还没有理由怀疑精确的预测能力从原则上讲是可以实现的,只是为了达到这种能力,需要收集并处理足够的信息(赵鹏大,1993,第 55 页)。今天,地质学家们正逐步接受这样一个事实:混沌现象和随机性伴随着地质演化及其发展过程,确定性和随机性并存于地质过程。自然界既不是确定性的,也非完全随机的,基于有限性原则的混沌论才能更真实地表述客观世界。混沌现象一方面意味着预测能力受到了新的限制,另一方面,其固有的确定性表明许多随机现象比过去更能较准确地预测。这是将非线性科学应用于地质学定量化研究的一个重要基础(赵鹏大,1993,第55页)。2002年赵鹏大发表《"三联式"资源定量预测与评价》,探索了数字找矿的"三联式"定量成矿预测的新方法,随着信息技术的发展,矿产勘查已步入数字化、定量化研究的新阶段,"三联式"成矿预测及资源评价途径正是数字找矿的创新探索(赵鹏大,2002)。"三联式"成矿预测以地质异常分析为基础,以成矿多样性分析与矿床谱系研究为指导,将地质异常、成矿多样性及矿床谱系三方面定量化研究紧密结合,形成矿产预测及定量评价的有机切入点,是实现全面数字找矿的必由之路,也是矿产勘查评价领域应用信息技术的基础和前提(赵鹏大,2002)。

赵鹏大在《地质科学思维》一书中总结了地质数学分析的必要性。第一,地质学中的大多数假说、准则、理论是不可证明的,大多数实验结果不可能准确地重复或再现。很多推断预测是多解的,不少名词术语是一词多解或同物异名,因而造成地质学研究中的一些困难。第二,发生在漫长时间、广阔空间和复杂介质中的地质过程及其产物在大多数情况下不可能被全面观测或直接研究。由于时间、空间和其他条件的限制,我们只能观察极为有限的局部或片断,只能采用抽样观察,并由局部推断总体,由片断推断全面。第三,地质过程和地质现象在大多数情况下具有随机(过程或事件)的性质。在一定条件下,某种事件或现象可能发生,也可能不发生,受概率法则支配。我们只能研究某种地质事件在一定条件下发生的概率。第四,地质过程受多种因素控制和影响,但这诸多因素的作用大小、方向、参与程度和范围都不相同。如何较全面估计各种因素的影响,又不致增加更多的工作量,如何删除或忽略次要因素又不致过多地损失信息量,具有重要意义。第五,地质学的主要研究内容是地球,包括地壳物质组成分析、结构构造分析、成因过程分析、类型异同分析、发展演化历史分析等。地质学的方法有相似类比法、预测推断法、比较评价法和综合归纳法等。如何正确进行分析、使用恰当方法是非常重要的。第六,地质体是各种地质过程长期作用的最终产物。这一事实不应是反对地质学定量化的理由,恰恰相反,正需要应用数学模型对地质体的统计特征进行分析,评价地质体为单一成因总体或系多成因混合总体,若属后者,则可利用相应数学方法对各成因总体进行分解并进行单独评价和认识,这是传统地质方法所难以企及的。第七,地质体的基本特征具有空间变异性,这表现在地质空间上任意点的观测值,可以视为由受系统性或规律性变化因素影响的趋势分量、受局部性变化因素影响的异常分量和受随机因素影响的偶然误差等三部分组成。应用数学模型可以根据研究目的和工作需要分解并提取所需要的组成部分(赵鹏大,1993,第50－51页)。

在此基础上,赵鹏大提出了地质体的数学特征。①几何特征:描述地质体规模、形态、产状、空间位置、高程、埋深、边界清晰程度、轮廓复杂程度等。②统计特征,如揭示地质体各种属性的统计规律性。最重要的是统计分布特征或分布律,各种统计特征数,如平均数、标准差、方差、协方差、相关系数、偏倚系数、峰凸系数、复相关系数、偏相关系数、混合分布类型、不同成分总体比例、截尾分布等。③空间特征:描述地质体空间变化特征。如趋势函数、剩余、自相关、互相关、变异函数、变程、拱高、基台、块金值、变化梯度、变化速度、变化周期、变化频率、功率谱等。④结构特征:描述地质体的具体结构和抽象结构。如均质性、非均质程度、各向异性、同向异性、连续程度、熵函数、马尔科夫性、时空协调性、因子结构、典型相关等。我们还可以区分单个地质体数学特征和地质群体数学特征;地质体单个属性或单个标志数学特征和多属性、多标志组合数学特征。在考察多体、多标志数量特征或数量规律性时,通常需建立地质体的数学模型。我们也可以区分概率模型和确定模型。

定量地质学的最基本准则:第一,准确定义地质体或地质现象。由于地质学的描述性质,许多地质体或地质现状缺乏严格定义,有时概念含糊不清,理解上因人而异,这给地质分析、对比和解释带来很大的困扰。从地质学的定量化角度来看,统一并准确定义名词术语是十分必要的。第二,在解决各类地质问题中,给出数量的准则。例如,科学找矿中的定量预测准则,正是现代成矿预测所追求的目标。第三,通过建立数学模型,检验地质理论和假说。有人认为地质理论和假说是无法检验的,从地质科学未来的发展来看,这种看法未必正确。地质科学与数学的进一步结合将有可能使地质理论和假说建立在更可靠、可以检验的基础上。苏联数学地质学家维斯捷利乌斯在1972年提出"理想花岗岩"概念,就是用实际花岗岩样品所测颗粒的经验数据与之进行比较,从而判断或检验花岗岩的各种成岩假说。第四,正确处理地质数据。地质数据不仅数量很大,而且属于多元和多类型数据。第五,模拟地质过程。沉积盆地形成和发展历史的数学模拟是近年来在地质学定量化发展中的重大突破性进展。第六,正确解释、预测和控制地质对象。建立数学模型不只是为了正确认识和解释地质现象,而且应有预测进而控制的功能(赵鹏大,1993,第52-53页)。

第三节 数学地质的理论成果

一、"矿床统计预测理论"的提出

矿床统计预测是运用数学地质理论进行矿产预测的科学理论。数学地质与成矿规律及成矿预测学相结合,形成了矿床统计预测学这一新领域。在长期的地质作用过程中普遍存在诸多复杂的非线性现象,这就要求地质研究过程中非参数方法和非线性方法的大量运用。非参数地质统计学等在地质学研究及矿产预测中的应用正是其鲜明的体现。在统计学及矿床统计预测中,数据看作是随机试验的结果,即对随机变量的抽样观测结果。数据的统计分布,又称经验分布,对应于随机变量的概率分布。随机变量的概率分布函数和概率密度反映该变量取不同值的概率。相应地,数据的统计分布反映一批数据出现不同值的频率。统计分布特征是地质现象的重要数学特征之一,往往具有鉴别和成因意义(不同成因的地质现象或地质体,往往表现出不同的统计分布特征)。根据数据的统计分布特征,选择合适的概率分布模型进行拟合,就可以进行必要的统计推断或估计。

数学中的多元统计分析或其他数学方法是矿床统计预测的基本工具。

概率论和数理统计是其重要基础和手段。"矿床统计预测理论"是将数学知识运用于地矿研究的成功范本。数学中的统计方法和概率分析运用于矿床预测是一种完美的契合。这一理论的诞生加速了我国矿产预测工作的进展，推动了我国大规模矿产预测工作的开展，并取得巨大成功。

我国大规模的矿产预测工作，是从1979年开始的，即全国开展的22个矿种和30个跨省成矿远景区划工作，从区域成矿规律研究入手进行了各级成矿远景区划分。在此基础上，1980年地质矿产部决定在全国范围内逐步开展矿产资源总量预测工作。1981年设立了"矿产资源总量预测方法研究"重点科研项目，参加并完成了七项专题研究及总报告的编写。1983年全国开展了10个矿种的资源总量预测成矿远景区划及总量预测的研究成果，从不同角度丰富和加深了我国矿产预测的理论和方法。1985年，地质矿产部太原会议，确定了在全国开展新一轮固体矿产普查的战略目标、方针和要求；1988年地质矿产部武汉会议，提出了在全国范围内有计划、有步骤地开展中、大比例尺矿产预测工作，此时预测理论、方法等方面尚处于探索阶段，尤其是大比例尺矿产预测，与找矿的关系更密切，因而更加紧迫。

早在苏联留学期间，赵鹏大就开始在找矿勘探中运用数学分析解决问题，回国后便首次开始我国数学地质学的研究，系统地研究矿床勘探中数学模型的应用问题。从20世纪50年代起，他便致力于数学与地质学的结合，开始运用交叉科学思维方式进行研究。60年代，他创造性地将概率模型应用于个旧锡矿复杂矿体勘探过程的模拟，为选择合理勘探手段、提高钻孔见矿率提供了科学基础，取得了良好的经济效益和社会效益。1964年，赵鹏大提出应用数理统计研究矿床合理勘探手段及工程间距的途径和方法，领先国际同行学者。在此基础上他逐步建立起了比较完整的矿体变异数学模型，为矿床勘探类型的定量划分提供了可靠准则和依据，从而率先在我国开展矿产资源定量预测的研究工作。

可以看出，在这个过程中，赵鹏大刚开始是尝试性地运用数学方法解决地质问题，一旦他的假设和创造得到实践验证，发现其有效性并预见其广阔的前景之后，便大胆地尝试将数学和地质学结合，随后将数学模型运用于解决地质问题实践中,在经过长期实践应用并取得实质性的效果之后,他将长期实践中积累的运用数学模型解决地质问题的经验加以精炼提取,建立起比较完整的矿体变异数学模型。这个过程,也是赵鹏大思想逐渐发生转变的过程,从最初的尝试,到确立实现数学和地质学结合的明确目标,并致力于实现这个目标,再将理论运用于实践,在实践取得成功的基础上,建立一套系统的理论。不难看出,这个过程就是将数学理论运用于地质实践的过程。数学理论是否适用于地质学研究,只有在实践中才能见分晓,即实践是检验真理的唯一标准。

赵鹏大在《科学找矿及矿床预测基本理论和准则》一书中,将成矿预测的基本理论概括为以下三个方面:①相似类比理论。相似类比理论赖以提出的假设前提是在相似地质环境下,应该有相似的成矿系列和矿床产出;相同的(足够大)地区范围内应该有相似的矿产资源量。根据这一理论,建立矿床模型以指导预测就成为首要的工作。这也是进行地质类比的基本工具。②求异理论。地质异常是一种与周围地质环境迥然不同的地质结构。地质异常是可能产生特殊类型矿床或产出前所未有的新类型或新规模矿床的必要条件。不能只注意与已知类型的成矿环境类比,还要注意"求异"。这种地质异常地段是不应轻易放过的,要对其进行成矿可能性分析并认真进行野外实地检验。③定量组合控矿理论。成矿不是靠单一因素,也不是靠任意因素的组合,而是靠"必要和充分"因素的组合。这样,成矿和找矿就成了非确定性事件。这就要求我们必须最大限度地查明"控矿因素定量组合",必须提取、构置、优化各种成矿信息,并加以综合定量处理。上述三种理论中,相似类比理论是矿床预测的基础,求异理论是成矿预测的核心,定量组合控矿理论是成矿预测的依据。

二、定量组合控矿理论

在传统矿床已逐步"大白于天下"、找矿越来越难、探测非传统矿床成为国际地矿学界关注热点的今天,赵鹏大为解决这一世界性课题提供了科学的武器。

定量组合控矿理论是指成矿不是由单一因素,也不是由任意几个因素的组合完成的,而是由必要和充分的因素的耦合完成的,但这种"必要和充分"的因素的组合对于矿产勘查工作者往往具有较大的不确定性,为了最大限度地提高找矿成功概率,就必须最大限度地查明控矿的定量组合因素。

在对某一地区或某一矿区的成矿前景或该地区可能蕴藏的资源数量进行估计并对其短、中、长期供应保证程度(即资源潜力)进行评价时,按照定量组合控矿理论,找矿工作者应对有关控矿地质因素进行全面的分析,并掌握这些因素对成矿的作用及各因素之间的耦合关系。同时,找矿工作者在对该地区进行分析时,不能局限于定性的分析与判断,而是要尽量用定量的方法研究控矿因素组合。在研究中,找矿工作者可能会发现,具有相同地质条件的不同地区,有的地区有矿,而有的地区无矿,原因是相似的地质条件不一定是成矿的充分条件。一个地区能否成矿,不仅与成矿的因素和类型有关,还与各个因素之间的定量耦合有关。

一方面,定量组合控矿理论要求地质工作者在进行矿产预测时,要全面考虑所研究矿区的控矿地质因素在成矿中的作用,尽可能定量地研究控矿因素的组合。因为,只有将控矿因素进行定量化的研究,地质工作者才能对各项控矿因素在成矿中的作用强度和作用范围进行量化,才能对控矿因素有更为准确的把握。另一方面,地质工作者不仅要考虑单个因素在成矿过程中所起的作用,还要分析各个要素之间的耦合关系,因为不同要素之间的耦合可能会对成矿过程产生新的作用。一般系统论的创始人贝塔朗菲在其著作《一般系统论:基础、发展与应用》中指出,"整体大于部分之和",即"组合性特征不能用孤立部分的特征来解释",而只有用"系统所包含的所有组成部分以及它们之间的各种关系"才能说明。西安交通大学人文哲学系教授邬焜认为,系统和要素在其相互作用中各自都获得了全新的规定性,所以系统决不是一些孤立要素的简单线性集合,它是一个全新的整体构成物,这个构成物是通过一系列的综合建构而达到的,它的属性既不能归结为组成要素在孤立状态下的属性,也不能从组成要素在孤立状态下的属性中引申出来,而它的组成要素在系统自身的综合建构中也以与它们孤立存在时不同的全新姿态出现了。在这样一个要素到系统、系统到要素的双向综合建构过程中,不仅整体不能归结和简单类比于孤立状态下的部分,而且部分也不能归结和简单类比于其自身的孤立状态了。在系统的整体特质超越了其组成要素在孤立状态下的个别规定性的同时,作为系统要素的部分也已经在系统整体的规范中超越了孤立状态下的自身。同样地,在利用定量组合控矿理论的过程中,不仅要运用定量的思维方式分析各项控矿因素,地质工作者还要全面地考虑问题。利用系统论思想,不仅要分析单个要素对成矿所起的作用,还要考虑不同因素之间的相互作用和相互影响,以及其相互作用和相互影响对成矿过程的贡献,因为不同成矿因素之间的相互作用和相互影响可能会产生单个因素没有而系统整体才有的特征,而这一系统特征可能会对成矿产生不可忽视的影响。而成矿系统自身的综合建构过程中,也可能对各项控矿因素产生影响,使得各个控矿因素在互相影响、互相制约的过程中作用于整个成矿系统。

任何一门科学走向现代化的一个重要标志是定量方法的使用。定量组合控矿理论认为,在进行矿产预测时应该充分提取、构置、优化各种控矿要素及各种信息,并采用一定的先进技术手段进行综合的定量处理,定量地把握各种因素在成矿中所起作用的大小、性质、参与程度等,以提高评价结论的准确程度。

赵鹏大创造性地提出地质异常、成矿多样性及矿床谱系是三个相互联系、互为因果的地质事实,是矿床预测的依据和指南。他把地质异常、成矿多样性及矿床谱系的联合分析研究作为成矿预测和找矿的新的切入点,并把这种预测途径称为"三联式"成矿预测。①能否识别和充分提取与成矿关系密切的地质异常,是决定成矿预测和找矿成败的关键。②成矿多样性分析是明确区域勘查对象、选择勘查目标、保证综合勘查效果所必需,同时也是分析和评价区域成矿环境有利度和差异度的重要依据。③矿床谱系的建立是从时间上、空间上和成因上分析区域成矿规律的结果。这三者的实现将会提高成矿预测和找矿的成功率和效果。"三联式"找矿理论在实践中取得了显著的成果,在云南三江地区预测中提交铜储量为44.54万吨;在安徽、新疆、山东、陕西、云南及长江中下游等地的矿产资源预测评价中,均取得了良好的效果。至此,赵鹏大的数学地质学研究成果得到了相当多的实例验证。赵鹏大把地质异常、成矿多样性及矿床谱系进行联合分析,充分利用地质体所呈现出的不同特点之间相互联系及相关性,从地质体的整体属性来把握其各项属性和特性,充分体现了他在地质科学工作的严谨态度。"三联式"成矿预测途径是赵鹏大运用系统化方法中的整体性原则的体现,整体性原则要求人们对事物属性的认识进入到组织性、相关性的认识,从对事物的单项研究进入到多项研究,从线性研究进入到非线性研究,拓展了对事物研究的新领域。

三、数字地质的提出

随着互联网+、大数据、云计算、人工智能等信息技术的快速发展,数学地质学科面临着全新的机遇与挑战。赵鹏大于2006年敏锐地提出"数字地质"新概念,2011年在第十届全国数学地质与地学信息学术研讨会上作了题为"关于数字地质"的大会报告,进一步完善了数字地质的内涵,他提出"数字地质是数学地质发展的新阶段,是数学地质的延伸与拓展""数字地质是地质学的定量化理论和信息技术,它比数学地质无论是内涵还是外延都大大扩展了。其目的是有效发现和提取信息,有效揭示和解释变异,有效查明和预测规律性,有效研究和解决地质问题"。在随后的几年里,赵鹏大不断深化对"数字地质"的研究,大力倡导数据科学与传统地质科学相结合,先后作了"大数据和数学地球科学的新角色""地质大数据特点及其合理开发利用""成矿预测大数据平台及'云找矿'服务系统建设"等学术报告,并撰写发表《大数据时代数字找矿与定量评价》科研论文。他曾高屋建瓴地指出,"数字地质"是地质科学的数据科学,在大数据时代,任何科学都离不开数据,都需要通过对数据的分析研究获取数字知识,而不同学科和不同工作领域的数据特点不同,获取数据的数量、方式、难度和成本也各不相同,必须用不同的理论和方法处理不同类型的数据才能获得相应的信息和凝练出所欲获取的数字知识,因此,各门科学都需要有自己独特的数据科学。以地质科学为例,在当今研究领域拓展到"深空、深海、深地、深时"的四深时代,获取数据的数量、成本、难度都各不相同。如深地数据,除去利用各种物探方法获取地球深部的间接信息外,如若想获取地球可观测的直接数据,则必须依靠数量有限、成本很高和难度很大的超深钻探。当前地球上最深的超深钻孔是在俄罗斯科拉半岛钻孔深度为 12 066m 的钻井。在我国松辽盆地近日完钻的松科二井深度为 7018m,这些科研超深钻孔都可以通过采取岩心获取深地的直接数据,但这类超深钻孔毕竟数量极少,所以,获取数据难,而且很多情况下是按一定规范抽样获取数据。此外,地质数据还具有其他很多特殊性,如混合性,即多成因总体数据的混合性、代表性、方向性、空间性,等等,所有这些特性在解决不同的地质问题时,都要对数据采取不同的处理方法。因此,不同学科要求有自己的数据科学。为此,赵鹏大发起并邀请开设有《数学地质》课的院校系的老师共同商讨,分工编写《数字地质》新教材,并建议各院校将《数字地质》作为地质系各专业本科学生的必修课,今后的大学毕业生如果不掌握与自己专业相关的数据如何获取,如何对所产生的数据进行分析处理,如何通过对数据的分析处理获取有用信息,如何将信息凝练为具有普适性或专业性的数字知识,再将这些知识转化为知识产品,进一步推进知识经济的发展,最终转化为服务于社会,惠及于民生的物质财富和精神财富,而在服务社会和民生的过程中又产生大量新的数据。这样,在大数据时代就形成了一个完整的数据链:数据→信息→知识→产品→经济→财富→社会→民生→数据,应该有意识、有目的地推进完整的数据链的实现。如果研究成果仅仅做到了发表几篇论文为止,那么"数据"仅仅到了"知识"这个环节,虽然创造新知识也很有价值,但如果知识没有实现产业化,科技成果没有转化为生产力,则没有实现其全部价值,所以必须努力做到完成全部完整的数据链,使研究成果取得最大的经济和社会效益,落实到利民、惠民和富民的根本目的上。

第三篇

地质教育思想：
教育发展与人才培养

◆ 20世纪30年代的北京大学地质馆

◆ 原北京大学地质馆

◆ 北京地质学院旧照

◆ 赵鹏大出席北京大学2012年本科生毕业典礼

◆ 赵鹏大在北京大学地质学系建系100周年上讲话

◆ 2012年，赵鹏大在俄罗斯石油天然气大学访问并签署合作协议

◆ 赵鹏大介绍温总理题写的校名

◆ 赵鹏大在中国地质大学（武汉）办公

◆ 2019年1月，赵鹏大在北京召开的"育人成长预见未来"华人教育大会上获"华人教育名家"荣誉称号

◆ 2019年9月9日，赵鹏大最后一次上矿产普查与勘探课，从1976年到现在，赵鹏大讲了43年，这门课1940年由苏联学者克列特尔首次开讲

◆ 2019年5月3日，北京大学地质系110周年系庆，赵鹏大与1947级93岁学长翟光明院士合影

第七章　发展观：德智体美劳全面发展理念

> 世界一流大学,最重要的就是要有自己的创造能力。一所大学的灵魂就在于有创新精神,培养出创新型的人才,产生创新型的科研成果。有创造性的办学理念,有旺盛的创新精神,一定能把学校办好。
>
> ——赵鹏大

赵鹏大在中国地质大学执教60年,任校长22年,被誉为"中国教育家"和"校长的楷模"。他不仅通过矿产普查与勘探等方面的重要研究与实践成果为我国地质科学跨入世界先进行列做出了重要贡献,而且在我国地质教育方面也有独到的见解,形成了独特的人才培养、学科建设、教学发展、师资建设和校风创建等方面的教育理念,为中国高等教育事业的创新和发展提供了宝贵的指导思想和实践经验。

中华人民共和国成立初期,为适应工业化快速发展,我国仿照苏联教育模式,按照学科分类进行院系设置,成立了一批专业性强、有明显行业特色的工科院校,集中力量迅速培养大批工程技术人才,以满足社会主义经济建设的迫切需要。1952年,由北京大学、清华大学、北洋大学(现天津大学)、唐山铁道学院(现北方交通大学)等校的地质系(科)合并组建了北京地质学院。1960年学校被确定为全国重点院校。1970年,学校迁至湖北,更名为湖北地质学院。1974年,学校定址武汉,更名为武汉地质学院。1978年,武汉地质学院设立武汉地质学院北京研究生部。1987年,国家教育委员会批准组建中国地质大学在武汉、北京两地办学,总部在武汉。至此,中国地质大学"一所大学,两地办学,四个实体,总部在武汉"的联合办学新格局形成。

在学校的发展过程中,赵鹏大为学校的教育事业呕心沥血,带领中国地质大学全体师生员工艰苦奋斗,勤奋耕耘,做出了重大的贡献。他不仅是一位具有丰富专业知识和经验、开拓创新的地质学家,还是一位德高望重、知识渊博、具备较强管理能力的教师和校长。在任职期间,学校由武汉地质学院发展到中国地质大学,并成为国家"211工程"大学,赵鹏大见证了中国地质大学历经沧桑、与时俱进的历史变化和辉煌发展。在20多年的办学实践中,他所积累的教育管理思想对于现代高等学校建设发展具有深远影响,值得我们思考和研究。

人才培养是高等教育发展的根本。高等教育的根本任务是培养能适应社会需要的多层次、多规格人才。随着社会经济和科学技术的发展,以及各行各业对人才需求情况的变化,单科性高等地质院校面临的矛盾和问题日益突显出来,我国高等地质教育必须针对新形势和新需求,提高人才的素质和质量。

赵鹏大任职期间正处于学校由单科性地质学院向综合性大学转型的重要阶段。他以一个地质学家的远见卓识,提出了德、智、体、美、劳全面发展的人才培养观,并在实践中不断积累和完善培养优秀人才的宝贵经验。

中国地质大学专职副校长赵克让在赵鹏大80华诞时回忆赵鹏大的光辉业绩时感慨地说:"60年来,他将教学科研与行政工作系于一身,历任教研室主任、系主任、院长、校长等职,可以毫不夸张地说,赵校长以对祖国的忠诚之心和对地球科学的热爱之情,书写了自己的辉煌,同时在中国地质大学的历史上留下了浓墨重彩。"(方熠等,2011,第54页)"不论是在年轻时还是在年过八旬的今天,赵鹏大一直奋战在教学第一线,以教书为己任,以育人为天职,辛勤耕耘,既培养了数以万计的地质工作者,又培养了大批具有科学知识的专门技术人才,同时还培养了一大批顶尖级人才"(方熠等,2011,第55页)。

在赵鹏大看来,一所学校教育质量的高低,要从德、智、体、美、劳等方面全面衡量;一个学生培养质量的高低,也要从德、智、体、美、劳等方面进行全面衡量。

第一节 以德育为首的大育人观

德育是教育者按一定的社会要求,有目的、有计划地对受教育者施加教育影响,以培养受教育者思想品德的教育过程。毛泽东曾指出,"人们的社会存在决定人的思想,而代表先进阶级的正确思想,一旦被群众掌握,就会变成改造社会、改造世界的物质力量。"(中共中央文献研究室,1999)教育具有鲜明的阶级性,培养什么人,我们培养的人为谁服务,是决定社会主义教育根本方向的大问题。而对于社会主义高等地质教育,赵鹏大强调要通过全方位、立体化、综合性的德育,帮助学生确立坚定正确的政治立场,树立共产主义世界观,培养高尚的道德品质(赵鹏大等,1993,第72页)。

把培养具有坚定正确政治方向的社会主义建设者和接班人作为己任是党和国家对社会主义大学最根本的要求。1984年在教学改革经验交流会上赵鹏大明确指出,高等学校是培养人才的地方,也是精神文明建设的阵地。一切改革的最终目的是要有利于培养又红又专、德、智、体、美、劳全面发展的人才。德、智、体、美、劳全面发展以德为首,引导大学生走社会主义道路。对学生进行坚持四项基本原则的教育放在首位,保证培养在政治上合格的大学生。

1987年初赵鹏大提出,学生在校期间,除专业学习业务上要解决好"三基"外,政治思想方面也要解决好"三基"问题,即基本政治立场和观点、基本专业思想和基本道德素养。1989年,在总结大会上,赵鹏大又强调,只有政治上合格,才是一个合格的毕业生;只有能培养出政治上合格的学生,才算是合格的学校(赵鹏大,2002,第93页)。

为了将德育为首的思想落实到实践中,学校提出全方位育人的大育人观,将德育工作渗透到教育工作各个环节中去。赵鹏大要求教师不仅要教好书,更要育好人;加强对学生的马列主义思想理论教育;通过组织各种参观和实践活动,进行爱国主义、集体主义和革命传统教育,帮助学生了解国情、民情,增强他们的民族自豪感和社会责任感;强化学校管理及规章制度,加强对学生思想、意识、行为的正确引导。

1990年,在中国地质大学(武汉)二级干部大会上的讲话中赵鹏大强调,必须端正办学指导思想,要把德育放在首位,用党的十三届四中、五中全会精神,统一全校师生员工思想认识,是落实把德育放在首位的前提。高校培养、检验人才的标准是德才兼备、又红又专。他指出,学校10年来的最大失误是教育抓得不够,这中间尤其是放松了思想政治教育工作,没有始终如一地把培养社会主义事业的建设者和接班人放在首位,存在着抓业务、智育一手硬,抓政治思想、德育一手软的现象。据此,赵鹏大指出,"我们不仅要建立传授业务知识的完整体系,而且要建立政治思想教育工作的完备体系,必须采取有力措施,真正落实德育的首要地位"(赵鹏大,2002,第97页)。

为了贯彻党的十五大精神,落实《中国普通高校德育大纲》,坚持以邓小平理论为指导,把培养有理想、有道德、有文化、有纪律的社会主义建设者和接班人作为根本任务,1995年,北京、武汉两校区相继制定了不断提高学校精神文明水平、加强党建与思想政治工作、不断推进学校改革与发展的《学生德育大纲》和《精神文明建设"九五"规划》等重要政策。学校确立了党委领导下校长负责、行政系统为主实施的德育管理体制和运行机制,进一步修订完善了《"三育人"工作条例》,制定了评选"三育人标兵"的制度,初步形成了全员育人格局,增强了全员育人意识。同时加强全校马克思主义理论课、思想品德课和形势与政策课的建设,充分发挥主渠道的教育作用;以"三育人"工作为切入点,加强教职工和学生的政治思想教育工作。

第二节　以创新为主的"五强"人才智育观

一、确定人才培养目标

高等地质教育有其自身的发展规律和特点,并受一定的政治、经济环境所制约。党的十一届三中全会后,党的工作重心转移,改革引起了社会深刻的变化。高等教育的改革也迎来了发展的新时期。

1982年1月,中共中央发出《关于检查一次知识分子工作的通知》。《通知》肯定了我国知识分子在革命和建设中所发挥的巨大作用,要求进一步消除对知识分子的偏见,真正做到政治上一视同仁,工作上放手使用,生活上关心照顾。同年10月,邓小平提出"前十年为后十年做好准备",人才只有大胆使用,才能培养出来。对那些真正有本事的人,要放手提拔,在工资级别上破格提高。我们要开一条路出来,让有才能的人很快成长,人才不断涌出,我们的事业才有希望。

根据高等地质教育面临的新形势,以及地矿部专门人才的需求状况,赵鹏大指出,高等地质教育的迫切任务是提高人才的素质和质量,培养一代有开拓精神、基础理论牢固、知识面宽广、具有解决实际问题的能力,特别是具有迎接未来科学技术进步和变革挑战能力的人才。

1984年9月7日,在系主任和教学秘书会上赵鹏大指出,改革的目的是为了提高教学质量,培养新型地质人才,也就是培养具有开拓和创造精神、具有扎实理论基础、具有多种能力,即觉悟高、基础厚、能力强、学风好的人才。随着地质科学的研究领域越来越宽,新时代建设对地质工作的要求更多、更高、更迫切,同时地质工作领域不断扩大,地质找矿难度也在不断加大。这就需要有新的技术,需要多方面的知识,需要更多能适应形势发展需要的地质科技人才和管理人才。

1987—1992年,学校进入振兴时期。地质科学发展迅猛,出现既高度分化又高度综合的趋势,同时地质科学和社会科学及其他自然科学不断渗透、交叉,新兴的地质学科不断出现。而且,地质科学借助于现代化的测试技术和手段正在从传统的、定性的、推理的、历史的科学走向定量化的科学。在这种形势下,赵鹏大认识到地质院校智育的目标是培养智能结构相对合理的地质专门人才(赵鹏大等,1993,第90页)。智能结构体现在知识、能力和思维三方面:知识包括宽厚的基础知识和专博结合的专业知识;能力包括竞争能力、自学能力、实践能力、交流能力、组织管理能力和创造能力;思维即科学的地质思维。

在1988年新生开学典礼上,赵鹏大讲到,实现"四化"、振兴中华,把我国建设成富强民主文明的社会主义现代化国家,是全国人民的共同理想,也是我们学生的共同理想(赵鹏大,2002年,第67页)。为了这个目标和理想,重点应放在三个方面。首先是思想素质。一方面要有热爱社会主义祖国,拥护党的领导,支持改革和开放的思想觉悟,树立为人民服务的思想和集体主义观念;另一方面必须遵纪守法,遵守社会公德,履行公民义务,具备高等学校培养人才应有的基本素质。其次是业务能力。为了培养能够适应今后社会改革和建设需要的人才,必须改变过去专业划分过细和学生知识面过窄的弊端,也要改变理论脱离实际,动手能力不强,以及缺乏经济头脑和管理能力的弱点。最后是身体素质。地质工作的职业特点要求每一个地质人都要有强健的体魄,要文武双全。

随着社会的进步和整个产业结构的变化,20世纪50年代末60年代初那种需要大量地质人才的时代已经过去,全国地质人才的需求总量呈递减趋势;同时,由于地质科技的发展、地质工作难度的加大,过去那种专业过细的人才规格已不适应今天的地质工作需要。"多兵种联合作战"的地质人才的知识结构需要具有学科相互渗透、专业相互结合、综合开拓能力和较好应用新学科知识能力的人才;另外,国民经济体制改革,乡镇企业的蓬勃发展,农业地质、环境地质、灾害地质、城市地质、旅游地质等新领域的开拓,使地质人才的需求层次也发生了变化。以上这些人才需求状况的变化,给当前高等地质教育提出了新的要求和严峻的挑战。

为此,赵鹏大提出,今后不是扩大地质招生规模,而是要少而精地培养地质人才,培养既能自觉献身地质事业,又有较好基础、能开拓、有后劲的李四光式的地质学家。

二、培养创新人才

人才是一个历史性的范畴,在不同的历史时期,人才概念具有不同的内涵。创新是一个民族具有生机以及发展的标志,在一定程度上体现了社会的文化素养。创新人才是国家综合国力提升的核心内容。高校创新人才的教育是传播和实施知识的根本,在培养创新人才的道路上高校具有十分重要的作用和历史使命。在赵鹏大的教育生涯中,他始终将重点放在创新人才的培养上。

1. 培养"五强"地质创新人才

21世纪以来,以高新技术为核心的知识经济占主导地位,随之带来了人类社会各个方面的巨大变革。知识经济作为一种新的经济形态,创新是核心。而人才作为创新主体,是发展知识经济最关键、最根本的因素。面对知识经济的挑战,教育也要进行相应的变革,重点在于大力培养创新型人才,培养学生获取知识和创造性应用知识的能力,培养学生的创新意识和创新能力。

1995年,针对新形势、新情况和新问题,赵鹏大在地质人才培养方面提出了"五强"地质创新人才培养目标:一是爱国心和责任感强;二是基础理论强;三是创新意识和创新能力强;四是计算机和外语能力强;五是管理能力强(宋春悦等,2014)。爱国心是底线和基本前提,责任感是塑造品质的基础。两者共同打造、培养学生内在的克服困难的动力和孜孜以求的奋斗精神。从基础理论方面看,它不仅包括自然科学,也包括人文科学,这是增加竞争力的最基础体现。从创新意识和创新能力角度出发,主要指培养学生的兴趣和专业精神。要创新,就要有新发现,敢于思考问题、发现问题、善于提问。从计算机和外语能力来看,在信息化和国际化的社会,计算机是各行各业所需要的,而外语则是国际交往所必需的。从管理能力出发,不能只会读书,还要能够理论联系实际,将所学知识服务于社会。

在"五强"地质创新人才培养思想的指导下,结合实践的调查与跟踪,辅以教育学、心理学和创造学等方面的理论知识,赵鹏大提出地质创新人才所应该具备的五个基本特征:一是思想道德修养高,意志品质坚强,有不达目的誓不罢休的毅力。二是思想活跃敏锐,有创新意识和思维,有较强的批判精神,不受传统观念和模式的羁绊,想象力丰富,思维具有发散性,能迅速从错综复杂的事物中把握要害。三是有鲜明的个性、独立自主的学习和思维方式,以及新颖独到的观点。四是有很强的实践能力和获取知识的能力,善于从实践中发现新的现象,能及时抓住事物发展的本质特征。五是有强烈的求知欲望,对科学充满兴趣和热情,有认真细致、实事求是的研究作风。

与此同时,赵鹏大探索性地提出了地质创新人才的培养方法与途径。首先,地质创新人才的基本素质,即地质创新人才的知识、能力和素质结构框架,强调地质知识是基础,实践能力是核心,思想素质是灵魂(赵鹏大等,2006)。其次,根据"五强"人才的基本要求,设计并实施了一套新的地质人才综合能力与素质培养方案。本着理工交叉、人文渗透、精简必要的原则,改革和重组了地质学理科基地班和工科基地班的课程体系,并按照系统方法,从整体到局部制定了新的教学计划。对地质创新人才素质和能力培养的途径和方法进行了全新的探索与实践,创建了科学、有效、规范的人才综合能力素质培养机制和保障措施。此外,为了继续展现中国地质大学重视实践教学的优良传统与特色,学校进一步开展了实验、实践教学创新,建设国家地质科学实践基地,构建新型开放的办学体系——"产学研"基地。依托国家级重点学科和新学科建设,加快教学实验系统更新换代,强化教学实验系统建设,设立大学生科技创新基地,并通过基地班模式、本-硕连培模式、产学研模式和主辅修复合型人才培养模式等,培养个性化创新人才。

赵鹏大提出的"五强"地质创新人才理念,是中国地质大学培养地质创新人才的风向标,对于认识创新人才的培养规律和制定有效的培养方案具有重要意义。地质创新人才的培养方法与途径不仅在改革实践中取得了丰硕成果和积极实效,而且为新时期地质创新人才的培养提供了方法论指导,为我国地质事业培养地质英才贡献了重要力量。

2. 培养"十个力"创新人才

就业始终是大学生毕业之后遇到的第一个难题,随着高等教育大众化背景下招生规模的不断扩大,毕业大学生数量逐年增加,社会的就业形势日益严峻,大学生就业问题引起社会各界的广泛关注。随着我国经济改革步入深水区,产业结构调整和经济发展方式的改变使得我国经济增长速度出现了明显的下滑趋势。正是在就业难、经济发展缓慢的大时代背景下,李克强总理于2014年在夏季达沃斯论坛上首次提出了"大众创业,万众创新"这一观点。当时他提出,要在960万平方千米的土地上掀起"大众创业""草根创业"的新浪潮,形成"万众创新""人人创新"的新态势。该观点一经提出就引起了社会的高度关注。

青年大学生是国家和民族的希望,是社会上最具生机活力、最具创造潜力的群体,理应在"双创"的时代浪潮中走在前列、当好主力。创新创业的事业,呼唤广大青年大学生在"双创"实践中释放活力、成就梦想。

赵鹏大作为一名阅历丰富、资历深厚的教育管理者,对"大众创业,万众创新"这一频频在政府工作报告中提到的八字箴言抱以极大的关注,认为这对于高等教育领域而言既是机遇,又是挑战。高校创新人才培养应该根据"大众创业,万众创新"这一时代背景作出及时调整,主动改革,勇于创新,争取培养出更多适应当今时代发展需要的人才,为社会进步和经济发展做出更大的贡献。

总体而言,中国大学的人才培养质量虽然在国际上有着良好的声誉,但与国外高水平大学相比,培养的创新人才还严重不足。基于"大众创业,万众创新"的理念,赵鹏大指出高校应当积极培育具有创新能力的人才,并提出增强创新能力需培养"十个力",即广泛知识的积累力、相关事件的综合力、新鲜事物的洞察力、不同学科的交叉力、瞬间现象的捕捉力、灵感思维的爆发力、关键问题的提取力、不屈不挠的坚持力、复杂系统的分解力和高新技术的应用力。这"十个力",从多个维度较为全面地总结了培养创新人才时的着力点,给高校培养创新人才提供了很好的借鉴。

除了培养创新人才所需的"十个力",赵鹏大还提出了人才发展通往成功之路的"十要素",即爱国情怀、凝聚目标、求实精神、科学方法、刻苦学习、勤奋工作、摆正自己、强壮身体、细心耐心和决心恒心。这精简却又饱含深刻内涵的四十字,为学生在自我奋斗、不断进取的道路上指明了前进方向。

三、开拓研究生教育理论与实践

1986—1996年,赵鹏大用10年试办研究生院,取得了可喜的成绩。1996年开始,学校研究生教育迈上了新的台阶,进入创新教育的新时期。

1. 10年试办,确定建设目标与"基地"定位

20世纪80年代中期,中国地质大学学位与研究生教育迅猛发展,迈上了一个新的台阶,高峰期在校研究生近千人。1984年8月,根据教育部《关于在部分全国重点高等院校试办研究生院的请示报告》,国务院批准在北京大学、中国人民大学、清华大学等22所院校试办研究生院,以加快改革步伐,在培养研究生方面进行改革试点。为抓住机遇,当年岁末,赵鹏大力主武汉地质学院向地矿部教育司提出"成立武汉地质学院研究生院"的申请,以更好更快地为国家培养高层次的地质科技人才。1986年4月14日,国务院批准11所全国重点高等院校为第二批试办研究生院的院校,武汉地质学院榜上有名,跻身于全国33所研究生院之列。

在办研究生院的10年期间,学校不断增强办学实力,建设地质高层次人才培养基地。当时学校有博士学位授予点14个,硕士学位授予点24个,"地质学"和"地质勘探、矿业、石油"两个博士后流动站,基本上覆盖了国家教育委员会学科专业目录中地质类各二级学科,并已拓展到化学、地理学、自然科学史、管理科学与工程、计算机科学与技术等一级学科。学校有国家重点学科5个,省部级重点学科4个,国家专业实验室2个,部门开放实验室3

个,计算机校园网与互联网连通。

学校有一支很强的老、中、青相结合的研究生导师队伍,有专任教师1277名,其中中科院院士7名,博士生导师108名,教授234名,副教授392名。这标志着学校定位在国家教育委员会确定的"以教学与科研两个中心、研究生教育与本科生教育并重为目标进行建设,作为相对集中的培养研究生,特别是博士生的基地"的大学范畴内。

赵鹏大坚持学校要"三个面向",为国家培养大批质量高、素质好的高层次专门人才。从1952—1965年,共培养研究生321名;1978—1995年,累计招收硕士生2437名,博士生674名,研究生班研究生25名;已授予博士学位302名,授予硕士学位2260名;1995年在校研究生777名,其中博士生286名,硕士生491名,占当时全国地学类在校研究生的1/3,占地矿部系统在校研究生的51.4%。1991年开始恢复招收外国留学生。

赵鹏大指出,研究生教育与学科建设应互相促进、共同发展。推动已有优势学科按照"三个面向"进行拓宽、更新、改造与提高。即做到把研究生放到学科交叉与创新的实践中,努力培养交叉型、复合型的硕士生和博士生,推动与优势学科的交叉、延伸,产生新兴学科、新兴学科方向及新的学科生长点。赵鹏大提出了学校关于学科结构调整的总体规划,运用国家给予的试办研究生院的特殊政策,优化学校的学科结构,扩大覆盖面,增加了非地质类学科点。

赵鹏大还提出要加大实验科学研究的力度,使研究生教育与实验室建设和科学研究紧密结合。建设国家重点实验室、专业实验室或部门开放实验室,其目的在于贯彻"开放、流动、联合、竞争"的方针,真正办成能够代表国家学术水平的基础科学研究基地和人才培养基地,使我国的基础科学研究迈向世界前沿,在我国科技发展和经济建设中发挥更大的作用。赵鹏大指出,学校实验室建设的落后状况正是制约学科建设水平、科学研究水平、高层次人才培养质量的重要原因。经过10年的努力和建设,学校2个国家级专业实验室和3个部门开放实验室的建设成功,初步改变了学校实验室建设的落后状况。

赵鹏大通过办研究生院使学校研究生教育逐步走向规范化、有序化,加快推进研究生教育改革。1994年11月,国务院学位办发出对研究生院进行评估的通知。1995年2月,中国地质大学校务会在北京召开,会议由校长赵鹏大主持,研究了认真做好研究生院评估工作问题,决定对研究生院机构设置进行调整,设立中国地质大学(北京)研究生院和中国地质大学(武汉)研究生院。1995年11月,中国地质大学研究生院接受国家教育委员会对全国33所试办研究生院进行的评估。在评估项目中,取得了优秀博士生论文成绩排名第四、课程建设排名第五、生源规模效益排名第八的好成绩。

2. 正式建院,研究生教育进入新阶段

为认真贯彻《中国教育改革和发展纲要》精神,落实国家教育委员会《关于进一步改进和加强研究生工作的若干意见》,深化教育改革,不断提高教育质量、科研水平和办学效益,1996年3月28日,国家教育委员会批准中国地质大学建立研究生院。按照《研究生院设置暂行规定》,学校不断加强研究生院建设,为我国研究生教育事业、实现博士生培养做出更大贡献。

中国地质大学研究生院自1986年试办以来,努力以中国特色社会主义理论为指导,坚持"三个面向",全面贯彻国家教育方针和政策,培养出了一大批素质好、质量高的高层次人才。通过办好研究生教育,促进了学校学科建设和科学研究,使学校整体水平有了很大提高,带动了学校的全面发展,为我国研究生教育事业和地质人才培养做出了重要贡献。

3. 注重创新,研究生教育再上新台阶

针对学校研究生教育在评估中存在的不足,赵鹏大根据国家教育委员会《关于进一步改进和加强研究生工作的若干意见》的要求,提出使学校研究生教育面向国民经济建设的主战场,主动适应国民经济建设需要的目标和要求。为此,学校以提高研究生教育质量为中心,深化改革,不断扩展研究生的培养类型和社会服务面,使研究生培养质量有了显著提高,研究院管理工作大大加强,研究生招生规模明显扩大。

首先,赵鹏大提出,学校应着力多学科交叉的复合型研究生培养,特别是培养数、理、化、天、生、人文社科和工程技术学科与地质科学的联合交叉研究生。加强应用型、复合型人才培养,以满足国民经济建设、地质科技事业和地质市场发展对高层次人才的需要。

其次,要重视外语与计算机能力的培养与训练,尤其是研究生德育教育和人文素质的提高。加强外语基础,以应用为导向,强化听、说、写能力训练,以适应当前改革开放和扩大对外学术交流的新形势。加强能力训练,掌握以计算机为代表的现代化先进技术手段,适应地质科学现代化、定量化发展的需要,增进、提高解决各类地质问题的效果和能力。

再次,发挥与产业或研究部门联合培养研究生的优势,加强学科建设,强化学科间交叉渗透,改善博士生知识结构,扩大知识面,逐渐改变"博士不博"的现象。

最后,坚持注重研究生创新精神的培养与提高。重视国家急需,突出学科前沿,增强创新意识,不断提高地质科学博士生、硕士生的学术水平和创新能力。进一步完善管理制度,严格过程管理和质量监控。

第三节　以文武兼备为主导的地质大体育观

体育是学生全面发展教育的重要组成部分,对培养专门人才和我国社会主义现代化建设具有重要影响。人才要文武兼备,人才培养要兼顾智育和体育,培养的人才不仅要能够适应今后社会建设和发展的需要,而且应具备较强的动手能力和强健的体魄。

赵鹏大认为,体育课对于培养地质院校学生有一个强健的体魄,对适应野外考察和科研具有特殊的重要意义。体育课是体育教学的基本组织形式,具体任务是:增强学生体质,传授基本知识,训练基本技能和技术,对学生进行体育道德和组织纪律教育。

1980年,赵鹏大主持制订了《体育工作管理规范》《体育课堂教学常规》《体育课教学计划》等,要求体育教师必须按教学计划安排教学内容,为人师表,以身作则。结合学校地质教育教学实际和地质专业人才培养的需要,采取"层次教学法"。大学一年级按《国家体育锻炼标准》开设以田径项目为主要内容的教学,突出中长跑、竞走、游泳等方面的基础体育课程,旨在学生身体基本素质的培养与提高,为适应专业需要的体育技能课的开设奠定基础;大学二年级结合地质专业的特点,开设以专项实用项目为主的课程,如登山、攀岩、球类、健美操、舞蹈等,培养学生热爱地球科学、献身地质事业、勇攀地质科学高峰的意志品质和情操;大学三年级把各类单项协会与各种竞赛活动结合起来,开设专项提高选修课,增强学生的竞争意识和拼搏精神,充分调动学生的学习积极性。研究生则按照不同年龄和身体状况,开设多种形式的选修课,考核办法实行学分制,充分体现研究生的特点。这种普修课、专选课和专项提高课三个层次体育课的实施,改变了过去单一的体育教学模式,体现了大学体育的全面性、经常性、渐进性和尊重学生个体的基本原则,有效地提高了体育教学质量。

体育工作要上水平,需要体育教育理论的支撑。体育部的教师,在紧张的教学和训练之余,十分重视体育科学研究工作。体育科研始终以提高教学、训练为中心,以增强学生体质为目的,注重实用性。同时,学校一直把课外体育锻炼视为巩固和提高课堂效果,使学生得到全面和充分锻炼的重要环节。始终重视对学生锻炼小组、各种单项体育协会以及各项体育竞赛活动的指导,并多次获得省级、国家级荣誉。

在地质高校实施体育教育的实践中,赵鹏大深刻地认识到体育是整个大教育系统中的一个子系统,体育教学的改革必须突破课堂教学、体育场馆的约束,贯穿于整个地质教育的教学环节中去。教学内容要突破传统体育项目的约束,开展体现地质工作特色的体育项目的教学。同时,高等院校的体育教学在学校办学目标及发展战略中要有充分的体现。体育教学在结合地质工作特点、普及体育知识、增强学生体质和心理素质的同时,还应探索创办高水平运动队,积极参与国际体育交流与合作,深入开展体育科学研究。上述目标和任务决定了地质高校的体育教学必须是反映地质教育特色的、综合的、开放的、多样化的和多层次的教学体系。这样一种体育教学体系和思想,称之为"地质大体育观"。它是现代大教育观在体育教学中的具体体现,是高等院校体育教学的战略指导思想。

地质大体育观,具有空间大、时间长、内容广、形式多和多层次性等鲜明特点。课外体育锻炼是巩固和扩大课堂教学效果、使学生得到全面和经常锻炼的重要环节。学校还每年定期举行田径运动会、新生运动会、长途负重地质旅行、重阳节登山比赛、迎春长跑比赛等活动,每年派体育教师到野外实习站,结合当地各种条件开展登山、攀岩、游泳等体育活动。几十年来形成了具有地质高校特色的群体传统活动。学校在搞好群体活动的同时,还积极试办高水平运动队。思想观念的变化、认识上的升华促使学校的体育教学、群众体育、竞技体育工作步入了良性发展轨道,形成了良好的校园体育氛围。值得特别提出的是,每天早晨全体学生到大操场进行早操锻炼已成为中国地质大学长期以来形成的优良传统。这对提高学生的身体素质、养成良好的生活习惯具有重要意义。

第四节 以校园文明建设为导向的美育观

人与环境的关系,正如马克思和恩格斯指出的"人创造环境,同样环境也创造人"。随着教育教学改革的不断深入,"教书育人、管理育人、服务育人"逐步深化,创造良好育人环境,保证培养人才目标的实现,就越发显得重要而紧迫了。为了营造一个有利于保证教学、科研和管理服务工作的文明、整洁、优美、安全和宁静的育人环境,中国地质大学(武汉)和中国地质大学(北京)根据学校发展规模和建设目标,对校园环境作出了统筹规划,包括《整顿校园秩序,优化育人环境》《腾房归位,综合治理,绿化美化校园》等有关规定和管理办法,并制定了文明校园建设规划。

为认真贯彻执行1990年国家教育委员会13号令——《高等学校校园秩序管理若干规定》,北京、武汉两校区在优化育人环境、校园综合治理、加强安全保卫工作、搞好校园绿化和卫生等方面做了大量工作,取得了良好效果。

在中国地质大学(武汉)二级干部大会上赵鹏大作题为《贯彻国家教育委员会和地质矿产部1990年工作会议精神,搞好学校治理整顿,深化改革工作》的讲话,他谈到,"即使在财政困难的条件下,也要努力优化校园环境,组织安排好群众生活"(赵鹏大,2002,第101页),重视队伍的思想和组织建设,改善和提高服务质量,强化管理,严格执行各种责任制。在现有条件下,力争每年办几件改善校园面貌、改善群众生活的实事。切实改进作风,各级领导首先是校、系处级领导要深入基层,密切联系群众,听取群众意见,及时发现和解决问题。要发扬雷锋精神,主动服务,助人为乐,劳动不计较报酬,工作不计较条件,团结合作,互相支持。

1991年,赵鹏大在中国地质大学(武汉)第三届教职工代表大会上作了工作报告,指出,"学校必须努力抓好教学后勤、科研后勤、生活后勤和校园管理工作,进一步优化育人环境、改善育人条件"(赵鹏大,2002,第113页)。但是当时学校经费紧缺,服务保证工作很多都涉及到钱,怎样在少钱的情况下做好服务保证工作,这是学校面临的一大问题。赵鹏大认为由于学校已经有了一定的基础,而且每年多少还有一点新的投入,只要加强管理,充分挖掘内部潜力,就一定能提高效益,搞好服务。

加强后勤改革力度,美化校园环境。后勤保障系统要按"两权分离、事企分开"的原则,实行"小机关、多实体、大承包、大服务"的管理体制,事业单位企业化管理,变行政管理型为有偿服务型、经营服务型,增加社会化服务功能。通过改革和加大投资强度,改善学校基本建设、饮食、运输、维修、接待等后勤服务保障条件,造就出与一流大学相匹配的文明、整洁、优美、安全、宁静的校园环境。

1997年11月,北京、武汉两校区双双通过地矿部根据教育部要求组织的"校园、学生学习和生活环境建设"的评估。

2002年,为迎接50周年校庆,中国地质大学(武汉)在实施建设花园式校园工程的过程中,建成了绿树成荫、鸟语花香的花园式学校,使校园的文化氛围更加浓郁。中国地质大学(北京)通过实施多项重点工程,使校园面貌有了根本性改变,不仅使老校园焕发美丽的育人环境,而且更增添了现代人文精神的氛围。

赵鹏大以校长的远见卓识,进一步提出美育的校园环境离不开校园文明建设。文化是一个民族、一个国家、一个地区生命力、创造力、凝聚力的源泉。当今世界,先进文化已经成为引领社会进步的旗帜。大学校园文化是社会文化体系中最活跃、最具影响力的组成部分。校园文化的建设是社会主义先进文化的需要,是学校自身生存和发展的需要,是培养全面发展合格人才的需要。同时,校园文化也是校园文明的尺度,校园文化是学校师生员工在长期的教学、科研、学习和生活中为适应和改造教学、科研、学习和生活环境而形成的精神文明和物质文明的总和。丰富的校园文化传统要结出丰硕的文明果实,还要经过全校师生的再创造。

党中央明确指出,建设有中国特色的社会主义,就是要物质文明建设与精神文明建设一起抓,两者同步前进。不同时抓好"两个文明"建设,一所大学也不能健康稳步发展。1986年,赵鹏大在武汉地质学院全体学生大会上的讲话中强调,要想建设社会主义现代化大学就要物质文明建设与精神文明建设同步进行,既要有物质的现代化,更要有思想、精神观念的现代化。这就要求我们必须加强对校风、学风的组织建设,创造和构建优良的校园文化风气。

为此,学校严格各项规章制度,加强校园精神文明建设,通过开展"文明处(室)""文明班级""文明宿舍"评比和"树精神文明之风,创文明校园"等活动,树立良好的校风。加强学生管理,努力调动学生学习积极性,支持和指导学生会、班委会开展丰富多彩的校园文化活动,加强学生德育教育,端正学习目的,使学生的学习积极性不断提高;制定并严格执行教学管理规章制度,以形成良好的学风。

这一时期,学校对校园文化建设非常重视,学校文化生活形式多样,内容丰富多彩,逐步形成了自己独有的文化特色,在育人工作中起到了潜移默化的影响。

第五节 以艰苦奋斗为主旨的新校风劳育观

长期以来,推崇努力拼搏的教育理念形成了中国地质大学优良的校风。

刻苦钻研、艰苦奋斗、不辞劳苦、求实进取、勇于拼搏、敢于吃苦的奋斗精神，这是高校精神构建之需要，是学校生存发展的必要条件，是学校品位和格调的重要标志之一。优良校风对学生起到潜移默化的教育作用，陶冶学生的精神，铸造思想情操，净化学生心灵，培养学生的集体荣誉感和劳动精神，约束学生行为和习惯，对学生的世界观、人生观和治学风格的形成具有深刻影响。一所学校往往因有一个好的校风而赢得社会的声誉，培养出一批又一批优良的人才，出现一批又一批优秀的学术成果。

校风的核心是学风。在高校中校风、学风建设极其重要，同时也是搞好思想作风建设的有效途径。1986年，赵鹏大在武汉地质学院系处级干部辅导员、团总支书记会上的讲话中谈到，我们要建设一个在国内外享有一定声誉、理工文管相结合的新型地质大学，为此必须要有一个新的思想作风和新的校风、学风与之相适应，这是办好学校的一个基本问题（赵鹏大，2002，第27页）。

赵鹏大在讲话中回顾了学校的历史。长期以来，学校的校风、学风良好。学校在北京地质学院时期就已经形成了一些良好的校风，如艰苦奋斗精神，刻苦钻研精神，热爱劳动、不怕苦、不怕累的拼搏精神，顾全大局、以集体利益为重的精神，等等，凝结而成"刻苦钻研，实事求是，艰苦朴素，严肃活泼"的十六字校风。

迁校后，赵鹏大清醒地认识到，迁校不仅使学校在办学"硬件"上受到了严重的损失，同样，在办学"软件"上的损失也很严重。因此，学校必须始终重视抓校风、学风建设。首先，抓教学管理制度建设，恢复和修订了一系列教学工作规程。在教师中开展"五定"工作，加强教师教学过程的检查，提倡教书育人，管理干部和后勤工作人员管理育人、服务育人，注意发挥老教师热爱地质事业、艰苦奋斗的榜样作用，通过抓教职工的思想建设和工作作风建设促进学风建设。其次，培养学生学习主动性、创造性，从严治学、严格管理，提出"培养新型地质人才，从大学一年级抓起"的工作思路。最后，加强野外实习期间的思想工作和教育管理工作，精心组织社会实践活动和国情教育，激发学生为振兴中华而献身地质事业的"三光荣"热情。在长期的艰难创业过程中,继承和发扬北京地质学院优良校风,严谨治学,精心育人,形成了既有自己特色又和时代相适应的中国地质大学新校风。

1986年,在继承原北京地质学院传统的基础上,结合现代高等教育特点和当今社会的新形势、新要求,赵鹏大在武汉地质学院全体学生大会上提出了"艰苦奋斗,团结活泼,严格谦逊,求实进取"的新校风(赵鹏大,2002,第44页)。在提出新校风的同时,就如何加强校风、学风建设,赵鹏大认为建设校风、学风主要靠正面教育,靠宣传,靠表扬先进,但同时也靠赏罚分明,这是校风、学风建设的保证。在赏罚之中,主要是赏,罚居第二位,但必不可少,该罚的一定要罚。就此,学校颁布了《关于加强校风、学风建设的若干规定和奖惩制度》,成立"加强校风学风建设领导小组",使校风师生建设制度化。

同时,赵鹏大也强调,校风、学风的建设不是一蹴而就的事,更不是靠短时间搞突击式工作可以奏效的。好的校风、学风要靠长期的引导,逐年累月的培养,持之以恒的工作,坚持不懈的努力,以及广大干部、教师的表率作用、言传身教,靠全校师生的齐抓共建。

从北京地质学院的"刻苦钻研,实事求是,艰苦朴素,严肃活泼"的校风,到中国地质大学"艰苦奋斗,团结活泼,严格谦逊,求实进取"的新校风,既有继承,又有发展。在体现中华民族传统美德的基础上,新校风适应时代的要求,注入了新的内涵,同时反映了学校自身的特色。校风像一条无形的纽带,将全校师生员工紧紧地凝聚在一起,共同为实现学校的奋斗目标而努力。在校风潜移默化的影响、熏陶下,一代又一代莘莘学子健康成长,受益终生。

赵鹏大就任之后,始终重视对学校精神风貌的建设,强调搞好校风、学风建设是创造良好育人环境的基础。一个单位的优良风气,对该单位人才的成长有重要的作用,同样,学校的校风、学风对培养合格人才也具有很重要的作用。过去抓过一段校风、学风建设,虽有一定成效,但抓制度建设多,抓思想建设少,抓表层的问题多,抓基层的落实少,特别是没有和班风、室风建设联系起来抓。抓校风、学风建设不应停留在口号上,而应踏踏实实地做好实际工作,创造出优良的育人环境。

首先，学校各级领导要把创造良好育人环境、不断改善育人条件作为最重要的工作来抓。其次，要充分发挥教师的主导作用，使教师的主要精力集中在教学和教书育人上。要发挥直接负责学生工作的教师和干部的作用。抓好班风、室风建设才能使优良的校风建设有巩固的基础。要加强班风建设，培养学生的集体主义精神，使学生有集体荣誉感。

作为一名优秀的教育家和校长楷模，同时作为一个地质科学工作者，赵鹏大勤于思考，努力工作，献身中国地质教育事业。他以地质学家的专业角度思考和研究了诸多高等教育理念方面的问题，不断地思考与实践教育发展战略、办学目标、如何办好一流大学等关键问题。赵鹏大的教育理念和治校实践强调人文精神和科学精神并举，注重人才培养、学科建设、教学发展、师资建设和校风创建等重要方面，积累了许多有创建性的教育思想和治校理念，丰富和发展了我国高等教育理论和实践，是中国高等教育发展史上一笔不可多得的宝贵财富，具有深远意义和启迪价值。

第八章 学科观:人才培育的学科建设

> 认清严峻形势,迎接竞争挑战,发挥优势特色,克服缺点不足,强化学科建设。
>
> ——赵鹏大

第一节 突破单科性学科建设格局

学科建设是高等学校建设和发展的核心,是高校建设和发展中的一项长期而艰巨的任务。学校由解放前和建国初期的理科性大学地质系,发展到1952年成立的单科性地质学院,是我国高等地质教育发展史上一个特定阶段的产物。

1952年,在成立北京地质学院之前,北京大学和清华大学地质系的地质类学科建设重点主要集中在地史古生物、矿物岩石、构造地质、石油、煤田、金属、非金属矿床地质等基础地质学科方面。这是我国老一辈地质学家在解放前各方面条件十分困难的情况下艰苦创业、辛勤耕耘、长期积累、发展建设的结晶,是建立北京地质学院的学科支柱和学术基础。

1952年院系调整后,为满足中华人民共和国成立以后大规模经济建设的需要,在学习苏联成功经验的基础上,学校建立了一批应用地质类学科,如地球物理勘探、水文地质及工程地质、探矿技术(包括钻探工程及掘进工程)、矿产普查与勘探等。煤田地质、石油地质等作为独立的学科更加完善。

为满足地质勘探工作发展的需要,学校在20世纪60年代又建立了地球化学及化探、地质仪器设计和制造、海洋地质等专业和学科,从而使学校的地质类学科更加完善,几乎覆盖了地质类所有的学科领域。

单一地质类学科专门性地质学院的建立,对集中相关学科的师资力量和实验设备,加强地质类学科的建设,密切各地质学科与地质矿业生产部门的联系,培养大批专门人才发挥了重要的作用,但是也存在着很大的潜在问题,缺乏强大的基础理科的支撑。尽管新成立的地质学院也建立了基础学科教研室,但它毕竟比不上北京大学、清华大学那样的综合性大学所拥有的强大的数学、物理学、化学及生物学等基础学科的实力。这在一定程度上使整个学校地质学科的发展带有较大的应用型色彩,也不利于地质学科与各基础精密学科相结合及交叉渗透,难以产生和发展新的学科方向。

同时,根据高等地质教育面临的新形势,以及地矿部专门人才的需求状况,高等地质教育的迫切任务是提高人才的素质和质量,培养一代有开拓精神、基础理论牢固、知识面宽广、具有解决实际问题能力,特别是具有迎接未来科学技术进步和变革挑战能力的人才。这就要求单科性地质院校不能仅限于满足本部门和行业的需要,而要面向全社会,根据自身的教育资源和社会对某些方面人才近期、中期和长期的需求度,考虑新专业、新学科的设置。同时,还要考虑使专业设置有利于学科之间的配套和交叉协调发展,有利于促进和推动主体学科的发展,构建好新的办学思路和办学模式。

20世纪70年代迁校以后,学科建设得到重视并重新恢复。随着地球科学的发展和进步,学校相继建设和发展了一些新兴和交叉学科,如数学地质、遥感地质、地质力学、岩矿测试等学科。重建初期,学校只恢复了原北京地质学院的地质系、矿产地质及勘探系、水文地质及工程地质系、地质力学系、地球物理探矿系、探矿工程系、岩矿分析系7个系的原有以地学理工科为主的17个专业。根据改造单科性地质学院的目标,学校相继新建了计算机、经济管理工程、基础课部3个系(部),增设了8个专业。同时,适应新形势和学科发展走向,调整了系科设置。

1985年,赵鹏大根据地质科学和国民经济的发展趋势,提出了"建设理、工、文、管相结合的社会主义综合性地质大学"的办学目标。改造单科性地质院校总的目标就是要增强学校的活力,提高人才培养质量和办学效益。改革的方向是拓宽教育功能,改革人才培养模式,优化学科专业结构,充分发挥学校学科整体优势,逐步将学校建设成为以地质学科为主,理、工、文、管相结合的综合性大学。为此,学校在武汉地质学院设9个系、1个基础课部,涵盖了理工文管等科系。学校在由单科向理、工、文、管相结合的发展道路上迈出了可喜的步伐,成功突破了单科性院校格局,初步奠定了以地学理工科为主,理、工、文、管各类专业相结合,具有合理完整的专业学科和层次结构的办学模式。

同年,根据《中共中央关于教育体制改革的决定》,"为了增强科学研究能力,培养高质量的专门人才,根据同行评议、择优扶植的原则,在高等学校中有计划地建设一批重点学科"。1987年8月12日,国家教育委员会发出《关于做好评选高等学校重点学科申报工作的通知》,同时发出《关于评选重点学科的暂行规定》和《关于高等学校重点学科评选工作的几点意见》,明确高等学校重点学科承担培养高级专门人才和开展科学研究的双重任务,重点学科是国家教育委员会择优选定并重点扶持建设的学科。

赵鹏大明确了学科建设的基本思路:进一步巩固和提高基础学科和重点学科的优势,大力发展应用学科,充实和完善新建学科,建立有利于加强南北协作、多学科交叉渗透、组织综合力量开展学科前沿重大课题研究、提高师资水平和教育质量的学科建设体制。

自此,学校学科建设进入了以5个重点学科建设为核心,传统地质类学科改革为重点,形成新的有利于交叉新学科点生长的学科群体,建设理、工、文、管多学科协调发展的新阶段。学校具有学士以上学位授予权的学科要着眼未来发展趋势,瞄准21世纪初地质科学技术发展的重大问题,突出特色,发挥优势,扬长避短,对已具优势的老学科要进 步更新、拓宽领域,紧密追踪学科前沿,增强活力,并根据社会主义市场经济的需要积极发展环境、能源、城市、农业、医药、地质等新学科。

自1978年改革开放以来,改革已成为世界性的潮流,国际上的教育在改革,国内教育也在改革,地质教育同样要顺应改革潮流,加快改革步伐。为适应新形势的要求,充分发挥北京、武汉两地在学术上的优势,在赵鹏大的极力推动下,1987年,中国地质大学成立。至此,形成"一所大学,两地办学,四个实体,总部在武汉"的特殊结构的联合办学新格局,这也标志着学校的改革与发展正在朝着综合性理工大学的目标前行。

第二节 完善多学科的学科建设模式

学科建设是创办一流大学的关键,拥有独具特色的一流水平的学科体系,是一流大学的主要标志之一。

虽然学校拥有门类齐全、实力较强的基础地质和应用地质类学科,但随着国际地球科学发展大趋势和国家经济建设、社会发展的新需求,其学科专业建设的不适应性、弱势特点逐步暴露出来。具体表现在:①基本上属于传统型专业,缺少新兴专业。如国外已经广泛兴起环境类学科和专业,而这时学校只是刚开始设置环境工程专业,其他诸如宇宙空间、海洋调查、实验地质等方面还涉足较少。②基本上属于研究型专业,缺少产业型专业。即学校缺少或基本上没有产业型专业。而这种以单一研究型专业为主的大学,尽管在一些领域水平较高,但在市场经济条件下显得很不适应,出现了"优势不优,优势劣化"的不正常现象。③基本上属于部门型专业,缺少通用型专业。特别是过去专业设置过窄、分工过细,使培养出来的学生很难适应社会的需求。④在原有学科建设上,存在着方向偏多、力量分散、学科交叉联合不够,与国际重大前沿问题和国家重大急需问题接轨不够的问题。⑤一批新建学科和专业力量薄弱,投入有限。为此,学科专业结构的适应性调整和结构优化势在必行。

1992年,赵鹏大在中国地质大学(武汉)青年骨干教师培训班上强调,专业学科设置也需要研究和改革。长期以来,高等地质教育过分地强调专业对口,以致专业设置过窄过细,这样既容易造成专业重复设置,又不能及时适应国民经济各部门的结构变化,更不能满足未来社会的发展需要。学校要努力拓宽专业,加强基础学科建设,加强专业学科间的交叉渗透,还要对学生进行不同规格和层次的技术教育,加强复合型人才的培养,使其具有适应新技术、新方法、新设备的能力和技巧,为将来从事各工作做准备。

为适应学科群建设的需要,1993年2月赵鹏大进一步指出:①调整专业结构,使其稳步协调发展,逐步建立起适应社会主义市场经济、适应世界科技进步的机制,提高面向社会办学的能力;②修订教学计划,调整知识结构。

1993年,中国高等教育的跨世纪工程——"211工程"在全国上下掀起热潮。赵鹏大深知"211工程"对学校既是一次机遇,更是一场挑战,果断提出要力争中国地质大学进入"211工程"前列、创办地质矿产能源类一流大学的奋斗目标。在学科建设方面,学校现有5个国家重点学科、13个博士点学科、18个硕士点学科、21个学士点学科。学科建设的一项重要工作就是对21个学科的国际先进水平、国内先进水平及学校的水平和地位进行分析对比,划分出哪些是优势学科、较强学科和薄弱学科,明确我们的优势和特色,找出与国内外先进水平的差距和问题,研究今后的发展对策。

同年,国家教育委员会颁布《关于重点建设一批高等学校和重点学科点的若干意见》,明确提出,高等学校重点学科点的选择原则是学科发展方向意义重大,具有特色和优势;有国内公认、国际上有一定影响的学术带头人和梯队合理的高水平学术队伍;教学科研水平处于国内领先地位,在国际上也有一定影响,人才培养和科学研究成绩突出;有良好的教学科研条件和国内外学术交流基础。原由国家教育委员会批准的高等学校重点学科点,要进行重新认定。

1993年8月,赵鹏大在学校第二次学科建设研讨会上作出《认清严峻形势,迎接竞争挑战,发挥优势特色,克服缺点不足,强化学科建设,争进"211工程"》的主题报告,明确提出了"联合、交叉、前沿、急需"的学科建设指导方针,并提出了学科调整、改造的初步框架。根据学校实际情况提出的发展战略是(南北)联合、(学科)交叉、(突出)前沿、(考虑)急需,主要在于加强学科之间的交叉和融合,围绕几个带方向性的地质重大问题形成若干个学科集团性的教学、科学研究中心。学科建设要保持已有优势,突出国际前沿,充分考虑国家经济建设、社会发展和科技进步的急需以及社会主义市场的需求。

根据"(南北)联合、(学科)交叉、(突出)前沿、(考虑)急需"的方针,赵鹏大制定了学校学科发展的具体目标,即继续保持和发展基础地质学科的优势,大力发展应用学科和边缘学科,扶持和加强影响面广、需求量大的非地质类学科,理、工、文、管综合配套方向发展。努力探索新学科、新方向、新领域或新应用的生长点,积极做好国家重点学科的重新认定和论证申报工作,力争到2002年,学校拥有10个国家级重点学科,博士点、硕士点学科稳步增长,形成设置合理、独具特色的学科体系,整体水平要达到国内理工科大学的先进水平,其中地质、矿产、能源、环境学科达到世界同类学科一流水平,在国内外相关学科领域具有重要地位和更大的影响力。

据此,学校确定了学科专业调整的框架方案,逐步推进学科群建设,即以原有5个国家重点学科为核心,以重大科研项目或重点实验室建设为支撑,主要针对国民经济建设或地质科学前沿重大课题而组建学科群,并通过联合、交叉、渗透,形成新的学科体系,使上游有理论源头,下游与产业接轨,相互间呈耦合共振,具有单个组成学科所没有的新功能。

1994年,中国地质大学(武汉)就学科专业布局及院(系)机构设置进行调整,决定组建地球科学学院、勘查与建筑工程学院、环境科学与工程学院、资源学院和材料科学系,要求按照办学目标、总体规划、统筹安排、逐步实施、分步到位的原则加快组建。

1996年6月,赵鹏大主持第23次校务会(扩大),并作了题为《有限目标,突出重点,合理分工,统筹兼顾,认真做好"211工程"重点学科论证》的发言。确定了向国家申报列入"九五"期间"211工程"建设的重点学科建设项目,共计5个重点学科群,10个主要研究方向,10个重点建设实验室。

第九章　教学观：人才培育的教学发展理念

百年大计，教育以人才创新培育为主要宗旨。培育当代大学生的科学精神和科技创新能力，离不开良好的教学发展理念，教学发展是高校内涵建设之基础。教育质量是永恒的主题，是学校的生命线。

在长期的教学实践中赵鹏大强调要重教学、严要求、注重培养质量，是学校的优良传统之一。在学校恢复重建时期，特别是改革开放以来，学校进行的教学改革，始终是以提高教学质量为中心，主动适应发展、变化的新形势，努力探索教学工作的基本规律，正确处理继承与发展的辩证关系，把教学改革与教学基本建设以及严格、科学的教学管理有机结合起来，保证了教学质量的不断提高；同时，对于培养大学生的创新思维、创新能力与创新精神具有重要的影响。

根据"五强"人才的基本要求，赵鹏大组织力量设计和实施了一套新的地质创新人才综合能力和素质培养方案，包括创新能力培养辅助性计划，学生社会适应能力和文化素质培育创新人才综合计划，大学生研究计划和创新人才培养、个性化培养、特殊技能的培养等。对地质创新人才素质和能力培养的途径和方法进行了全方位的探索与实践,以确立学生学习的主体地位,特别是《学分制实施办法》的颁布,实现了从学年制向学分制教学管理制度的重大转变(中国高等教育协会,2017,第546页)。

第一节 "学为主体"的开放式教学改革

1983—1984年,为改变"满堂灌"式的教学方式,加强学生能力培养,赵鹏大推动了学校部分课程在教学思想、教学内容、教学方式和考试命题等方面的改革尝试。如"水文地质学基础课围绕'学为主体,开发能力'问题进行教学方式方法改革;石油地质学课在教学中设法'端掉学生在学习上的大锅饭,让学生生动活泼、主动地学习';普通地质学课实行口试";还有结晶学及矿物学、构造地质学、矿床学、成矿规律与成矿预测等课程,为调动学生学习积极性和提高教学质量,在考试方式等方面均作了有益的尝试,涌现出"自学—精讲—多练""教师启发指导—学生自习—课堂讨论—教师总结""开放式教学""三段式教学"等教学方式方法。水文系围绕"深圳国际机场可行性研究阶段的工程地质勘查"项目,石油地质专业结合"南阳凹陷油气远景评价及二次勘探部署"项目,地质系结合"1∶5万周口店幅区域地质调查"项目,分别组织师生进行以提高教育质量为中心的教学、科研、生产三结合联合体试点。这些学科的教学改革不仅取得了高水平的研究成果,而且由于多学科联合,真刀真枪完成生产任务,师生们都受到了严格的科学研究训练,真正锻炼和培养了人才。同时,其科研成果直接为生产部门所应用,迅速转化为生产力,社会效益显著。

1985年,中共中央作出《关于教育体制改革的决定》,改革的目的是使各级各类教育能主动适应经济和社会发展的需要,多出人才,出好人才。围绕该决定和学校实际,赵鹏大认真组织广大教职工进行学习、讨论、研究对策,并在教学领域进行了积极的探索。以拓宽专业面、增强适应性为原则,以培养基础扎实、知识面广、实践能力强、有开拓精神的人才为目标,全面修订了全校各专业教学计划。在各本科专业总学时数从2780学时压缩到2500学时的情况下,仍做到基础课学时数略有增加,有意识地提高其所占比重,并增加选修课学时数,相应地削减专业课比重,力求拓宽学生的知识面。新的教学计划在加强学生基础知识学习的同时,继续保持了学校重视野外实践和毕业设计环节的好传统。

根据《中共中央关于改革学校思想品德和政治理论课教学的通知》和国家教育委员会的统一部署,学校对马克思主义政治理论课的设置、教学内容和教学方法进行了改革,并从1986年9月开始,先后将全日制本科生中设置的"中国共产党党史""政治经济学""哲学"课程分别改成"中国革命史""中国社会主义建设""马克思主义原理"课程。

为适应人才市场的不断变化和增强毕业生的社会适应性,1987年开始,学校按照"分类培养、淡化专业、按需定向"的思路,重新修订了教学计划并改革了招生办法。在新的教学计划中,基本做到所有地质类本科专业(地质、矿产、石油、地化系所有专业)前两年半全部打通基础课,其他专业做到基础课院系内统一。从1988级起,所有本科专业,实行按系招生,到第六学期根据社会需要分流培养,强调同类专业的通用性。

为培养新型地质人才,赵鹏大把因材施教作为教育工作的一个重要原则(赵鹏大等,1993,第113页)。因材施教是指教师从学生的实际情况出发,有的放矢地进行教育活动。因材施教应该体现在每个学生身上,使广大学生都能得到应有的发展和提高。早出人才、多出人才、出好人才是因材施教的根本目标。由于环境、教育、学生本身的实践以及先天遗传的不同,高等地质院校学生在学习类型、学习能力以及对待专业学习的态度、兴趣、爱好和需要方面都存在着差别。为打破"人才培养一刀切"的格局,在确保基本规格、重视大面积提高教育质量的前提下,学校在选拔优秀人才并施以特殊的培养方法,促使拔尖人才脱颖而出等方面,进行了有益的探索。

1985年和1987年,武汉地质学院及中国地质大学(武汉)先后从1985级和1987级学生中,各选拔了30名德、智、体兼优的学生,组成了两个"地球科学实验班",培养国家急需的基础扎实、知识面广、适应性强的地质拔尖人才。该班为五年制的"双学士学位"试点班,即学生通过五年的学习,除获得地质学的学士学位外,还将获得如物探、水文、石油、计算机、经济管理等专业的工学或管理学学士学位。创办"地球科学实验班"是20世纪80年代中期教学改革实践中具有远见的重要尝试。

创办"地球科学实验班"之后,1989年中国地质大学(北京)又试招了"地质-地球物理复合型专业本科班",探索改变"学校专业划分过细,专业面过窄,学生适应能力差"的新途径,为培养适应21世纪人才需求新模式积累经验。

第二节 研究与管理并重的教学管理

在教学工作中,改革、建设、管理是相辅相成的。正确处理好三者之间的关系,积极稳妥地推进改革,扎扎实实地搞好教学基本建设,严格、科学、规范地加强管理,才能确保教育教学质量的不断提高。

1981年6月,学校成立了高等教育研究室,聘请一批热心教学研究与改革、教学经验丰富的教师为兼职研究人员,定期或不定期地开展活动。1984年3月,又恢复了教学研究科,负责教学情况调查、教育研究和校内教改试点,编辑和出版了《教改简报》《教改信息》,交流校内外教学改革经验、动态、信息,并开展教学质量评估。

1984年3月,武汉地质学院临时党委召开扩大会议,研究如何将学校工作重心转移到教学、科研上来;提出要加强学风建设,培养学生的进取、严格、谦逊、求实精神;要求各教研室定任务、定重点学科方向、定教学科研编制、定教学质量标准、定师资培养规划工作,每周必须开展一次形成制度的教学研究活动;要从建立健全各项规章制度入手,改变课程设置不合理状况;改进注入式教学方式,加强对学生的管理等。

1985年5月,《中共中央关于教育体制改革的决定》颁布后,赵鹏大提出教育改革总目标:一切改革的最终目标要有利于培养又红又专、德、智、体全面发展的人才。要实现从单科性的工科学院向理工结合、兼具文科和管理学科的综合性大学的过渡;从以培养大学本科生为主向以本科生、研究生并重,兼顾夜大、函授等多个教育层次的转变;在教育思想上,必须实现由向学生灌输知识为主到以培养学生智能为主的转变;在培养方向和教学计划上,必须实现从专业划分过细和以专业知识教学为主到拓宽专业和加强基础的转变；要重点抓好启发式教学，坚决改变"满堂灌"式的教学，因材施教、加强"三基"、加强教学管理和教学研究。同时，围绕这一教育改革目标，逐步建立了一套行之有效的教学管理机制。

1987年，学校在继续抓好已有措施并贯彻实施的基础上，在教学管理规范化方面进行研究与实践。例如，开展教育评估实践，以水文地质与工程地质专业为评估试点，总结系级教学管理考评办法，加强系级教学管理；通过物理课程评估，完善一类课程建设及验收办法；开展创建一类课程活动，把影响面最大的基础课列为学校课程建设的重点，在财力有限的情况下，仍拿出资金改善英语、数学等基础课程的办学条件。地质、探工、地化系相继开展了自主创新一类课程活动，在充实教学一线力量、完善各教学环节、健全文档等方面做出了不懈的努力，为学校的一类课程建设及验收积累了经验。

在武汉地质学院建院35周年之际，赵鹏大指出，学校应以教学为主，教师的主要职责是搞好教学，进行教育思想、教学内容、教学方法、教学管理、教学过程和教学效果等问题的研究，这是学校和教师的基本任务（赵鹏大，2002，第52页）。一所学校如果不讲究或者根本忽视教育科学的研究，那么很难相信这所学校会有高质量的教学，也不可能培养出大批符合要求的高质量人才。据此，赵鹏大主要提出了以下四个方面的措施，以确保教学研究得到加强。

1. 思想上重视

最重要的是领导思想上的重视。学校领导要从各方面积极倡导和支持教育问题与教学问题研究，全校教职工也应该形成经常性的教学研究热，把开展研究看成是本职工作的一部分，也是搞好本职工作的前提。

2. 政策上支持

教学研究成果和科技研究成果同等对待。在评职称、评科技成果奖等方面，教学研究成果与科技研究成果应具有同等效力，不应厚此薄彼；在科研报告会和成果出版的内容安排上，要把教学研究成果考虑在内；在高等学校质量评估、重点专业评估、重点学科评估以及课程质量评估等方面，都要把教育研究成果状况作为必要的指标或条件，对各级领导干部的考核应把是否有较高水平的教育研究成果作为重要的内容和依据。

3. 安排上落实

教学问题研究不能完全自发地进行，应该确定一些重要课题，作为研究任务正式下达并精心组织力量以完成。某些项目所必需的调研费、资料费及上机费等应给予资助，成果也要组织评审和鉴定，并上报有关主管部门。学校每年要对各系、处、部等开展教学研究的状况进行检查和考核，每年至少出版一本优秀教学研究论文集，至少召开一次全院性教学研究成果或教改论文报告会。所有这些活动都应在时间上、人力上和经费上给予保证。

4. 组织上保证

学校成立高等教育研究室，它的任务一方面是承担某些涉及全院性的或中长期的、基础性的研究课题；另一方面要规划和指导全院各部门和各单位的教学问题研究，提供和沟通有关教学问题研究信息。各系应成立以主管教学系主任为首的教学研究领导小组，负责组织和指导全系研究工作的进行。学校教务处应与高等教育研究室密切配合，并主要负责组织和指导关于提高现行教学质量及有关教学管理方面问题的研究，同时负责研究成果的推广和在教学实践中付诸实施等问题。

人才主要通过教学工作来培养，为了使各级各类教育能主动适应经济和社会的需要，能够多出人才，快出人才，出好人才，要始终把教学工作作为高等学校教育的中心工作。赵鹏大作为一名地质学家，深知地质学是实践性很强的科学，因此他极力强调实践教学观，并充分利用国家投入资源建设或改造实验室，给予学生更多实践教育，也逐步形成了"强调实践，注重能力培养"的办学特色和优良传统。

同时，为坚持"两个中心，一个为主"的方针，赵鹏大反复强调任何以牺牲教学工作为代价去换取其他方面的成果都是不可取的，要使学校的一切工作都为教学工作服务，为育人服务。因此，学校要加强对教学工作的领导，成立教学评估与教学过程检查组，负责教学的监督、检查、评估，有效保证教学秩序，并制定各种措施保证教学一线的师资配备，即使在办学经费日益困难的情况下，仍然保证教学研究等经费的支出与补贴，防止教学工作质量出现滑坡。

第十章　人才观：科学精神与创新能力培育观

> 一是爱国心和责任感强；二是基础理论强；三是创新意识和创新能力强；四是计算机和外语能力强；五是管理能力强。
>
> ——"五强"人才模式

第一节　献身科学的学风建设

赵鹏大担任校长22年以来，他认识到，21世纪是知识经济的时代，科技创新和科技应用已成为新的竞争领域，高校应在这一时代趋势中努力谋求创造力、贡献力、影响力和竞争力，其中核心是创造力。为此，高校应在培养大学生理论创新、科技创新和应用创新方面发挥应有的积极作用。

创新是创造力的来源。赵鹏大指出，面对新形势、新要求、新发展，学校应努力形成自己的人才优势，培养献身科学、具有创新能力、适应社会发展需要的大学生。

在地质院校，知识竞争和人才竞争更为激烈。20世纪80年代，学校办学经费严重不足，下海经商风气日甚。面对这一形势，赵鹏大强调，高校培养的大学生，更应该具有崇高的献身科学的精神和良好的科学素养，有更高的思想境界，到祖国最需要的地方去。"地质队员"之歌成为地质院校学生献身科学的最好诠释。在赵鹏大看来,地质学校培养的学生一定要有自己独特的风格、独特的吸引力,这就是产品的品牌,是人才竞争的资本(中国高等教育协会,2017,第540页)。

为培养思想素质好、甘愿为地质科学献身的大学生,赵鹏大提出要加强高校的学风建设,提倡人人上进、努力向学、勤奋钻研、献身科研的良好学风。1987年,为了适应新时期对培养具有爱国心和责任感的大学生创新人才的需求,赵鹏大在学校原有基础上进行了一系列举措,要求人才培养必须注重培养艰苦奋斗、吃苦耐劳的精神,注重培养为人民服务、刻苦钻研、求实创新的精神,逐步在全校形成老带新、传帮带的教学科研团队,引导学生甘于坐"冷板凳"、努力学习、勇攀科学高峰(中国高等教育协会,2017,第546页)。

1995年,赵鹏大提出了"五强"人才目标,其中列为首位和最重要的目标,为学校培养的毕业生应具有"爱国心与责任感",即崇高的思想情操、对科学强烈的求知欲和责任感。他表示,学校的建设与发展在探索、追求、弘扬和应用科学知识等方面,应该发挥其应有的重要作用。其中关键的环节,就是培养本科生,特别是地质院校地质专业本科生的科学素养和科学精神,这是决定我国高等地质院校教育质量的重要环节。献身科学、献身祖国、到国家最需要的地方去,地质本科教育应走在前列。

为培养大批有开拓精神、觉悟高、基础厚、能力强、学风好、能艰苦奋斗并掌握现代科学技术的新型地质人才,从1984年开始,学校深入进行了教学改革,开展了"为培养开拓型地质人才,从大学一年级抓起"的综合改革工作。强调对学生进行"热爱地质科学,献身地质事业"的教育(中国高等教育协会,2017,第517页)。

第二节　注重能力培养的教学建设

"文革"时期,受迁校等因素的影响,学校的三大建设(学科专业、教材、课程)都受到了不同程度的损失。为了创造一个稳定、良好、有序的教学环境,保证教学质量的不断提高,学校根据教学工作的基本规律和长期积累的宝贵经验,坚持不懈地在本科教学中夯实基础,全面加强教学基本建设,力求逐步平稳地提高教学质量。

首先是学科专业的建设。专业的出现以一定的社会分工为前提,以一定的学科为基础。专业与社会经济结构中的产业结构、技术结构和职业结构有着密切的联系,并随其变化而变化。同时,专业又与自然科学、社会科学的不断分化与综合密切相关,并受其影响。在学科专业的建设上,赵鹏大认为,高等地质教育专业设置必须遵循三个原则:一是专业设置必须适应我国社会主义现代化建设和改革开放的需要;二是专业设置必须适应科学技术进步的需要;三是必须追求专业设置的效益。实施高等地质教育专业结构调整必须坚持少而精地培养地矿人才的原则,坚持宽基础、多方向的原则(赵鹏大等,1993,第114页)。

高等地质教育专业调整改革主要是传统专业的改造和新专业的设置两个方面。从传统专业改造的视角出发来看,当前高等地质教育相当一部分传统专业过于狭窄,不同程度地脱离了经济和社会发展的需要,因此改造传统专业是高等地质教育改革十分迫切的一项内容。赵鹏大提出传统专业改造应遵循三方面:一是拓宽专业口径,增强学生适应性;二是不断更新专业知识内容;三是根据学校办学能力和社会对人才的需求情况,建立多层次、多规格的人才培养模式(赵鹏大等,1993,第117页)。从新专业设置的角度来看,设置新专业是有计划地加快培养专门人才的一项重要措施,是专业调整改革的重要内容。新建专业必须遵循专业设置原则,统筹规划,合理布局。不仅要把新建立专业放到经济和社会发展全局中考虑,而且还要根据教育发展整体规划和人才培养、成长的客观规律来考虑,做到有计划、按比例地安排高等地质院校的专业建设。

其次是教材的建设。教材是高等学校从事教学活动的基本工具和重要手段,对提高教育质量和保证人才培养规格具有十分重要的作用。重视教材工作,是学校一贯的战略思想。学校历来重视教材建设,在大力提高教材配备率和课前到书率的基础上,努力抓教材的适用率、优质率,不断提高教材质量。

1974年学校从北京迁入武汉后,几乎没有一本像样的教材,给教学带来了极大的困难。1979年秋,学校恢复了教材科,对全校教材进行了全面规划。成立了由主管教学院长负责的校教材委员会,健全了管理机构,通过狠抓组织落实、政策落实、管理措施落实、条件落实,取得了初步成效。至1988年,学校教师主编的教材、教学参考书、实习(实验)讲义、习题集、翻译教材等达1064种,17亿字,使用教材自编率为53%,公开出版率为25%。这不仅解决了教材的问题,而且使重点学科和专业课的教材做到了配套。从教材质量来看,内容符合教学要求,反映了我国高等地质教育的教育水平和教学经验,优化率达60%。这些教材不但满足了本校的需要,而且大量供应兄弟院校,在地质行业具有较大的覆盖面,有的教材被30多所院校采用。教材供应、配备率和课前到书率均达到了95%以上,教材建设成绩显著。

党的十一届三中全会后,我国地质事业呈现一派繁荣景象,地质教育及科学研究得到进一步重视,一批批科研成果亟待交流出版,大量教材、教学参考书、工具书亟待问世。为适应科学和教育发展的新形势,根据学校的学科优势、雄厚的技术力量、物质基础,适时地成立了出版社,复刊《地球科学》学报,创办《地质科技情报》《地质科技论评》《构造地质文集》等学术刊物,为广泛开展国内外学术交流、展示成果和扩大学校影响创造了良好的条件。

最后是课程的建设。课程设置是指为实现高等地质教育目标而规定的教学科目及其目的、范围、分量和进程的总和。高等地质教育专业门类多样,各种专业人才的培养目标不尽相同,因此课程设置有其独特的规律性。根据高等地质教育客观规律和实践经验,赵鹏大提出,课程设置必须坚持以下三项基本原则:一是注重学生全面发展,二是服务于专业培养方向,三是要保证课程的连贯性和相互联系(赵鹏大等,1993,第121页)。

地质学是实践性很强的科学。自建院以来,赵鹏大就秉承学校重视实践教学的思想,形成了"强调实践,注重能力培养"的办学特色和优良传统。在学校恢复重建过程中,充分利用国家对学校的基建投资及地矿部的设备购置补助费,建成或改造了一批以本科教育为主的教学实验室或教学、科研兼用的实验室,实验开出率逐年提高。据1986年底的统计,基础课实验开出率为91％,专业课实验开出率达85.8％,本科生上机时数逐年提高。学校相继建成计算中心、电教中心、测试中心,优化了育人环境,为教学和科研创造了良好的条件。除周口店实习站外,1984年和1986年,学校又相继建设了北戴河和崇阳两个实习站,为提高学生的实践能力和加强工程技术训练奠定了重要的物质基础。

第三节　打造创新人才的具体举措

1996年1月,赵鹏大在学校第四届教职工第十三次工会会员代表大会上,作了《为实现中国地质大学跨世纪的宏伟目标而奋斗》的报告。他提出的"五强"人才模式——爱国心和责任感强、计算机和外语能力强、创新意识和创造力强、基础理论强和管理能力强,探索了一条新的育人途径,为学校创建一流大学、培养适应社会发展需要的创新人才提出了基本要求。为此,学校组织力量,设计、规划和实施了一套新的地质创新人才综合能力和素质培养方案,在创新能力培育辅助性计划,学生社会适应能力和文化素质培养辅助计划,大学生研究计划和创新人才培养、个性化培养、特殊技能的培养等多方面进行了全方位的探索和实践,并出台了一系列切实可行并行之有效的具体举措。

一、成立地球科学实验班,探索地质前沿研究创新人才的培养途径

1985年,"地球科学实验班"由赵鹏大倡导正式成立。30名品学兼优、热爱地质事业的优秀生从大学一年级的新生中选拔出来。

"地球科学实验班"的培养创新模式由以下几项措施组成。①把该班作为"双学士学位"试点班,学制五年,要求学生在修完第一学位(理学学士)后,在全校工科类专业中选修第二学位,旨在培养复合型人才或通才。②制

订独立的教育计划,对学生进行特殊培养、加强"四大基础"(自然科学基础、地质基础、外语基础、计算机基础)和高科技知识内容的学习和训练,注重学科前沿问题的学习和研讨。实行"双导师制",配备教学经验丰富、教学效果好的教师任教,尽可能实行单班排课,以利于教师采取特殊的教学方法,因材施教。③在经费、图书检索借阅、计算机实习及其他实验等方面给予方便,为学生的学习提供必需的条件。同时,在管理方面,还实行特殊办法。如实行系主任领导下的班主任负责制、学生自由听课制度、"优存劣汰"制度,并在班上实行奖学金、优异生奖、特殊奖等奖励制度,进一步鼓励"冒尖",创造竞争环境,培养竞争意识等(中国高等教育协会,2017,第546-547)。

自此,学校在应用化学、经济管理等专业开展了学分制、主副修制、主修专业选修课任选等创新培育方法的试点,为拓展学生专业面,培养多学科复合人才积累了丰富经验。"地球科学实验班"是成功的,根据对1985级地球科学实验学生进行中期考核的情况来看,该班达到优良水平的人数超过60%,远远超过全校1985级平均优良率14%的水平。历届"地球科学实验班"毕业生,很多在国内外继续深造,或攻读博士学位、做博士后,已参加工作者大部分都在工作岗位上担负着地球科学前沿问题研究或高新技术开发的重任(中国高等教育协会,2017,第547页)。

二、培养个性化创新人才

1984年,学校为培养高素质人才采取了一系列改革措施,建立了"产学研"基地、大学生科技创新基地,开办国家理科地质学基础科学研究和教学人才培养基地班等。

"产学研"模式是一种新型的创新开放的办学体系。在培养学生实践能力方面,学校先后与云南矿业集团、紫金矿业集团、湖北大冶铁矿、胜利油田、江汉油田和南阳油田等单位合作,分别建立了"产学研"基地,在拓展人才培养新领域、实现人才培养模式多样化等方面进行探索。同时,学校还在一些"产学研"基地建立"矿产勘查-评价-采选"一体化实习点,克服找矿勘探与采选脱节的弊端,便于学生熟悉勘探采选的全过程(中国高等教育协会,2017,第548页)。以云南三江地区"产学研"基地为例,具体做法为:①结合该地区地质情况培养适应需要的高层次地质人才,在开展科研、生产活动中,进行博士、硕士研究生培养;②进行多层次科研合作,与云南省地质矿产局联合组建云南三江地质矿产研究所,申请重大科研项目"三江南段及其东侧地壳演化和大型超大型矿床的预测研究",联合开展基础地质研究;③联合开展矿产勘查,圈划出国家急需的铜、金、银等贵金属成矿远景区,优化云南省地质勘查布局,通过综合研究、应用最佳配置的综合找矿方法,提高找矿效益;④联合实施云南地质矿产局"人才工程"计划,为该局培养在职研究生;⑤联合成立科技开发公司,进行高新技术开发。

赵鹏大指出,将地学大国建成地学强国的关键在人才,地质教育肩负着艰巨而光荣的使命。大学不仅是传授知识的地方,还要创造知识;要指导生产实践,服务于生产实践;要站在国际前沿、学科前沿、生产前沿、社会前沿(中国高等教育协会,2017,第522页)。

大学生科技创新基地的设立,是创新人才培养的又一重大举措。依托国家级重点学科和新学科建设,建立开放先进的管理体制,承担教学实验、对外开放、课余科技活动等综合实验功能。学校先后设立了"大学生科技创新基地"和科研基金以及专门的机构"大学生科技创新基地规划与考评办公室"负责管理,使基地建设规范化、制度化。同时,在基地中配备一流的导师,为学生的成才提供条件(中国高等教育协会,2017,第548页)。

1995年,学校成立"国家理科地质学基础科学研究和教学人才培养基地班",共有32名新生,被称为地质学专业"黄埔一期"。赵鹏大指出,基地班的培养要在政治思想素质、外语水平、计算机应用、数理化基础、地学基础及野外工作能力五个方面达到全国地质类本科生的第一,为培养跨世纪的优秀地学人才奠定了良好基础(中国高等教育协会,2017,第548页)。

同时,赵鹏大指出,学校要因材施教,培养交叉型、工程师型和专科型人才。交叉型人才来自各专业优秀的毕业生,如物理勘探专业毕业生再选修一年地质课程,使其成为懂地质的物理勘探人才;地质学专业毕业生再选修一年物理勘探课程,使其成为懂物理勘探的地质人才;各专业毕业生再修一年计算机,或一年外语、一年管理……学生在获得规定的学分后可以提前毕业,对获得两个专业学分的学生可以授予双学士学位(中国高等教育协会,2017,第548页)。交叉型人才培养符合社会对人才素质的要求和未来人才市场的需要,具有较强的竞争力。工程师型人才面向大部分学生,通过加强严格的工程师训练,使这类毕业生具有较强的解决生产实际问题的能力,从而更好地为社会主义经济建设服务。专科型人才旨在用较短时间培养一部分专科人才,以满足多层次办学为经济建设服务的需要。1984年,武汉地质科技管理干部学院成立,其主要任务就是举办两、三年制的专修科,培养地质部门紧缺的专门人才。1984年,武汉地质学院举办短训班11个,培训人员508人;委托代培两年以上大专学生和四年本科学生共155人,共培训人员663人。从1985年到1989年3月,学校先后为冶金部、水电部、能源部及大型厂矿委托代培研究生100多名,本科生、专科生1000多名(中国高等教育协会,2017,第549页)。

三、培养现代型、开放型、国际型人才

1988年,在副教授及处级以上干部会议上,赵鹏大提出中国地质大学的发展战略,提出要把学校办成现代型、开放型和国际型的地质类综合大学。他强调要想成为一流大学,不达到上述"三型"是不可能的。"现代型"要求学校首先具有现代化的思想观念,特别是先进的教育思想。学术上坚定不移地贯彻"双百"方针,不断地产生新的学术思想,站在科技发展的最前沿;学校的仪器设备、教学过程和学校管理都要达到现代化的水平。"开放型"要求学校开展联合办学,广泛组织教学、科研、生产联合体及学校地方联合体;建立开放实验室,聘任国内外专家为学校兼职教授,聘请国内外知名学者、专家或教育工作者为学校顾问委员会成员等。总之,要通过开放更好地引进人才、智力、资金和信息为学校发展服务。同时打开学校大门,使更多

有志青年获得接受高等地质教育或继续教育的机会。"国际型"要求学校广泛地接受外国留学生、进修生。积极开展国际教学和科研合作,与国外有关单位共同举办国际培训班、短训班。要在学校召开国际学术讨论会,要与更多的国外大学建立固定的学术合作联系,派遣更多的教师去国外进修、考察或参加国际学术会议(中国高等教育协会,2017,第536-537页)。

在人才培养方面,赵鹏大强调,要根据市场经济发展,培养既懂地质又精通俄语的人才。为此,他适时提出中国地质大学与莫斯科大学联合开办地质班,采取"2+3"模式培养。首批37名学生,毕业后除了少数攻读博士学位外,多在中国石油天然气集团有限公司(简称中石油)、中国石油化工集团有限公司(简称中石化)就业,有的就直接留在莫斯科中资企业工作,为中石油、中石化在国外的发展解决了俄语人才短缺的燃眉之急,受到中石油、中石化领导的高度赞扬,他们说:"赵老师有远见,为国家办了件大好事。"

为了提升学生的外语水平和计算机应用能力,促进教学质量的整体提高,1984年5月,武汉地质学院出台了《关于外语教学改革、提高外语教学质量的决定》,规定对1984年入学新生按外语掌握程度分班,开设外语提高班,培养外语学习的突出人才;在大学生中设立"四化"英语竞赛奖、数学竞赛奖、探索奖;选拔优秀大学生免试进入研究生学习阶段。从跟踪调查情况来看,大多数是合格的,其中多数学生比较优秀。如探工系坑探专业,自1976年创建至1992年,培养的311名毕业生中,有近20人获省部级以上奖励和表彰,7人被破格晋升为高级技术职务,10多人担任处级以上领导职务(中国高等教育协会,2017,第547-548页)。

第十一章 师资观:创建一流大学的师资建设理念

师资建设是高校实力竞争的重点。师资队伍建设是决定学校教学质量高低和学术水平高低的最关键因素,关系到学校的生存与发展。强大的师资阵容,为学校师资队伍的逐步发展壮大奠定了坚实的基础。这些都离不开赵鹏大22年来作为一名优秀校长的努力和超前的师资建设理念。

第一节 调整发展:定编定岗,落实政策

"八五"期间是师资队伍建设的调整发展时期。在迁校以后十几年的办学实践中,学校十分重视师资队伍建设工作。一批中青年教师在老一辈地质学家的培养和扶持下,脱颖而出,使学校基本形成了一支结构合理、政治思想好、学术水平高的师资队伍。

学校通过定编定岗,创造必要的工作和生活条件,落实各项知识分子政策,稳定了一大批中老年教学骨干。特别是实行职务聘任制,极大地调动了

广大教师的积极性,稳步地提高了中老年教师在教学第一线的比例。经过1980年及以后几次职称和技术职务评审,学校教师队伍中的正、副教授分别从迁校到汉时的17人和24人,增加到89人和265人,其中博士生导师21人。

学校根据师资队伍的实际状况,10年来有计划地补充了300多名青年教师。专任教师中具有硕士学位的已成主体。对基础课、公共课师资以及部分专业课师资,通过助教进修班、研究生班、校外进修培训、在职攻读学位等多种途径,提高年轻教师的素质,使教师队伍后继有人。一大批年轻教师在培养和实践中迅速成长,有的已经或即将成为学校的教学骨干和学术带头人。

中国地质大学成立前后,为了解决教师队伍老龄化好和人才出现断层的问题,赵鹏大力主学校狠抓新生力量的培养和学科带头人的选拔及学术梯队的建设。1987—1996年,学校从中青年教师中破格提拔了一批副教授和教授;资助在职教师攻读硕士、博士学位,选派教师出国进修、攻读学位;根据需要,选留、引进研究生补充教师队伍;根据德才兼备的原则,制定了从35岁以下的青年教师中物色一批可能培养为未来学科专业带头人或骨干对象的选拔计划及实施办法。具体措施有:一是破格评审教师高级职务。1987年,中国地质大学有专任教师1551名,其中教授124名,副教授380名,讲师507名;1992年上半年,有专任教师1544人,其中教授176人,副教授442人,讲师近700人。教授、副教授、讲师之比为1.1∶2.9∶4.2。具有研究生学历的专任教师459人,占教师总数的30%。二是加速培养中青年学科带头人。三是积极创造条件,根据学科建设和专业调整的需要引进高层次人才。四是全面提高中青年教师队伍的整体素质。

由于采取了以上措施,学校师资队伍状况发生了显著变化。教师队伍数量和规模渐趋适中;教师队伍的职称结构、年龄结构、学历结构渐趋合理;教师队伍专业结构逐步调整;教师队伍知识能力结构逐步变化;教师队伍整体结构逐步调整。至此,逐步形成了以中科院院士为代表的具有国际学术水平和影响的老教师领衔,以国家级专家、博士生导师为主干的处于国内外学术交流前沿的学术带头人,基础雄厚、热爱事业、有发展潜力和创新能力的中青年教师相结合的教师队伍。

赵鹏大从大学整体建设考虑,落实"老有所归"政策,妥善解决迁校造成的历史遗留问题,完善大学总校的组织制度建设,为学校的整体协调发展创造条件,为进一步发展奠定基础。

落实"老有所归"政策。为解决原北京地质学院"文革"前参加工作的双职工迁校后出现的一些后顾之忧,地矿部批准了学校实施"老有所归"的政策。教职工在退(离)休之后均可回北京安度晚年。学校逐步落实了他们的户口和在京的住房问题。在地矿部、北京市有关单位的协助下,学校先后解决了145户在京住房和500余人更换户籍卡的工作。1987年北京校区共建职工宿舍29 225平方米,先后建成了3座高层住宅楼和2座高知楼(其中包括了在汉"老有所归"人员的住房),改变了自1966年以后长期不搞基建的局面,一定程度上缓解了职工的住房问题。

协助北京校区"腾房归位"。由于迁校,外单位占用北京校区的现象极为严重。在地矿部的关心和支持下,采取了多种措施,逐步进行了"腾房归位"工作,划清教学办公区、学生活动区、眷属区三大块,为中国地质大学(北京)尽快恢复办学创造了条件。

解决北京、武汉两地分居问题。采取内部调动等办法,解决了部分同志夫妻长期两地分居问题。根据有关政策的规定,解决了部分北京知青回京安排工作问题,为老职工解决了后顾之忧。

1990年2月,赵鹏大在中国地质大学(武汉)二级干部大会的讲话中提到,这些年来,分配或留校了一大批青年师资,虽曾采取一些措施进行业务培训及教育培训,但总的来说,缺乏整体的师资培养规划,各专业学科学术带头人、学术骨干的培养及学术梯队建设带有很大的自发性和盲目性。各专业基础课和骨干课程的讲授还不能保证都有教学效果好的教师担任。对思想政治工作薄弱的年轻教师,缺乏实际锻炼和教师职业道德的要求与培训(赵鹏大,2002,第99页)。

据此,赵鹏大根据学校实际状况,突出重点,从推动学校建设与发展的角度出发,强调要进一步搞好师资培养和教职工队伍的建设工作。制定出教师培养规划、制度,教职工、干部考核制度和办法,以及出国进修、学习的规章制度和办法。安排好第一批下基层锻炼的教师,做好新教师上岗前的基本要求培训。在公开选拔的基础上,争取评聘10名左右中青年副教授、教授,进一步完善梯队建设;争取评聘10名左右技师,以巩固和提高技术工人队伍。

第二节 优化结构:鼓励创新,培养帅才

"九五"期间是学校师资队伍建设的结构优化时期。随着改革开放的不断深入,特别是科学技术的迅猛发展和社会主义建设事业的蓬勃发展,学校师资队伍建设和改革依然面临严峻挑战。学校由单科性地质学院向以地学为主,理、工、文、管相结合的多科性大学转变,教师队伍学科结构布局及知识结构、层次结构调整仍然是学校建设的重点之一。

由于"211工程"建设的启动,特别是重点学科建设项目的需要,培养结构合理的学术梯队是保证学校"211工程"建设培养拔尖人才、出标志性成果的关键问题。新建学科起点低、规模大、任务重,但师资力量弱、学历层次低,培养高层次人才、引进高水平人才的任务繁重而艰巨,是学校师资队伍建设的难点,也是重点之一。由于地矿行业的暂时困难,学校条件有限,年轻教师队伍不稳,吸引优秀人才困难,特别是自然基础学科和公共基础学科优秀人才补充更加困难。世纪之交是新老交替的关键时期,根据当时国外有关资料预计,1990—2010年可能是院校名次变化的另一时期,因为在这段时间里,至少有四分之三的教师将被替换。20世纪70年代前毕业的教师骨干力量在"九五"期间几乎全部退出教师岗位,解决人才断层问题、迅速培养年轻学术带头人乃是学校师资队伍建设的重中之重。因此,在赵鹏大的带领下,"九五"期间学校师资队伍建设思路、重点和具体措施体现在以下几个方面。

在建设思路方面。学校面对在校师资队伍的新老交替,出台了一系列措施和举措,努力培养跨世纪的优秀学科带头人。第一,注重培养具有大地

质科学思维、基础扎实、实际工作能力强、富有创新精神的跨世纪地学帅才。第二,发现、培养和鼓励能追踪世界地质科学发展前沿,敢于竞争、思维敏捷、学术思想活跃的优秀拔尖人才。第三,注意培养和形成一批适应市场需要,将科技成果尽快转化为生产力,具有科技创新的能力,解决国民经济建设重大问题的实用性创新技术人才。第四,努力使师资队伍建设与学科建设和专业结构的调整相协调,与学校发展规模相协调。

在建设重点方面。随着学校"211工程"建设的实施,学校师资队伍在"九五"期间有计划地完成了新老交替,使队伍的专业结构、年龄结构和层次结构趋向合理。地质类教师比例有计划地减少,非地质类及新建专业类教师比例有计划地增加,学历层次提高,平均年龄下降,以适应和保证专业结构调整的需要。地质、资源、环境类学科师资力量达到国内理工科大学的先进水平,非地质类及新建学科的师资力量初步达到国内重点大学的水平。师资队伍建设的重点任务体现在以下四个方面。第一,确保重点学科专业学术梯队的建设。从重点建设学科中选拔思想政治好、学历层次高、学术思想新的中青年教师加以重点培养。第二,重点加强青年教师队伍的建设。在40岁以下的青年教师中选准培养对象,创造条件,给予能发挥其创造才能的任务,让其能尽快出有理论价值或经济效益的突出成果,使之脱颖而出。第三,加强非地质类与新建学科专业教师队伍建设。为适应市场经济发展和产业结构调整的需要,注意保证新兴学科及新增专业的师资力量,尽早为新兴学科专业的学术带头人的挑选和培养创造条件。第四,加强自然基础学科课,尤其是数、理、化、外语、计算机等课程的教师队伍建设。采取措施,吸引优秀人才来校任教,并稳定基础课教学教师队伍,提高其学历层次及教学水平。

在具体措施方面。首先,充分发挥学校国内外知名、德高望重的中科院院士及老一辈科学家的影响和导向作用,使他们创造和倡导的学术理论、思维方法、学术作风等优良传统发扬光大,代代相传,促进一代又一代的优秀地学专家、教授健康成长。其次,设立跨世纪中青年学科带头人建设项目基金,该项目基金于1995年开始设立并执行。再次,"211工程"启动了资助优秀中青年教师出国培训项目。最后,启动了教师队伍整体素质提高项目。

经过近五年的努力,教师队伍建设成绩显著,素质结构有较大改善,涌现出一批优秀的学科带头人和中青年拔尖人才,从而为培育具有科学精神和科技创新能力的新一代德智体美劳全面发展的大学生,创建高水平大学打下了良好的基础。

第三节 提升水平:精良、高效、一流

高水平大学都十分注重师资队伍的建设,致力于提升师资队伍水平。学校始终把它作为头等大事来抓,在落实知识分子政策和提高师资水平方面做了大量的工作,也取得了一定成绩,师资队伍的学历、职称、年龄结构均明显改善。

学校打破常规,为优秀人才脱颖而出提供机遇。学校努力创造条件,使老教师尤其是学科带头人能安心于教学、科研工作,并充分发挥他们在学校学科建设中的独特作用,为青年一代树立榜样。同时,学校也狠抓青年教师的基本素质,努力提高青年教师的业务素质和学历水平,形成严格的制度,要求青年教师下基层锻炼一年,通过当助教、下实验室、带实习等环节训练,经过上讲台主讲前严格的试讲关,从整体上保证青年教师的基本素质。

建设一支精良、高效的教学管理队伍,是提高教学质量和管理水平的重要保证。学校为稳定这支队伍,提高他们的理论水平和业务素质,大力支持他们开展工作。经过多年酝酿,从1988年起,正式建立了教育管理研究职称系列,使这些同志也能像教师一样,拥有自己的专业技术职务,有机会享受到相应的各种待遇,从而解决了他们的后顾之忧,使他们安心工作。此外,学校鼓励好学上进的精神,积极为他们的学习、提高创造条件。学校还制定规章制度,从制度上明确规定了教学管理干部,尤其是教学秘书的任职条件、职责和待遇。

1992年,赵鹏大在《弘扬传统,坚持改革,为建设有中国特色的现代型、开放型、国际型的综合性地质大学而奋斗》的报告中明确指出,高水平的一

流大学必须要有一支高水平的师资队伍,阵容强大的师资队伍是高等学校的基础实力和王牌,是最大的财富(赵鹏大,1992,第147页)。

师资队伍的水平直接影响着学校的学术地位、培养人才的质量和对国民经济建设参与程度的贡献大小等。学校要通过深化改革,给教师提供最佳的成才环境和条件,让拔尖人才脱颖而出。

赵鹏大还强调,师资队伍建设必须贯彻竞争的原则,只有竞争,才能激发全局活力;只有竞争,才可能出人才、出成果(赵鹏大,2002,第147页)。这里所说的竞争,不仅是人们在社会生活中的一种行为方式,而且还是一种价值观念和文化原则,属于意识形态范畴。如果承认竞争,积极地利用竞争机制,以此作为一种观念指导人们的行为,那么就构成了竞争原则,它不同于竞争行为,是一种文化原则。赵鹏大提出要进行的竞争,是社会主义的竞争,是内部劳动的竞争,既竞争,又合作,竞争的目的是为社会主义现代化建设贡献才智和力量。因此,学校要增强竞争意识,自觉地运用竞争原则,以此激发高等学校全局的活力。

高等学校是知识密集型机构,在科研、教学人员以及其他各类技术人员身上,蕴藏着巨大的潜力。竞争能够调动他们工作的积极性,激发他们生命不息、拼搏不止的创造精神,增强科技产业活力,也有利于培养奋发有为的新一代年轻科技工作者。如果说,发展高科技是我国增强国力、提高国际地位的杠杆,那么开展竞争就是高等学校激发活力、使潜在能量转化为现实力量的杠杆。

在高等学校,对职称晋升采取内部公开竞争,对优秀管理人才破格提拔,对先进人物、先进集体实行精神上、物质上的奖励,高等学校科技开发打破纵向条块分割、实行横向联合等都是竞争、激励机制的体现。这些政策策略,激发了高等学校肌体的活力,调动了教职员工奋发向上、努力进取为学校建设发展贡献智慧和力量的积极性,促进了学校教学、科研、社会服务等各项工作的深入开展。

第四篇

地质哲学思想：
唯物思想与辩证思辨

◆ 2017年11月11日,北京地学哲学讨论会上,赵鹏大作"一带一路":中外交流合作阶梯式发展的典范的精彩发言

◆ 2017年中国地质大学（北京）"科技文化舟"开幕周上，赵鹏大作报告前与团委及学生干部合影

◆ 2019年6月11日，踏上新征程，任重而道远

◆ 2017年10月29日在中国地质大学（武汉）校园小试健身器材，畅谈人生哲学

◆ 2017年11月赵鹏大参加第二届地质资源环境高峰论坛暨第九届校友分会会长和秘书长会议，赵鹏大致开幕辞

◆ 2019年11月21日,赵鹏大在中国地质大学(武汉)校史办公室

◆ 2018年3月21日,赵鹏大在开封大学作《我的地质人生路及人生感悟》讲演

◆ 2019年,赵鹏大在科学中国人颁奖典礼会上

第十二章　赵鹏大哲学思想产生的时代背景

> 哲学是全部科学研究之母。
>
> ——爱因斯坦

> 应用马克思主义哲学指导我们的工作,这在我国是得天独厚的,马克思主义哲学确实是一件宝贝,是一件锐利的武器,我们搞科学研究时(当然包括交叉科学),如若去掉这件宝贝不用,实在是太傻了。
>
> ——钱学森

　　什么是哲学?哲学是关于人的思想、人的智慧的学说,是关于自然界、人类社会和思维最一般规律的深刻思考。历史上很多有成就的科学家,在总结和升华自己所得的知识过程中,会自然而然地形成自己的哲学理论体系或者哲学思维。赵鹏大的哲学思想,也正是在其长期的地质科学的实践和理论思考过程中形成的。他的地质理论研究和教育实践,相互佐证,交相辉映,为形成其独具特色的哲学思想打下了良好的基础。下面从赵鹏大哲学思想的形成背景、主要内容和丰富价值三个方面进行探讨。

第一节　社会变迁的历史环境

20世纪50年代,第二次世界大战的硝烟虽已平息,但世界并不太平。世界经济、政治、文化格局的深层矛盾依然存在,社会主义与资本主义两大阵营的斗争依然激烈。世界大战的惨烈令人不堪回首,残酷的现代战争激发了人们对和平的渴求。发展中的国家、经济文化相对落后的国家,更期盼着通过建设来改变生存环境和国际地位。随着人类进入21世纪,人类的生态环境面临着新的挑战,排除掉各种各样不安的杂音,和平与发展仍然是时代的主题。

赵鹏大出生不久,中国的东北就发生了震惊中外的"九一八"事变。1952年,赵鹏大大学毕业,正值中华人民共和国成立初期,也是我国社会转型和经济建设的重要时期,国家急需大批的社会主义建设者。赵鹏大意气风发,和许多年轻的爱国志士一样,怀着报效祖国、建设社会主义的雄心壮志开始了自己的求学之路。我国是一个资源大国,很多埋藏在地下的宝藏尚未被发掘。只要能充分利用我国的地质矿产资源,大力发展重工业,全面开展地质事业,就会给当时贫穷的中国带来巨大的经济效益。对于赵鹏大这样的知识青年,听从国家安排,投身国家建设,为祖国和社会经济的发展奉献青春是义不容辞的责任和义务,在某种程度上可以说,是时代让赵鹏大选择了地质学。

"文革"后,把经济建设作为党和国家的中心任务。在中国共产党的领导下,中国人民在中国特色社会主义的道路上勇往直前,取得了越来越丰富的成果。经过几十年的努力,物质生活与精神生活水平不断提高,开创了一个经济、社会、科学教育、文化卫生事业共同发展的崭新局面。时代的变迁和发展,深刻地影响着赵鹏大。在各种艰难困苦的磨炼和新的挑战中,赵鹏大始终不改初心,坚持报效祖国,献身地质事业。

第二节 科学技术革命的态势及影响

从古至今,特别是近代以来,任何哲学思想的形成与发展都会与其所在时代的科学知识的进步发生共鸣和相互作用。了解赵鹏大哲学思想,必须了解现代科技革命的形成与发展特征。随着19世纪末物理学实验上的一系列重大发现,经典物理学受到了冲击,原有的理论显得无能为力,20世纪初物理学革命的浪潮产生了,量子论、相对论和原子结构论先后诞生。化学、生物学、天文学等都有了新的发展,地质科学在探讨海陆的起源等方面,也提出了划时代的革命性的理论。

20世纪40年代,随着不同学科的相互渗透与深度融合,借助于控制、信息、系统和反馈等概念,把研究对象作为系统来考察的横断学科——控制论、信息论与系统论也应运而生。控制论、信息论与系统论的创立和20世纪初物理学、化学、生物学、天文学等领域的革命结合在一起,彻底改变了旧有的科学图景和人们的思维方式,构成了现代科学革命的主要内容,同时也为现代技术革命的产生准备了理论基础。

直至19世纪,机械决定论和还原论仍然影响着物理学、化学、生物学、医学、心理学。它已经根深蒂固地渗透到自然科学的各个研究领域,甚至人类的文化方面。人们在研究复杂事物的过程中,主要采取从实体上进行还原的方法,很多科学家试图在所有复杂的现象中找到共同具有的物质实体(如原子),将其作为万物统一的共同基础。

量子论的诞生,是对经典物理学理论的重大突破,它彻底地变革了经典物理学中一切因果关系都是在连续的基础上的物理思想方法。尽管当时的物理学界对这一假说的反应冷淡,但在爱因斯坦、玻尔等科学家的推动下,量子理论获得了飞速发展,成为举世公认的科学理论。量子力学的建立,是继相对论之后对经典物理学的又一次严重冲击,它使人们从根本上改变了只承认连续性和机械力学决定论的经典观念,揭示了连续与间断统一的自然观,揭示了自然规律的客观统一性,为各门科学的量子化奠定了理论基础。

世纪之交的物理学革命不仅引起了物理观念的彻底变革,推动了20世纪物理学的大发展,而且还引起了20世纪整个科学思想的变革。物理学的思想和方法被广泛应用于自然科学的各个领域,引起化学、生物学、天文学、地球科学等领域的革命性的变化。

系统科学是第二次世界大战前后兴起和形成的一组理论科学。1945年诞生了一般系统论,1948年出现了控制论和信息论。系统科学使人类对有组织的多因素动态复杂系统的认识发生了革命性的转变。它注重组成系统的要素(部分)与整体、系统与系统、系统与子系统、系统与环境的联系,从结构与功能的统一上揭示系统运动规律。系统科学涉及诸多学科研究对象的某些共同方面,诸如系统、组织、控制、反馈等性质和机理,并把它们抽取出来,以统一的科学概念和方法加以描述。系统科学以其特有的方法展示了一幅新的世界图景,为人们从整体上分析与处理复杂性、系统性问题提供了有效方法(肖德武,2007,第2-4页)。

科学技术发展全球化是科学技术从个人或单个学术团体的事业转向社会性事业的必然趋势。20世纪以来科学技术发展的社会性主要表现在:第一,科技活动已从较分散的个人活动转向社会活动。20世纪以来,科技研究工作不断复杂化,研究课题日益高度综合化,致使研究活动的规模和组织形式愈来愈大,从企业规模发展到国家规模,甚至国际规模。第二,现代科研实验装备日益庞大和昂贵,所需的专门设备和仪器只有在先进的工业条件下才能生产出来,甚至需要建立新的生产部门进行专门生产,并要求社会财力、人力、物力的大力支持(陈筠泉,2000,第6-10页)。

第三节 20世纪以来地球科学的进步与发展

伴随着世界科技革命的浪潮,地球科学也出现了革命性的变革,并不断开拓创新发展的新边界。这种态势促使有作为的地学家不断作出理论概括和哲学反思。赵鹏大地学哲学思想正是地学发展的一种哲学思维的反映。

以大陆漂移说为标志,20世纪以来的地质科学,出现了长足的进步与发展。由于各种先进的科技手段的综合利用,众多相邻学科的相互渗透与相互作用,相关科学工作者的合作与交流,新兴学科的不断涌现,科学家们对地球、地壳、地幔物质及其运动的认识,达到了一个全新的阶段。近半个世纪以来,地球科学实施了一系列的国际合作与研究计划,例如20世纪50年代的"国际地球物理年",60年代的"国际上地幔研究计划",70年代的"国际地球动力学计划",80年代的"国际岩石圈研究计划",90年代的"国际大陆动力学"和"国际深海钻探计划"等(吴凤鸣,2011,第143页)。这些计划的实施,获得了大量的资料与数据,帮助科学家改变了过去对地球的某些认识与概念,促使地球科学跨入科技进步的前沿领域,彰显了地球科学在社会经济发展中的战略地位。

20世纪60年代开始,资源、环境、人口、灾害的诸多因素的叠加,使人类生存与发展面临着新的挑战,国际社会对保护环境、保护地球的呼声越来越高。20世纪80年代以来,人们逐渐形成共识:地球科学的主攻方向应当是解决人类所面临的资源、环境与灾害的重大危机,协调人与自然、人与地球的关系,为社会经济的可持续发展做出重大贡献。人们日益认识到,我们所居住的地球,不是一个单纯的物体,不仅地球的各个组成部分是相互联系和相互作用的,地球系统与社会经济也是相互联系和相互作用的。因此,地球系统科学是一个复杂的大系统,在发展过程中必然会涌现出一些新兴学科,诸如:地球社会学、地球伦理学、地学价值学、地球社会系统发展学等。

在新的自然观、地球观的指引下,地球科学对人类正确解决人与自然的关系、谋求可持续发展战略有着独到的学科优势与特点。地球表层圈层系统的动力作用控制和影响地球自然资源的形成与分布,这将导致各种自然环境的演化与异常,并有可能破坏生物状态的平衡,诱使各种灾害的发生。因此,研究地球动力系统、把握其活动规律、更新地球科学的理论、创新思维方式,对解决各种资源、环境、生态与灾害等问题具有直接的针对性意义。

具体而言,地球科学发展有以下特点:观察和研究的范围和领域将日益扩大,多学科的合作特征突出,地球科学理论与技术手段结合日益密切,实验与模拟手段日益增强,全球构造理论不断完善与创新发展,资源与环境地质学将进一步满足社会需求向纵深发展,地质学国际合作不断跃上新的台阶。

第四节 我国地球科学哲学的发展及其特征

在我国,地球科学哲学,也可以称为地学哲学,经历了一个曲折的、辩证发展的过程。早在 20 世纪 20 年代,中国学术界就爆发了"玄学与科学"大论战,著名地学家丁文江大显风采。20 世纪 50 年代,以李四光、张文佑等为代表的老一辈地学家,以辩证唯物主义和历史唯物主义的基本原理为指导,发表了一批地学哲学方面的论文,地质学科中学派林立,不确定性与复杂性特征明显。因此,挖掘地球科学本身蕴含的丰富哲学内涵显得尤为重要。20世纪 80 年代,中国自然辩证法研究会成立时,地学辩证法专业组也相继成立。几十年以来,有关专家、学者、地质工作者对地学哲学进行了持续研究,理论水平随时代的进步而不断提高,取得了丰硕的成果。著名学者吴凤鸣就我国地学哲学关注的问题归纳为以下几个方面(吴凤鸣,2011,第 195 - 206 页)。

一、关于地学哲学的研究原则、研究对象与研究体系

地学哲学研究原则应该以马克思主义哲学,尤其是唯物主义的辩证法思想为指导研究地球科学中的哲学问题,为地学理论思维提供方法论指导。地学哲学理论的结构和体系是地学哲学自身理论的重要组成部分,它形成与建立的历史虽然不长,但仍有许多不同的观点和争论。总体而言,地学哲学的学科性质,其本质是地球科学与马克思主义哲学相结合的产物,因此,地学哲学来源于地球科学,以地球科学为基础、前提和出发点,并为地学提供理论思维原则和方法。同时,地球科学的发展又为地学哲学提供了广阔的认识空间和土壤,促进地学哲学走向成熟。因此,哲学与地学之间相互联系,互相渗透,互为作用。

地学哲学研究的对象是以地球这个人类所居住的星球为研究个体的地球科学的一般规律，不同于一般哲学、地球学科和其他学科。近年来，许多学者认为，地学哲学研究的目的，是解决人类与地球的矛盾运动即把人地关系的矛盾运动贯穿于地学哲学理论研究的始终。应该围绕着人地关系这个核心，按照客体、主体、主客体相互作用的逻辑结构和顺序来展开研究体系。首先是地球客体的辩证法，即地学哲学的本体论，包括自然观；然后是地学认识的辩证法，即地学的认识论和地球的科学观，包括与之相适应的方法论；最后是地学发展的辩证法，即地学社会系统的发展论及地学的价值论等。

二、关于地学思维的研究

地球科学由于其特殊性，有别于其他学科。地学家和哲学家们对地学思维理论很感兴趣。关于地学思维概念的讨论可追溯到1981年地质学史讨论会上，学者们提出地球科学思维习性。1983年在首届地学哲学年会上，又论及地球科学中的创造性思维概念。在1986年的地球科学认识论、方法论的学术讨论会上，又提出了地学理论的进展和创造性思维的观点，引起了广泛的讨论和广大地学理论家的共鸣。社会科学院哲学研究所研究员余谋昌从理论思维历史发展论，科学研究的创造性思维过程，现代科学思维方式的特点和地球科学思维的规律性、整体性对地球科学思维概念作了精辟的阐述。近年来，在多次学术讨论会上，学者们一直在探讨这个问题，地学思维成为我国地学哲学界争论的热门论题。概念是事物及其本质属性在思维中的反映，是思想的基础。概念是人们形成正确思维的必要条件，人的思维正确与否，取决于概念的明确程度，因此对地学思维的概念、内容和特征性，有做深入的研究和探讨的必要。地学思维是地球科学所特有的思维方式，是具有地球科学研究的特征性的思维方式。地学研究在思想方法与思维方式上，首先应该与其他学科，如物理学、化学、生物学等相互联系发现共性，否则就会游离于科学大家庭之外；其次由于地学研究对象由物理、化学、生物和社会等多种形式的运动所复合构成,因此它在思维方式与方法上又具有独特个性。这实际上是一个共性与个性及其相互关系的问题。

三、关于地学研究对象的总体特征研究

地球是目前人类所知的唯一的家园。它是一个复杂的巨系统,对地球系统总体特征的把握,是地学哲学不可回避的问题(郝东恒,1998)。地球系统有广义与狭义之分,广义的地球系统包括固体地球、地球表层和地球空间三个部分。狭义的地球系统一般是指气圈、水圈、生物圈和岩石圈,也称为地球表层系统。

郝东恒、白屯(1998)在《地球科学系统观和方法论》中把地球系统归纳为以下几个特点:一是开放的系统。系统按性质可分为三类,即孤立系统、封闭系统和开放系统。孤立系统与外界没有物质与能量的交换。封闭系统可与温度不变的外界交换能量而不交换物质,体系温度保持恒定。开放系统则可同外界交换物质与能量。地球系统只有在某种特定情况下是一种近似的封闭系统,大多数情况下,它是一个典型的开放系统,它不仅随时随地从太阳获得必要的能量,而且与遥远的太空产生物质的交换。二是稳定性与变动性的辩证统一。从天体演化的角度来看,地球正处在太阳系演化和地月系统演化的相对稳定时期;从地球运动过程来看,变动与稳定两种对立的力量中,相对稳定目前仍占优势地位。但稳定是相对的,有条件的;变动是绝对的,无条件的。地球系统仍然处在有节律的变化之中,其中,激变与渐变是相互交织的。从地球系统的物质结构关系来看,地球的变动性表现在收缩运动与膨胀运动的矛盾统一之中。地核、地幔和地壳之间相互作用;气圈、水圈、生物圈甚至人类社会的活动,其相互联系和相互作用也是非常丰富和复杂的。三是平衡性与非平衡性的辩证统一。从地球的物质组成来看,早期地球处于一种混沌与无序状态,是一种原始的平衡性或均一性。随着运动和发展,早期的均一状态被打破,非平衡性、有序性逐步占据了主导地位。在运动变化上,均一性与非均一性二者相互交织、相互依赖和相互转

化。不能只强调一个方面而忽视了另一方面。四是聚能性与耗能性的辩证统一。地球上的能量绝大部分来自与太阳的光辐射,同时,还有地球自转能、地热能和某些形式的生物能等。在耗能方面,人类的出现使地球的耗能方式发生了激变。人类在大量利用矿石燃料能和非矿石燃料能、可再生能源和不可再生能源的时候,探索新能源与节约能源是摆在人们面前的重要问题。五是自然属性与社会属性的辩证统一。地球是一个自然体,人类出现以前的生命也是自然物。但是,有智慧的人类出现以后,就意味着高于自然的运动形式出现了。人-地生态系统既有自然属性又有社会属性,这就为正确处理人与自然的关系提供了新思路。

四、关于地质学的主要任务研究

恩格斯在《自然辩证法》中,不仅论述了数学、物理学、化学等学科的辩证法,还论述了地学的辩证法。虽然今天人们容易把地学与地质学这两个有差异的概念混为一谈,但是地质学曾经是地学的全部内容却是一个不争的事实。地质学的研究对象是形成地壳、地球的自然体,有特殊的复杂性和多级结构。恩格斯指出,地质学按性质来说,主要是研究那些任何人也都没有经历过的过程。

地质学的主要任务是研究地球的成分、结构、历史及其演变的规律,具体来说,是研究各类岩石、矿床的形成规律,自然地理条件及其变迁史,有机界在地球上的进化史和生活史。

在探索纷繁复杂的地壳结构、成矿规律的过程中,只有把各地质现象当作运动着的彼此有内在联系的事物去研究,分析其本身固有的矛盾性,才能发现它们之间的相互联系和相互作用,正确认识和揭示地质发展及矿产形成、分布的规律性。从物质运动形态来说,地质学作为自然体系应包括5种经典运动形态,随着近代科学技术对地质学的渗透,地质学本身无论从研究深度和广度,还是从宏观到微观,都显示出作为一种独立的地质运动形态的突出意义和作用。

地质运动形态,存在着自身特有的逻辑结构和独立的方法系统。地质作用按能量来源的不同,分为内力作用和外力作用。外力作用主要是由太阳辐射热所引起的,诸如风化、剥蚀、搬运等。而内力作用主要是由地球内热所引起的,诸如地壳运动、岩浆活动等。这是一对相互对立而又相互依存的矛盾。外力作用总的趋势和进程是力图削平地球崎岖起伏的表面,可以说是"移山填海"的作用。而内力作用则是力图使地球出现崎岖起伏的表面,可以说是"造山造海"的作用。

内力作用与外力作用互相矛盾、相互斗争的结果,造成了地球表面复杂的沧桑变化。在地球存在的日子里,这一矛盾过程是永远不会完结的。内力作用与外力作用的相互斗争,引起了地球表面的万象更新,但这种变化和更新,不是简单地重复,而是辩证地发展的过程,是螺旋式的上升。半个世纪以来,由于先进科学技术的迅速发展,相邻学科的相互渗透与交叉,探索和验证地球物质的存在形式和运动形态的手段不断革新,研究领域不断扩大,新学科不断涌现,人们对地表、地壳、地幔物质运动形态有了更深的了解,无论在微观上,还是在宏观上,都标志着人类进入了认识地球奥秘的新阶段(吴凤鸣,2001,第144-145页)。

五、关于地质学理论的假说性特征研究

由于地球科学的探索性很强,很多学者的自然观、科学观和方法论都表现出很大的差异性。从大地构造学诞生起,地质学就是一门充满假说繁多、学派林立、争论激烈的学科。新假说否定了旧假说,又被更新的假说所取代、所统一。一个争论还没有休止,另一个争论又起来。学术论战一个接着一个,不断推动着大地构造学等理论本身的发展,正像恩格斯所说:"全部地质学是一个被否定了的否定系列。"

我国著名的地质学家李四光教授,早在国外时就曾认真地学习过恩格斯的《自然辩证法》,并自觉地把辩证法当作自己论证科学的方法论。他运用辩证唯物主义的方法,分析和研究了大地构造特征和发展的历史,提出了

地壳运动的基本原因是各种矛盾对立统一的相互作用。

黄汲清教授以中国地质构造的发展特点和发展规律为基础,汲取了板块构造的理论,深入地论证了多旋回理论。陈国达院士阐述了地台活化理论,提出了地洼学说。这一理论受到了国内外的重视。

张伯声院士以地球脉动理论论述了中国地质构造体发展的客观规律。他把整个地壳看作是由不同级别的激烈运动的活动带与不同级别的相对稳定的块体级级相套"镶嵌"而成。驱动理论是地球膨胀与收缩,以收缩为主的脉动学说。近年来,由于地幔对流理论的建立,地磁倒转和逆掩断层的理论、大洋中脊理论和海底扩张学说的涌现,促使沉睡 50 余年的大陆漂移学说得以复苏,给大地构造学增添了新的内容,从而使地球科学中的一个崭新学说——板块构造学显示了强大的生命力。

我国从 20 世纪 70 年代中期开始探索板块构造理论,并结合我国大地构造结构的特点,提出和解释了一些有关构造运动理论问题,诸如青藏高原的结构、地震成因及其机制等,获得了可喜的成就。板块构造理论的发展丰富了中国大地构造理论和地球科学的哲学内涵。

六、关于成矿理论与成矿哲学研究

成矿理论首先把纷繁复杂的地壳构造、成矿现象及其规律看作是运动着的彼此内在联系的事物去研究,即分析其本身固有的矛盾性和相互间的内在联系,正确揭示地质发展和矿产形成、分布的规律性,从运动观点出发,把构造运动、岩浆活动和矿产形成与分布联系起来分析,找出控矿的规律,进一步揭示自然体的奥秘。

人类认识自然、利用自然的历史告诉我们,真理是不断从相对走向绝对的过程,许多理论及其推断的真理性,只有通过实践才能逐步加深、完善。中国成矿理论中形成的不同学说和学派,反映了我国地质学家、矿床学家在认识各类矿物物质来源与演化、富集与尖灭、迁移和转化规律的过程中,学习和运用了辩证唯物主义哲学的方法论。概括出的一系列理论和假说,丰富了哲学和辩证法的思想,并推动了我国矿产资源地质勘探事业理论和实践的蓬勃发展。

地质学家们发表了一系列科研成果,比较充分而系统地反映了我国矿产成因理论中的重大课题。他们就各种成矿物质来源和成矿的专属性等问题,提出了各种不同的假说和理论。比较有影响的成矿理论有:接触交代成矿论、围岩蚀变成矿论、热液成矿论、花岗岩化成矿论、混合岩化成矿论、同生成矿论、多成因成矿论、火山包括海相火山成矿论、岩浆有限混熔成矿论、晚期岩浆熔离成矿论、外生矿床陆源汲取成矿论和渗流热卤水成矿论等。近年来,我国地质学家通过大量的野外勘探、观测和室内的新技术、新方法的研究和运用,其中包括近代物理学和化学以及热力学、包裹体、稳定同位素、各种成矿实验的研究,验证了许多矿床是具有多源多阶段、多种成矿作用和多种含矿溶液的多成因特点。矿床学中的新认识,对解决成矿理论长期争论不休的问题,如我国比较多的内生与外生、深成与浅成、开放与封闭、均一与非均一、渐变与突变、膨胀与收缩、运移与沉淀、氧化与还原、饱和与稀释和尖灭与圈闭等问题,提出了丰富宝贵的科学论证。这些理论都包含着丰富的辩证思维的特征(吴凤鸣,2011,第132-133页)。

七、关于生物进化哲学的研究

在西方地质科学的发展历史中,继拉马克、赫胥黎、居维叶等之后,达尔文于1859年在大量丰富的事实基础上提出了进化理论,他科学论证了生物进化理论的发展,揭示了生物的起源、变异和发展,阐述了遗传和变异相互对立与斗争。生物体为适应生活环境的变化而产生变异,当变异占主导地位成为主要矛盾方面时,物种便会发生质的飞跃,新的物种产生。相反,如果遗传占了主要矛盾方面,生物不能适应变化着的生活环境,便自然淘汰。这就是进化论的基本理论。吴凤鸣认为,进化论的确立,沉重地打击了唯心论与形而上学的观念,标志着唯物论和辩证法的一场重大胜利。

我国古生物化石的记载、描述与研究有悠久的历史。在我国许多的古籍中,都有对中国的无脊椎动物、古脊椎动物、古植物化石的大量描述,反映了我国古代朴素唯物主义和辩证法的深刻思想。

我国对近代古生物学研究已有70年的历史,在进化论理论、古生物种的产生与发展以及生命起源的探索方面,取得了不少重要成就,涌现出生物环境控制论、生态分异学说等理论,有力地论证了"物竞天择,适者生存"的生物进化理论,揭示了生物起源、变异和发展的客观规律,揭示了唯心论和形而上学,揭示了生物学中的唯物论和辩证法思想。

八、关于找矿哲学的研究

如果说成矿哲学重点是研究外部客体成矿客观的一般规律,找矿哲学则是从客体与主体、理论与实践、自然与社会的辩证统一角度探讨认识世界和改造世界的一般规律。中华人民共和国成立以来,我国地质工作者,自觉以马克思主义理论为指导,不断致力于探讨找矿理论与实践的一般原理与规律性,以更好地指导实际工作。地学哲学委员会主任委员、前地质部部长、中国自然辩证法研究会理事长朱训,在找矿哲学理论中积累深厚,结合马克思主义哲学的基本原理,形成了找矿哲学的完整的理论体系。

朱训对马克思主义哲学有深厚的感情和兴趣,曾发表论文《正确处理地质找矿中若干关系》,表现出了深刻的理论思维。20世纪90年代,他的重要著作《找矿哲学概论》出版,在地学界引起了很大反响,学界多次开展讨论会,极大地活跃了地学哲学研究的学术气氛。当时中央领导李瑞环同志曾作出重要批示,指出中国自然辩证法研究会地学委员会召开座谈会讨论找矿哲学,是一件很有意义的事,《找矿哲学概论》在运用马克思主义哲学指导找矿工作方面进行了有益的探索,对其他行业也有启示作用。同时其他专家也评述说,《找矿哲学概论》一书的出版,是理论与实践的结合,在建立哲学与应用科学的联结上迈出了可喜的一步。找矿哲学的理论体系、基本原理和方法论,不仅可以有效地指导地质行业的工作,也对各行各业的工作起到有效的帮助。通过这种探索与研究,可以大大提高我们的辩证思维能力,推动改革开放、现代化建设和科技事业更快地发展(吴凤鸣,2011,第 172 - 179 页)。

九、关于协调人地关系的哲学思想研究

20 世纪 80 年代以来全球性问题日益突出。资源短缺、人口膨胀、粮食不足、环境破坏、生态危机和灾害频繁等,是当今世界所面临的共同问题。为解决全球性的难题,地球科学体系形成和发展了一些新的交叉学科,如地球社会学、地学伦理学等。经过地学哲学工作者 10 多年的潜心研究,地学哲学学科理论框架体系与结构日趋完善,无论在基本理论原理的认识和论证上,还是在方法论的应用上,包括探索人地关系和解决资源、环境以及可持续发展难题的哲学思考方面,都取得了新的进展和可喜的成就(吴凤鸣,1998,第 30 - 50 页)。

吴凤鸣认为,从工业文明时代开始,环境地质问题日益凸显,成为全世界关注的热点问题。环境地质问题对人类社会的影响非常之大,给工业文明社会带来许多意想不到的损失。随着环境地质问题的不断复杂化,许多专家学者开始关注环境地质问题的哲学思考。有学者通过对有关环境地质学、环境哲学、地学哲学相关资料的有效收集,了解环境地质发展的特点和趋势,以当前环境地质学发展中存在的问题为切入点,把环境地质问题上升到哲学高度进行思考,呼吁树立正确的环境地质哲学观,使人地关系从最初的人类崇拜环境地质到顺应环境地质,从人类征服环境地质走向人与环境地质和谐相处的终极目标。

赵鹏大的哲学思想恰好产生于上述特定的历史时期,即他的哲学思想的形成是时代科学精神的一个折射。中国历史的变迁,使他形成报国之志;世界科技进步的新态势促使他的思维走在时代前列;20 世纪以来地球科学长足的进步与发展,开阔了他的学识眼界;我国地球科学哲学的蓬勃发展,激发了他创新的灵感。他的哲学思想,既是我们学习知识的宝贵来源,也是全球化时代人类文化发展与进步的内在环节。

第十三章 赵鹏大哲学思想的主要内容

赵鹏大的哲学思想以数学地质哲学为精髓,是中国哲学百花园中的一朵独具风采的奇葩。赵鹏大哲学思想的丰富内容主要体现在成矿哲学、找矿哲学、数学哲学、教育哲学四个方面。

第一节 以非线性理论与方法为核心的成矿哲学思想

成矿哲学,是对成矿一般规律性的认识与把握。成矿规律是矿床形成和分布的空间、时间、物质共生关系以及内在成因联系的总和。矿床的成矿机制是矿床成因研究的主要内容,不是成矿规律的主要内容。成矿规律主要包括矿体空间分布规律和区域成矿规律。例如位于大陆板块边缘,中生代以来的构造-岩浆活动强烈而频繁,对成矿起主导作用。而对成矿规律的客观特征最一般最抽象的把握,则可以上升为成矿哲学。赵鹏大的成矿哲学思想,可以表述为以非线性理论与方法为核心的成矿哲学思想,也就是用非线性理论来描述成矿的空间分布特征和成矿特征(赵鹏大,2001,第127-132页)。

何谓非线性理论?所谓线性,是指变量之间的数学关系,是直线的属性。从数学意义上来讲,是指方程的解满足线性叠加原理,即方程任意两个解的线性叠加,仍然是方程的一个解。线性意味着系统的简单性,但自然现象就其本质来说,都是复杂的、非线性的。自然界中的许多现象在一定程度上近似为线性。传统的物理学和自然科学能为各种现象建立线性模型并取得成功。随着人类对自然界中各种复杂现象的深入研究,越来越多的非线性现象开始进入人类的视野。非线性,即变量之间的数学关系不是直线,而是曲线、曲面或不确定的属性。非线性是自然界复杂性的典型性质之一;与线性相比,非线性更接近客观事物性质本身,是量化研究获取复杂知识的重要方法之一。凡是能用非线性描述的关系,通称非线性关系。

非线性关系,是一种客观存在,是客观事物空间形态和自身性质的表现,不以人的意志为转移。在矿床形成和分布的表达上,非线性理论将现代非线性理论与矿产资源评价、地质信息获取等学科融合在一起,对地质异常、成矿多样性、成矿模型进行数学分析,通过研究分形和多重分形的尺度临界性、广义自相似性和局部奇异性,强调对叠加或混合成矿信息的合理分解,具有强大的说服力并取得了丰硕成果(赵鹏大等,1993,第98-100页)。

一、成矿特征:异常与平常

赵鹏大在《初论地质异常》中指出,地质异常指地质体在结构、形态或过程上与周围环境有着明显的差异。他认为,虽然人们从地质背景中圈出地质异常是件较困难的事情,但仍可以应用数理统计、模糊数学和经验方法对其进行圈定和研究(赵鹏大等,1991)。地质异常是怎样形成的? 在一定环境和作用条件下,在连续的时间进程中所形成的地质体应该具有一定的并且稳定的物质成分、结构构造等,这就是所谓的平常。但是,一旦环境(地质、物理、化学或生物)发生变化,作用发生改变,或各种环境作用的时间进程发生变异,则会导致所形成的地质体发生物质成分、结构构造或成因序次上的改变。这种发生在地壳或其某一部分的变化,有时是很剧烈的,因而可能构成很复杂的结果,并使得一些地区地质过程的产物具有显著的与其周围产物相区别的特征。这样的地区,实际上形成了一种地质异常体。受与成矿作用有密切关系的地质因素控制而形成,异常体的存在是矿床形成的必备条件。这种地质异常体所表现出的地质异常则是指示矿床存在的地质标志。

为了预测和寻找不同类型的矿床,需要查明与不同类型矿床相联系的地质异常。地质异常区别于一般的控矿地质因素或找矿标志,它具有一定的空间范围和时间界限。地质异常是可能产生特殊类型矿床或产出前所未有的新类型或新规模矿床的必要条件。根据先前已知矿床所建立的矿床模型,人们只能预测与之类型相同和规模相似或更小的矿床,但不可能预测出尚未发现过的新类型矿床或迄今未曾发现过的规模巨大的矿床。因此,不能单纯根据相似-类比理论与已知类型的矿产环境类比,重要的是要发现地质异常,也就是要应用求异的方法找出那些地质异常体。早在1973年,苏联有学者曾提出过这样的观点,即最重要的矿床赋存于地壳中具有最大异常地质结构性质组合的地段,因此,对象的异常性应该是最有远景的。当然,这种假说应该有其他方法加以检查,因为对象的异常性并不一定制约着工业矿床的形成。换句话说,重要的矿床必定位于具有最大地质异常的地段,但具有最大地质异常地段不一定必然有矿床存在。这是因为地质异常只是一种必要的成矿背景或成矿基础,而真正矿床的存在或产生必须有控制成矿因素的必要和充分的定量组合,比如必要和充分的矿源,必要和充分的驱动成矿元素向有利部位迁移和富集的能源,必要和充分的物理、化学和生物条件使浓集的成矿元素沉淀和堆积,必要和充分的时间和空间使各种成矿元素达到一定规模的聚集。对于超大型矿床来说,尤其需要充分准备各种条件。

赵鹏大指出,地质异常有一些最基本的表现形式。例如,地质体的不连续界面或不同地质体的分界面断层、节理、不整合面、侵入接触面、不同岩层的交接面等都属于面状地质异常。地质体内部与外部特征突然变化会形成单位面积或体积内各种地质体或同一地质体不同属性组合熵异常,不同成因地质体的嵌入形成的地质异常,不同演化历史的地质异常等,其中有些地质异常呈现出显性特征,有些则反映出地质异常与矿床分布空间的相关性,或与周围环境不同演化历史的相关性。可以通过地质观察发现,也可以通过物探、化探、遥感等测量发现。地质异常可以从不同的尺度水平进行考查,从大到小可分为全球性地质异常、区域性地质异常、局部性地质异常和显微地质异常。

按照不同的分类标准,赵鹏大对地质异常做了不同的分类。根据地质体和地质环境以及地质作用的不同可以划分为两类:一是有关地质作用的地质异常。如沉积作用及地层、岩性、岩相异常,岩浆作用及岩浆岩异常,变质作用及变质岩异常,构造作用及变形、破碎强度异常,构造作用及浅层、深层构造单元组合异常,构造作用及地质结构异常,矿化作用及矿物组合异常。二是有关地质环境的地质异常。如古地貌及现代地貌异常,古水文及现代水文环境异常,古地理及古气候异常等。

上述两类地质异常,每一类都可以划分为静态异常和动态异常。所谓静态异常,是反映在地质历史中某一时期或现代,地质体的构造-物质复杂性和地质作用的复杂性,反映在统一的地质系统中地质体的相互结合方式和地质作用的特点。动态异常即地质历史异常或地质过程异常,即地质体在形成和改造过程中、地质作用的发展过程中的某一个或某一些突变阶段的产物。

在《基于地质异常的矿产预测》一文中,赵鹏大总结了研究地质异常的几种方法。第一,地质异常图法。该法为在平面上或是在剖面上,将地质异常用等值线或特定的图例符号表示出来的方法,具有直观、方便的特点。第二,区分单项地质异常和综合地质异常。对于综合地质异常,应分析各地质因素或标志异常的范围是否一致,各异常的形成时间是否相同,何种异常与矿化关系密切,各因素异常与矿化在空间与时间上的联系等。一般来说,矿床的形成与分布往往与综合地质异常相联系。第三,地质异常模型。地质异常模型种类繁多,主要有概念模型、图表模型、立体模型、地质-数学模型等。建立地质异常模型,可将有关地质异常的概念理论化、系统化,便于地质异常的研究与对比。第四,地质异常参数。地质异常有异常的规模、形态、强度、广度、离散程度、衬度等特点,这些特点可以用一系列相应的参数表征。地质异常参数是地质异常进行描述、分类、对比、评价的基础。第五,地质异常的评价及预测。地质异常的评价和预测方法既可以是定性的,也可以是定量的。各种数理统计学、地质统计学及拓扑学的方法均可用于地质异常的定量评价和预测。当然,在矿产预测时,必须进行地质异常和物探、化探异常的综合评价(王自杰等,1996)。

可以看出,赵鹏大地质异常理论不仅具有丰富的内容,而且具有深刻的哲学意义。地质异常与地质异常场在本质上体现的是地质体的时空特性,尤其是这种时空特性的错综复杂的组合。这对于揭示物质及其运动的普遍形式及其规律具有重要意义。时间与空间是物质运动的形式,是事物运动和发展及事件发生的必要前提。任何科学工作中,要揭示物质运动的一般特征,就必须确立时间与空间的测定方法,探讨数学空间与物理空间(时空)之间关系,选择和理解特定的时空框架。

首先要看到,物理空间与数学空间是有区别的。由于抽象化的方法,数学空间原则上可以不涉及到外部世界的现象和客体,或者这些现象与客体之间的关系。数学空间可以只涉及某种想象物和它们之间的关系,有些数学图形就其特征来看,很难找到现实世界中的直接对应物。但是,当数学空间当作概念框架来说明现实空间的结构时,抽象空间就转化为物理现实空间,物理空间也包含了数学空间和客观实在。数学空间被应用到物理空间中去,用来解释外部世界的结构,就成为一个必然的、不可或缺的认识工具和方法。

同时,人们在认识自然的过程中,在认识地球、地质体、成矿结构、成矿过程、成矿特征等现象的时候,数学空间的获取来源于两个方面的作用。一方面是以人们的经验与实用为基础,另一方面是以其自身的相对独立发展为推动。数学空间与其他数学一样,是证明与证实两种方法的辩证统一。所谓证明,就是从确认的公理中推出结论;所谓证实,就是思维成果必须见之于物理世界。在证明与证实的辩证统一的运动过程中,抽象的形式与经验世界发生联结,丰富的内涵又获得形式化的保障。这样,借助于形式化的语言、图表、公式、模型、参数及其组合成的逻辑体系,人们对外部世界(包括地球、地质体、成矿现象)的认识更深刻、准确、普遍、简洁。

应该指出,在把握地质异常的过程中,还存在平常与异常的辩证法。所谓平常,多用于指经常出现或普遍见到的事,例如人们说某事司空见惯、不足为奇等。异常则相反,多用于指不经常出现或罕见的事,例如人们说某事标新立异、不同凡响等。平常与异常是相互依赖的,没有平常,就无所谓异常;没有异常,就无所谓平常。平常与异常可以相互渗透,平常之中有异常,异常之中有平常。平常与异常可以相互转化,在一定时间、地点、条件下为平常,在另外的时间、地点、条件下为异常。对于全球范围或较大范围来说,成矿是一个异常现象;但对于某一个局部范围或较小范围而言,成矿可能是一个平常现象。由于大规模尺度空间的大规模成矿在当下的地球环境中是一种异常现象,即使是在一个局部区域中为平常现象,成矿环境与非矿环境相比也有很大的不同,因此,抓住地质异常这个"牛鼻子",是找到成矿的必经之路。赵鹏大的地质异常理论全面、系统、深刻,是定性认识与定量认识全面结合的典范,体现了科学理论思维的强大魅力。

二、成矿多样性:复杂性对象的理解与把握

成矿事件是一个典型的复杂性过程,各方面、各层次的多样性是其基本特征。事物复杂性的形成,在于事物之间联系的多样性,特别是因果联系的多样性。在线性运动中,通常是单因单果的联系;而非线性的运动,通常是一因多果,多因一果,或者多因多果。再加上时间变化因素,事物运动形态就变得更加复杂。多样性过程中所展示的有序形态的时空序列,是成矿事件的必然形式(孙华山等,2004)。

赵鹏大认为,长期以来,人们更多关注成矿专属性问题,例如,岩浆岩成矿专属性的研究曾在指导找矿中发挥了重要作用。然而,成矿专属性只是成矿多样性的一种特例或表现形式之一,成矿多样性则具有更普遍和更基本的意义。成矿多样性是复杂系统中客观事物外在表现的基本特征,是系

统内部各种因素自身演化与外部环境影响相结合的结果。成矿多样性是成矿事件的根本表现,不仅表现为一个矿床在成因、形态、尺度、矿石类型、矿石组合、有利及不利组分上的多样性,还表现在矿床、矿田、矿带、成矿区域及成矿时期上的多样性。成矿多样性在成矿物质基础上受矿源地质异常控制,在成矿物质运移上受运矿地质异常控制,在聚矿作用上受赋存环境地质异常控制,在成矿后的变化上受保矿与毁矿地质异常控制。因此,可以通过地质异常背景的研究来揭示成矿多样性的具体特征。

在国外有学者研究了以色列矿产资源的区域价值,建立了地质多样性与矿产多样性之间的线性回归模型,估计以色列的地质变异度(多样性)为10,可以预测存在有31种不同的矿产。在我国,地学家从地质异常致矿理论出发,认为地质异常是矿床形成的前提条件,控制成矿的地质异常是多种成矿必要因素各自异常的有机组合或耦合而成的综合地质异常,如:①矿源、水源及热源异常的组合与匹配提供成矿的物质基础和动力基础;②导矿、散矿与运矿构造异常的组合与匹配提供成矿物质运移和动力传输的途径;③含矿、聚矿和成矿构造异常的组合与匹配提供成矿物质的聚集和赋存空间;④成矿前、成矿时和成矿后构造异常的组合与匹配提供矿床形成必要的时间和保存条件。所有上述异常的产生皆是由于成矿过程中地质构造和成矿物质相关联的物理、化学、生物及地质环境发生失常、失稳。正因为控制矿床形成的地质异常因素多种多样和异常强度与广度各异,加之地质异常的组合各式各样,演化过程复杂多样,这就决定了成矿多样性是经常、大量的地质现象。

如何把握和描述成矿多样性?赵鹏大认为有必要考查更深层次的矿床谱系的概念(赵鹏大等,2001)。矿床谱系在时间、空间及成因上与成矿多样性密切相关,它在评价与预测新类型矿床中起着重要的作用。因此,了解成矿多样性与矿床谱系,对研究超大型矿床、成矿流体、区域矿化以及揭示成矿规律,具有十分重要的指导意义。成矿多样性的某种规律性序列表现就是矿床的一种谱系,矿床的规律性序列可以表现在成因、规模、成分、数量、质量以及组合上,但最基本的是在成矿时间上和成矿空间上的"有序性"和

"成套性"。

矿床的时间谱系可以从不同尺度加以研究。时间谱系分析主要是通过挖掘研究区域地质演化历史的地层信息,特别是对主要成矿时代地层信息的有效提取,进而确定研究区的主成矿期,成矿作用的叠加与改造,以及成矿时间与成矿时代多样性特征。例如,国外有学者从地槽学说出发,分析了整个地球历史过程中的成矿时间,将整个地质时期划分为时间间隔不等、等级不同的成矿时间段落,即划分为成矿时期、成矿时代和成矿阶段3级,将地球成矿史划分为六大成矿时期。也有从板块学说出发,将地球成矿史划分为五大成矿期。这说明,何种成矿物质在何时、何地以何种方式富集成矿是与地球发展演化历史,特别是与构造、岩浆、沉积、变质等作用的发展演化分不开的。矿床是地球历史的产物,它的"时序性"十分明显。了解矿床形成的时间谱系,对评价不同时代的成矿作用,预测各地质时代最可能发生的矿床,特别是超大型矿床是不可缺少的。

矿床空间分布的规律序列构成矿床的空间谱系。空间谱系分析是通过挖掘研究区构造、岩浆、沉积等信息,分析构造形迹、岩浆与沉积建造等空间展布和成因机制的多样性与复杂度,探讨构造、岩浆、沉积异常与成矿作用相互关系,由此建立研究区矿床的空间谱系。从宏观上,矿床空间分布受大地构造特征的控制。全球大地构造环境决定了岩浆、沉积及成矿特征,它控制着成矿省、成矿区的位置及性质。反映大地构造环境的地壳类型很多,如主动和被动大陆边缘、毕鸟夫带、洋中脊、岛弧、深海沟、造山区带、构造岩浆活化区与边缘及地台内盆地及线性体等。由于这些构造在空间的分布是有序的,因此,不同构造所制约的矿床分布也是有规律的。

从成矿角度分析,在同一成矿时期,矿床可以形成于不同空间部位;反之,也可以在同一空间部位有不同时期形成的矿床叠加或改造。但更多是不同时期形成的矿床产于不同的空间部位。所以,在一个地区进行成矿预测及评价时,应该注意分析它们的时间、空间和成因序列,以及建立矿床的时间谱系、空间谱系及与两者相关的成因谱系。

赵鹏大认为,从辩证法的观点来看,成矿专属性与成矿多样性是一对矛盾,二者既对立又统一。成矿专属性体现成矿的特殊性,而成矿多样性体现成矿的普遍性。二者的关系反映在不同尺度水平和不同成矿属性之间矛盾双方的对立统一。成矿专属性与成矿多样性研究相结合是今后实现找矿突破的关键。成矿多样性及其矿床谱系研究是当前及至未来发现新类型矿产资源的有效途径。目前,一些地区的矿产勘查程度已经相当高,但是矿产勘查的主要对象仍然集中在少数已发现的矿种身上,从而使矿产勘查徘徊不前。成矿多样性与矿床谱系研究不仅以已发现的矿床类型为研究对象,而且尤其强调在区域成矿条件、成矿特征分析的基础上,注意发现那些目前尚未发现的新类型矿产资源,诸如呈点式分布的超大型矿床。成矿多样性研究还有助于了解区域矿产的整体特征及综合潜力,从而有助于开展区域矿产的综合评价和综合利用。从理论上来看,成矿多样性的概念及其认识,使地质现象复杂性的观念及其研究方法逐步形成共识,大大超越了18—19世纪地质学的单一性或者专属性的观念,表现出中国地质学、成矿学迈入了国际先进水平。

三、混沌与分形:新的认识工具的利用

赵鹏大的成矿哲学思想,还有一个重要特征,就是具有超前性与创新性,善于利用20世纪中叶以来系统论、非线性科学的成果,将其运用到地学研究中来,使地学研究方法更丰富,更富有时代感与前沿性(金友渔等,2000)。

混沌理论是一种兼具质性思考与量化分析的方法,用以探讨动态系统中无法用单一的数据关系,而必须用整体、连续的数据关系才能加以解释及预测的行为。通常很多事物的原始状态,都是一堆看似毫不关联的碎片,但是这种混沌状态结束后,这些无序的碎片会有机地汇集成一个整体。

"混沌"一词原指宇宙未形成之前的混乱状态,古希腊哲学家对于宇宙之起源的混沌论观点,主张宇宙是由混沌之初逐渐形成现今有条不紊的世界。在井然有序的宇宙中,西方自然科学家经过长期的探讨,逐一发现众多

自然界中的规律,如地心引力、杠杆原理、相对论等。

混沌不是偶然的、个别的事件,而是普遍存在于宇宙间各种各样的宏观及微观系统之中。万事万物,莫不混沌。混沌也不是独立存在的科学,它与其他各门科学互相促进、互相联系并由此派生出许多交叉学科,如混沌气象学、混沌经济学、混沌数学、混沌地学等。

赵鹏大认为,世界上的事物或现象可分为规则的、随机的和介于二者之间的带有某种规律性或趋势性的这三种类型。与之相应,数学模型也有确定性数学模型、随机数学模型和介于二者之间的随机函数模型或时间序列和空间序列模型,如地质统计学模型、马尔科夫过程模型等。地质学研究的对象,无论是地质体、地质现象,还是地质观测结果,都普遍地受概率法则支配和影响。苏联就有学者提出,地质对象是由一些单个单元联合起来的,这种联合是遵循概率法则的。正因为如此,概率论和数理统计以及多元统计分析目前仍是数学地质的基本理论之一和重要的方法技术。同时,区域化变量使人们越来越重视作为空间数据(或时间序列数据)的地质观测值的自相关特征或结构性,这种空间数据为地质统计学应用变异函数这一有力工具研究这类地质现象已取得重要成效。现在,地质统计学已成为类似于矿产资源定量预测与评价的重要的数学地质分支。非线性科学在地质科学中应用具有特别重要的意义。只有找到了定量化的规律,才会有精确的认识,自然规律需要有数学的表述。过去,人们常用的分析工具是线性模型,但自然界存在的事物大多是非线性的,线性分析往往忽略了相互作用,忽略了原因和结果的相互转化。非线性现象是指那些专门科学中所出现的线性规律所不能解释的现象,如天气变化、晶体生长、物质裂缝的发展等,混沌是典型代表。非线性分析揭示蕴含于个性中的共性。共性也有多种多样,这就引出了"普适类"的概念。人们从每个普适类的研究中,找出事物的更深刻的内在规律。近20年来发展起来的可积系统和孤立子理论,近10多年发展起来的混沌和分形理论,就是普适类的典型代表。

赵鹏大非常重视非线性科学在地质学中的应用。他认为确定性和概率性之间的关系是一个不可回避的问题。以牛顿1687年出版的《自然哲学之数学原理》为标志,直到现在,决定论长期占据主导地位。18世纪法国数学家拉普拉斯甚至说,如果已知宇宙中每一粒子的位置和速度,就可以预测宇宙的整个未来。虽然实现拉普拉斯的目标有许多实际困难,但很长时期内人们并不怀疑他的观点。尽管人们逐渐接受了概率的观念,但直到最近,人们仍然相信精确的预测能力从原则上讲是可以实现的,尽管为了达到这种能力,需要收集并处理足够多的信息。然而科学上的惊人发现无情地推翻了上述观点,确定性和随机性之间存在着一种以前未注意到的关系:仅仅几个因素的简单确定性系统也会产生复杂的随机行为,这种随机性并不因收集和处理更多的信息而趋于消失,并且对初始条件极为敏感。这就是混沌现象的基本特征(孟宪国等,1991)。

自然界的发展过程从本质上讲是一个混沌过程,地质演化也是一个混沌过程。对于这种既非确定性又非纯随机性的关系,必须以非线性科学的眼光来认识。事实上,在数学地质中人们早已注意到了确定性和随机性并存于地质过程中这一现象。例如,将地质数据分为趋势值和异常值,在地质统计学中强调地质数据既有结构性又有随机性等,只是未认识到二者关系的本质。自然界既不是确定性的,也非完全随机的,基于有限性原则的混沌论才能更真实地表述客观世界。混沌现象一方面意味着预测能力受到了新的限制,另一方面它固有的确定性表明,许多随机现象比过去更能较准确地预测。这就是将非线性科学应用于地质学定量化研究的一个重要基础。当然,非线性科学远未达到完善的程度,还不能解决所有的实际问题,但它所揭示的普遍性规律正预示着科学上的重大突破。

赵鹏大指出,定量地质学所使用的传统统计方法是在模型假说的基础上建立的,其中大多基于正态分布假设。但是,有人认为,目前还未找到在自然界充分证明正态分布存在的证据。地质实践也证实了许多地质现象和地质数据并不服从正态分布这个问题。有时候,为了满足统计方法的前提,把不服从正态分布的数据转换为正态分布。然而,这种转化有什么科学依据?这从一个侧面说明了引入非线性科学的重要性。例如,数学地质的基本任务之一是查明地质体的数学特征,建立地质体的数学模型。地质体的数学特征是指地质体各种属性的数量规律性,只有当揭示出地质体的数量规律性或当各种数学特征能反映地质体的本质特征和总体特征时,才能称其为地质体的数学特征。由于地质体本身是混沌动力学演化的结果,用基于纯随机假设的传统统计方法是难以全面揭示其数学特征的。对此,可以考虑引入描述地质体数学特征的新参量——分维和多标度分形谱,这样既能揭示其复杂程度,又可以在一定程度上反映其成因特征。同样,针对地质体的概率数学模型和确定性数学模型可以建立其分形模型。针对地质演化,可以考虑应用非线性科学于定量地质学的两个方面,即地质历史状态的分形重建和地质演化过程的混沌重演。当然,我们在直观观察地质现象方面尚存在许多困难,还有艰苦的工作要做,其他一些新技术和方法,诸如模式识别、图像处理、遥感技术、人工智能、信息合成技术和地理信息系统等都为地质学的发展提供了强有力的工具和手段,为地质信息的充分发掘和有效利用创造了不可缺少的条件。

分形理论(Fractal Theory)是当今十分活跃的新理论、新学科。分形理论的数学基础是分形几何学,即由分形几何衍生出分形信息、分形设计、分形艺术等应用。分形理论的最基本特点是用分数维度的视角和数学方法来描述和研究客观事物,也就是用分形分维的数学工具来描述研究客观事物。它不局限于一维的线、二维的面、三维的立体乃至四维的时空传统分析,更加趋近复杂系统的真实属性与状态的描述,更加符合客观事物的多样性与复杂性。分形理论以自然界和人类社会中广泛存在的无序但具有自相似性的系统为研究对象,以分维数、自相似性、统计自相似性和幂函数等为工具,研究隐含于杂乱现象中的精细结构,为人们从局部认识整体,从有限认识无限,提供了崭新的思维方法,为现代科学技术的发展提供了强有力的非线性数学工具。

赵鹏大强调,分形是对那些没有特征长度而又具有相似性的图形、构造及现象的总称,它反映了自然界中很广泛一类对象的基本属性,即局部与局部、局部与整体在形态、功能与信息上的自相似性。定量描述这种自相似性的参数称为分维数。由于研究对象为一些无序而具有自相似性的系统,它们的形成过程是随机的,因而维数的变化是连续的,即可以是分数。这样,人们就可以借助于分维数来揭示地质现象的复杂程度,并且反映其自相似性特征。20世纪80年代,分形理论被引入成矿规律、成矿预测的研究中,促进了该领域定量研究由线性向非线性的发展。在矿床统计预测中常使用关联维数,其定义源于预测模型中的数学方程。在成矿预测中,人们大多是通过研究关联维数来揭示地质现象的分形特征及其与矿化的内在联系,并取得大量的成果。多变量分形体和多维分形理论研究取得突破,促进了分形理论在成矿预测中的应用(成秋明等,2009)。

例如,可以将复相关系数称为幂律度,意为符合分形的程度。它是一个包含了远程分形信息的重要参数。设该直线的截距为b,斜率为k,则$b=\lg a$,$k=4-2D$,可求得分维数$D=(4-k)/2$。矿体与自然界许多事物一样,都是在非线性动力学体系作用下,通过自组织过程形成,并具有耗散结构和分形特征。但在地球演化的漫长过程中,由于诸多地质事件相互叠加、改造,致使成矿信息及其非线性特征变得错综复杂。如何有效地识别与成矿有关的分形体是利用分形理论进行成矿预测的关键所在。幂律度是指地质体符合分形的程度,即可作为识别、圈定分形域或分形体的定量指标。而分维数则是定量描述事物自相似性的参数,它代表了地质体的复杂程度。可见,幂律度与分维数分别刻画了地质体两个不同的分形特征,幂律度的高低与分维数的高低没有任何必然联系。在实际中,有些成矿过程可能与分维数的关系密切,而有些则可能与幂律度的联系更为紧密,应根据具体情况具体分析,在筛选预测变量时切忌主观臆断。

第二节 系统、全面、发展的找矿哲学思想

成矿是一个客观的自然过程,可以与人无关,它表现的是自然现象的规律。但找矿却是一个人或者诸多人的行为过程,是特定的社会环境、人文环境、科研环境中理论与实践相互作用的产物。找矿的基本问题是"找什么"

"哪里找"和"怎么找",随着这"三要素"的发展和变化,找矿理念也随之变化。"三要素"是找矿理念变化的驱动力,也是找矿方法和技术发展的驱动力,可以说找矿理念的创新是永无止境的探索和与时俱进发展的结果(赵鹏大,2011)。赵鹏大的找矿哲学,是实践与理论相结合产生的精神结晶,它不仅有思维的、理论的闪光,更有人格与情操的魅力(刘洋,2008)。

一、执着的人文精神找矿

地质行业在国民经济建设中起先行和基础性的重要作用,服务于经济建设和社会发展的全过程。为了建设社会主义,无数地质工作者满怀激情,意气风发,跋山涉水,风雨兼程,奉献着自己的青春和汗水。赵鹏大作为其中一员数十年风霜雪雨,数十载努力钻研,不断探索着地质科学的奥秘。在60余年的地质生涯中,他的足迹遍及祖国的山山水水,也留在了世界的各个角落。

赵鹏大一生对地质探索事业有执着的爱。他生于艰苦动荡的时代,但矢志不渝,向往并追求地质事业。在他看来,大地是人们世世代代休养生息的地方,是一个巨大的宝库,隐含着地球环境变化的各种信息。扎根大地的地质研究非但不枯燥,反而对于科学工作者来说,每次新发现都是非常有意思的事,其中的乐趣促使他在教学、科研等方面取得了显著的成就。

在科学活动中,赵鹏大始终如一地坚持实践第一、解决生产实际问题第一,以及理论与实践结合的思想。他认为,地质科学研究不仅要把握住世界地质科学发展的前沿,更要把握我国国民经济建设的前沿。一方面,在经济建设前沿中发现问题,进行总结提炼,推动理论前沿的研究;另一方面,把理论前沿的成果应用于生产之中。

几十年来,赵鹏大为发展我国地质矿产事业做出了坚持不懈和卓有成效的努力,取得了丰硕的科学研究成果,出版了10多部专著,在国内外刊物上发表百余篇学术论文,多次获国家级和省部级奖励,成为我国乃至世界地质科学界杰出的有影响力的科学家之一。

长期以来,赵鹏大将教学科研与行政工作"双肩挑",重担系于一身。他指导培养了博士生近200人,其中很多学生成长为全国矿产资源勘探、预测和数学地质领域的骨干力量,取得了较为突出的成就。从1958年回国至今,历任教研室主任、系副主任、系主任、院长、校长等职,此外还兼有众多的社会团体和学术机构的职务。他深知,做大学校长责任重大,他的胸襟、抱负、视野、理念都可能影响着学校未来的发展。2005年,赵鹏大从校长岗位上退了下来,但他仍像一台开足马力的机器整天不知疲倦地工作着。他说,做了一辈子地质工作,不是说丢就能丢得掉的。退休后,他用更多的时间开展业务,不断充实自己。他没有忘记自己年轻时立下的终身做一个地质工作者,为祖国服务的诺言(中国地质大学校史编撰委员会,2001,第198-206页)。

二、不断创新理论找矿

善于理论创新,不断地创造新的科学理论指导实践、指导找矿,是赵鹏大找矿哲学的重要特征。恩格斯说过,一个民族如果没有抽象思维的能力,是不可能站在世界民族的理论高峰的。把经验和想象上升为理论,对指导找矿具有重要意义,也是赵鹏大毕生努力追求的重要目标之一。

1. 数学地质新概念

20世纪八九十年代,赵鹏大在不断丰富和完善数学地质学科方面进行了深入的研究,建立了数学地质新体系,即研究地质体数学特征,建立地质体数学模型;研究地质作用因素及相互关系,建立地质过程数学模型和研究地质工作方法及地质数据特点,建立地质方法数学模型。1982年,他发表《试论地质体数学特征》,首次论述了地质体数学特征的内容和方法。对地质体的定量研究和定量表征是深入揭示地质体成因本质和区分不同成因地质体的一种重要途径。然而,并不是任何一种定量表征都能代表该地质体的本质特征,这需要从不同角度全面深入地研究,以发现和提取地质体本质的数学特征。地质体数学特征的提出加强了数学地质的理论基础,也为深入研究地质体开拓了新的方向和内容,因而具有一种普遍的意义(赵鹏大,

1982)。

2. 地质异常定量预测理论与方法

1995年,赵鹏大发表文章论述中国"地质异常",一改传统的区域构造划分方法,赵鹏大从定量求异的角度对中国主要成矿带的分布总结出新的规律。"地质异常"的提出,丰富了成矿预测的研究内容,完善了对物探、化探异常的综合配套解释,为寻找超常矿床提供了新的途径。万事万物有相似必有相异,有相同必有变异,二者总是形影相随、相伴而行的。在地球与其他类地行星之间,在地球各种物质客体之间,在相同地质作用之间,始终存在着既相似又相异的双解性,从思维科学的角度和科学研究、科学发现的角度来看,求异思维比相似类比方法更有意义,因为有变异才有新生,求异才会有可能创新。在科学研究工作中,往往一个看似微不足道的不同点却会带来惊人的发现。只有相似类比与求异思维的有机结合、互相补充,才是科学的思维方法(赵鹏大等,1998)。

3. "三联式"定量成矿预测及评价

"三联式"成矿预测以圈定各类地质异常为基础,以识别、揭示、提取和圈定新型的、隐式的和深层次的成矿地质信息——各种类型和尺度的致矿地质异常及与其相匹配的物探、化探、遥感矿致异常为主要内容。"三联式"成矿预测以分析成矿多样性为目标,不仅以预测和发现已知矿床类型和矿产资源为目的,而且将可能利用的非传统矿产资源纳入分析内容。不同地区成矿多样性分析是比较评价不同地区含矿丰度的重要指标,是确定主要勘查对象和进行综合勘查、综合评价和综合利用的主要依据。"三联式"成矿预测以研究区域矿床谱系为依据,把作为预测对象的矿床放到预测地区的地质成矿时空及成因演化系统中去考察,而不是孤立地、静止地、无序地预测各类矿产资源。矿床谱系是区域成矿有序性、成套性和规律性的反映,根据不同地区矿床产出的有序度、成套度可以评价研究区的资源潜力。地质异常与成矿预测"三联式"成矿预测中,地质异常的识别与圈定具有重要意义(赵鹏大,2002)。

4. 非线性理论的积极倡导与应用

20世纪末,国际上新的理论、方法与工具在地球科学中相继出现,非线性理论、分形理论、空间统计模型和GIS技术、模糊证据权等受到重视。赵鹏大将这些理论与自己的学术观点密切结合起来,提出了有重大价值的新思路和新方法。从传统来看,数学地质的基本任务之一是查明地质体的数学特征,并在此基础上建立地质体的数学模型。地质体的数学特征是指地质体各种属性的数量规律性,这些规律性必须反映地质体的本质特征和总体特征。由于地质体的演化是多时空、多成因的,既不是纯粹的随机式又不是完全的确定式,因此,用混沌的概念来解释和描述是非常有说服力的。混沌概念不同于传统的纯随机假设概念,也不同于局限于线性假设的确定性概念。从结构或空间特征来看,引入描述地质体数学特征的新参量——分维和多标度分形谱,可以更好地揭示其复杂程度,获得更高程度的应用。当然,根据地质体的概率数学模型和确定性数学模型可以建立其分形模型。混沌与分形针对地质演化应该是强有力的、有发展前景的数学工具(肖斌等,1999)。

三、主攻方向——数字找矿

数字地质是数学地质发展的新阶段,是数学地质的延伸与拓展。数字地质以地质学中的信息技术应用为基础,以地质学中的数学应用和数学模型研究为主要内容,以解决地质理论和实际问题为目的。数字地质是地质学的定量化理论和信息技术,它与数学地质相比,无论是在内涵上还是在外延上都大大扩展了。数字地质的目的是有效发现和提取信息,有效揭示和解释变异,有效查明和预测规律性,有效研究和解决地质问题(赵鹏大等,1983)。

数字找矿是数学找矿的延伸和发展。只有全面、系统、多维、精准水平的数学找矿,才是数字找矿。多年来赵鹏大在数字找矿领域辛勤耕耘,获得国内外数学地质专家的赞誉。

在找矿领域中,地学家们发展了很多定性预测理论,诸如关于大型、超大型矿床成矿及找矿理论,矿床成矿系列勘查及预测理论与方法,金属成矿时空演化及等级体制成矿理论,区域成矿学理论及方法,地球化学块体及地球气深穿透理论与方法,成矿流体理论,边缘成矿理论,三源成矿理论,地幔热柱控矿理论,同位成矿理论,矿集区,与成矿大爆发理论,等等。这表明,成矿规律与成矿预测是我国地学界研究的重点和热点之一。其中,矿产定量预测及评价占有重要地位。在定量预测与数字找矿方面,既吸纳国外先进研究成果,又具有自己独特的创新研究。

赵鹏大指出,我国矿产定量预测及评价的发展经历了以下几个不同的阶段。

1. 矿床统计预测阶段(1976—1990 年)

矿床统计预测阶段的主要特点是将概率统计及多元统计等定量方法用于矿床预测及评价。这要求将预测对象或地区划分为等面积的网格单元或不规则的地质体单元,再根据已知有矿地区划分出模型单元,用于与未知单元进行相似类比。预测所依据的资料及数据可以是单一的地质变量或单一的物探、化探变量,也可以是依据地质、物理、化学、遥感等各种学科和采集数据的综合。早期采用了信息预测法,预测的类型有全国范围内针对某矿种的资源总量预测和在局部地区进行的成矿远景区定量预测。预测的成果形式可概括为"四定",即定成矿远景区(单元)空间位置、定矿产资源数量及质量、定成矿与找矿概率、定成矿因素或找矿标志的有利数值区间。矿床统计预测研究使我国成矿预测从传统的定性工作进入到定量预测的新阶段,是成矿预测领域的一次创新和突破,它推动了数学地质学在我国的发展,促进了整个地质工作的定量化研究。

2. 基于求异理论的资源定量预测与评价阶段(1991—2000 年)

传统的成矿预测,包括第一阶段的矿床统计预测都是以相似类比原理为预测准则,即根据已知矿床所建立的矿床模型作为研究区成矿预测的参照物和依据,矿床模型及矿床模型法在成矿预测中无疑具有重要意义。至今,很多学者仍认为,矿床模型是矿床吨位最好的预测器。然而,矿床模型法具有两个缺陷:其一是不能根据已知的矿床模型预测迄今未曾发现过的新类型矿床,而发现新类型矿床是当今及以后找矿的主要任务,即使是在已知成矿区带之内寻找新矿床或在已知矿床寻找新资源以扩大矿床储量、延长矿山寿命、缓解资源趋于枯竭的危机,矿山也不能完全依靠已知矿床模型;其二是根据已知矿床模型不能预测比已知矿床规模更大的超大型矿床,因为这种超大型矿床往往产生于独特的成矿地质环境之中,具有超常的成矿物质来源和聚集条件,而超大型矿床又是当今国内外矿产勘查的重点目标和对象。由于上述情况,基于求异理论的矿产定量预测及评价途径就成为对相似类比预测原理的新发展。在国外学者的启发下,赵鹏大系统地完善了地质异常与成矿预测理论与方法,在国内外地学界引起巨大反响,把数学找矿推进到一个新的阶段。

3. 数字找矿与资源定量预测及评价阶段(2001年至今)

随着信息技术的发展,地质调查及矿产勘查已全面进入数字化阶段,已经不是某一部门、某一环节或某一工序局部应用信息技术,而要求在地质调查的全过程广泛应用信息技术。2001年,赵鹏大等提出的"三联式"成矿预测及资源评价途径正是数字找矿的新实践。"三联式"成矿预测将地质异常、成矿多样性及矿床谱系三项研究工作紧密结合形成矿产预测及定量评价的切入点。"三联式"定量成矿预测以地质异常分析为基础,实现成矿及找矿信息的数字化及定量化;成矿多样性分析是矿化特征的数字化及定量化;而矿床谱系分析则是成矿规律的数字化及定量化。可见,"三联式"成矿预测及资源评价涉及到成矿和找矿各方面的基本问题,是实现全面数字找矿的必由之路,也是矿产勘查评价领域应用信息技术的基础和前提。"数字找矿"与矿产定量预测及评价的应用前景十分广阔,既可以研究油气资源,也可以研究金属、非金属等固体矿产;在理论与方法上,既有综合分析性研究,也有个别技术及数学模型的研究,特别在矿产资源评价与国土资源合理利用及环境保护问题方面优势明显(赵鹏大等,2009)。

第三节　与数字找矿密切结合的数学哲学思想

　　数学哲学是哲学的一个分支,主要研究数学中的哲学问题。从毕达哥拉斯到康德的众多思想家都有许多数学哲学的重要思想,但作为专门学科直到19世纪中叶以后才逐渐建立起来。数学哲学着重研究数学的对象、性质、特点、地位与作用,数学新分支、新课题提出的重要概念的哲学意义,著名数学家和数学流派的数学和哲学思想,数学方法和数学基础等问题。赵鹏大的数学哲学思想是在数学地质、数字找矿理论与实践过程中形成和发展的,具有鲜明的特色(赵鹏大等,1992)。

一、定量认识是科学研究的重要手段

　　定量认识是科学认识的重要手段,同时与正确的定性认识是不可分割的。赵鹏大在概念内涵指标的量化及优化和特征函数改进认识的基础上,提出了概念空间、概念域和地质概念的数学特征等思想,为从内涵上研究地质对象提供了基本度量空间,并指明了研究的基本内容。由于其普适性,该理论已经超越了数学地质的范围,上升到一般数学哲学的水平。

　　赵鹏大等认为,人们认识一个对象要提出概念,而概念的定量化在科学定量化中处于十分重要的地位。一个地质概念的形成往往始于划分,然后是提取共性、抽象出内涵,再调整划分,即由外延的确定到内涵的厘定,再返回到外延的描述。其中,内涵与外延是一个概念的两个基本方面,前者是对该概念质及量的指标规定,后者则是论域中符合指标规定的直观或抽象的个体及元素的集合。利用集合论中的特征函数可以给出一个涉及其内涵和外延的数学表述。概念的定量化进展可以归结为内涵指标的量化与优化和特征函数的改进。若从分类和描述的角度对这一问题进行考察,则在定性分类中,由于分类本身没有量的概念(虽然有不少定性分类可以做到有序的),类间和各类中的个体不能进行定量描述和处理。反映在特征函数上乃

是逻辑指标的逻辑运算及其结果取值的真伪,即0或1。概念的定量化侧重于分类判别时的定量处理,使类间个体的区别得到定量的表述(邹敬东等,1993)。

如果对类中的个体同等对待而不加区别,反映在特征函数上则是定量、半定量指标的逻辑运算及其结果取值的真伪。模糊集合的提出,不仅给出了一个概念的模糊描述,同时也对个体在隶属程度上进行了区分,提供了根据"典型性"程度的差别对外延个体进行不等权处理的基础。隶属函数是对特征函数的发展,是定量指标数量运算及其结果的数量表示。这种结果的数量表示对于描述很多类间过渡性个体是十分合适的。从模糊集合论的观点来看,在用来定义分类的基础变量空间中,不仅论域中相邻类的个体之间存在着联系,反映在分类标志值的相近或某些属性的连续变化上,亦即模糊性,而且同一类中的元素之间也存在着差异,反映在分类标志取值的不同,这种不同有可能是导致类中某些变异的因素。

赵鹏大等指出,当分类标志值的变化是引起类中某些属性变化的因素时,对这些属性的研究和处理就必须考虑分类标志取值的变化,即在分类标志所构成的空间中对它进行研究就是十分必要的。隶属函数成功地表示了个体对于一个模糊集(即概念)的隶属度随基础变量的变化而变化。目前广泛地用于对个体的加权统计和描述就是明证。虽然人们可以根据结构性和模糊性相结合的原则来构造类模型,从而在基础变量空间中展现各类的各向异性特点,但同一分类只能有一个类模型和一种隶属函数,仅根据隶属函数仍无法有效地区别处理在分类标志空间中变化特征不同的属性。所以,在分类标志空间中摆脱隶属函数的约束,直接讨论所研究对象的特征及变化,以及更好地解决估值等问题是十分必要的。

在此基础上,赵鹏大进一步指出,在实践中,研究对象结构的空间展布是非常重要的。大多数分析结果,特别是统计分析结果,只有将空间位置与外部环境相结合,才能得出有效的结论。例如,将因子分析的因子得分进行空间趋势分析,是对因子的意义进行解释和验证并再现相应的因素空间分布的重要手段。一种运动过程的演化结果经常反映在空间上的变化,通过空间的变化进行研究。概念的外延集合的属性的变化性是由概念空间即内涵上的变化性和时空上即外延上的变化性组成的,而且这两种变化性不是无关的。在以往的概念定量化研究中不是将两者混为一体,就是割裂开来,即仅从外延集合的时空变化上提取概念的特征,很少有人讨论个体集合在概念内涵意义上的结构特征及其对所提取的概念的各种属性的数量特征值的影响。应该说这不是十分妥当的。只有将外延集合的时空变化与内涵意义上的结构特征有效结合起来,才能对概念定量化研究作出强有力的表达。

二、模型方法的意义与特征

数学地质是一门地质与数学相交叉的边缘学科,它以地质为基础,以数学为工具,以计算机为手段,以解决地质问题为目的,可以说以地质始并以地质终,所以数学地质是一门地质学科。几乎所有的数学方法,包括近年来发展和兴起的一些新的数学分支学科,如数学形态学、模糊数学、分形几何学、稳健统计学等都被用于研究和解决地质问题。数学地质是研究在具体工作中建立、分析和利用地质现象而采用数学模型的科学。因此,模型化的方法具有关键意义。

模型方法作为一种现代科学认识手段和思维方法,所提供的观念和印象,不仅是人们获取知识的条件,而且是人们认知结构的重要组成部分,在自然科学日常教学中有着广泛的应用价值和意义。模型方法是以研究模型来揭示原型的形态、特征和本质的方法,是逻辑方法的一种特有形式。模型有不同的分类。从内容上来看,有直观模型、理论模型、数学模型3种。其中,直观模型与经验观察直接相连,是对象外部特征的概括与集中表达。理论模型通常是定性认识,是对某一类事物本质的判断与把握。数学模型是一种定量认识,它是一种高度抽象与形式化的产物。数学模型是关于部分现实世界和为一种特殊目的而作的一个抽象的、简化的结构。具体来说,数学模型就是为了某种目的,用字母、数字及其他数学符号建立起来的等式或不等式以及图表、图像、框图等描述客观事物的特征及其内在联系的数学结构表达式。数学模型有静态和动态模型、分布参数和集中参数模型、连续时间和离散时间模型、参数与非参数模型、线性和非线性模型、随机性和确定性模型等。

随机性模型中变量之间的关系是以统计值或概率分布的形式给出的,而在确定性模型中变量之间的关系是确定的。在二者之间,还有一种模型,即混沌模型。混沌模型中的变量之间的关系既不是完全随机的,也不是完全确定的,而是确定与不确定的混合。混沌现象可以向两个方面转化,在一定条件下,它可以转化为无序与混乱;在另外的条件下,它可以转化为有序与确定。人们往往感兴趣的是:混沌现象在何种条件下,可以由确定转化为不确定,或者恰恰相反,由不确定转化为确定——做出何种观察与诱导,取决于人们实践中的不同目的。

赵鹏大认为,数学模型的重要特点之一就是简洁,或者能把复杂的、千头万绪的现象简单化,便于人们认识与把握。科学研究就是把复杂问题明晰化、简单化。科学研究就是要把事物的方方面面的关系进行精炼、提纯。

从广义来看,理论思维的过程也是一个思想上不断精炼、提纯、抽象和深化的过程。一种感性的认识,逐步的抽象和深化,逐步提炼最后凝练成普适性很强的能解释各种现象的观点和理念。要把一个问题逐步提升提炼,普适性越高,它的价值就越大,哲学成分就越多。理论创新的成果要简洁,就是要提高它的清晰度。把一个复杂问题说简单了,这就是科学。简单化需要定量,需要数学的工具。研究数学地质,把地质体定量化,研究其数学特征,如几何特征、统计特征、结构特征、空间特征等,这就是数学模型的特点。模型的内在要求是抓住事物本质,是反映事物的本质。地质体的特征很多,但是不一定都是本质特征。因此不能为定量而定量。如果看起来是定量的,反映的却不是事物的本质特征,这种定量就与准确的定性无关,这就失去了定量的价值与意义。

赵鹏大强调,科学研究往往面对不确定性的对象,需要在不确定的条件下做出正确的结论,或者力求做出尽可能正确的结论。有时在科学研究中,条件不确定,数据不完备,资料不齐全,但要力求做出正确的决策。因此,模型的运用效果往往是概率性的。完全确定性的模型中,成功的概率为1;而面对着大量的复杂对象、混沌对象,人们只能追求概率最高的模型。赵鹏大认为科学问题有很多不确定性,在不确定性的条件下力求做出尽可能正确的结论。但结论也不是绝对正确的,这里面还是有很多的相对性。不确定的事情,它就意味着可能产生结果的多样性,这个结果的多样性不是都等量齐观的。不确定性条件下,由某一种结果产生的可能的概率最大,所以要估计每一种可能事件发生的概率的大小。在不确定性条件下判断各种事件发生的概率的大小,根据最可能发生的情况做出的决定,这种结论只能说是相对正确[①]。

三、地球系统科学需要数字科学

赵鹏大在《数学地质研究现状和发展趋势》一文中指出,21世纪是地球系统科学形成的时代,这个系统包含着各种复杂的相互关系:地球各圈层相互作用的系统,天、地、生系统,人地系统,表层地球系统等。对系统的研究包括了它们的相互作用、动力学机制和这些作用的结果。开展这些复杂系统的研究不仅需要地质科学内部的交叉渗透,而且还需要地学与数、理、化、生、天等大学科实现更大跨度的交叉与联系,也需要与高新技术紧密结合。数学地质学应为解决地球系统科学中各种复杂现象和相互作用做出贡献,应为人类与地球之间的协调与和谐发展、为保证人类社会的可持续发展做出贡献。赵鹏大认为,面对新的形势和任务,数学地质学在即将到来的21世纪应在以下诸方面做出新的成绩和谋求新的突破。

1. 全球地学数据库、全球变化及对比模型与全球性地质、物理、化学、遥感综合异常研究

开展国际数学地质协作,建立全球各类地学数据库和全球性模型是一项十分重要的基础性工作。数据库和模型的建立有助于全球地学数据资源

---

① 赵鹏大与中国地质大学(武汉)马克思主义学院师生访谈,2012。

共享并为解决一些重大地学问题创造条件。这方面已有一些良好开端,如全球火山岩、沉积岩数据库的建立,氟的全球性地球化学异常研究等,可对全球性变化及全球资源、环境、灾害综合预测及评价提供定量的、动态的及可视的数学地质依据。

2. 深层次地球信息提取及高精度预测模型建立

掌握了深层次信息提取的技术,就占领了 21 世纪科技发展的制高点。深层次信息是指在复杂背景下提取的特定信息,如在强干扰下的动态信息提取,在信息不完整、有缺损甚至有矛盾时的信息提取,对内部、深部、隐蔽及微弱信息以及新类型、新地区信息的提取。关键在于构置和提取与研究对象有密切关系的变量的信息,尽量压低和排除各种噪音的干扰,建立高精度的预测模型。

3. 非线性地学的形成与发展

20 世纪 70 年代以来,自然科学的一个重要进展,就是非线性科学的崛起与广泛应用。地质学家也愈来愈认识到:基于完全的决定论和纯粹的随机论所建立的数学模型都不能反映大多数地质演化的实质,许多地质现象在本质上是非线性的。在这一背景下,以非线性科学为基本手段,以探索地质现象的复杂性为目标的非线性地质学就有了形成的必要和发展的可能。首先要开展非线性地质现象的分形统计学与混沌动力学研究,诸如地质数据矢量内的分形结构与自相似性,地质作用动力学过程的自组织临界问题等,在此基础上逐步建立非线性地质学的学科体系。大力推动地质学定量化研究的进一步发展,非线性地质学的研究将具有思想库和工具库的双重作用,它将构成 21 世纪数学地质研究的主题。

4. 资源-环境联合预测及定量评价

21 世纪的资源勘查与开发必须进一步做到社会效益、经济效益及环境效益的统一,开展资源与环境的联合评价。为了保护环境和防止污染,人们可能不得不放弃在某些地区对某些资源的勘查与开发,而另一方面,在进行环境评价时也应考虑环境的资源构成或环境结构,使各种资源得以最好的利用和保护。将资源开发与环境保护加以对立的思想和做法是不可取的。

根据不同国家生产力发展水平的差异，不同时代对资源与环境综合评价的侧重有所不同。在未来矿产资源与环境仍将是数学地质应用的两大主要领域，它们将被置于统一体系中加以研究。

5. 高性能计算与通信及多媒体技术的地质应用

多媒体计算机将声音、图像、文字及图形集中于一体，使数学地质在解决各种地质实际问题中具有更大的可能性和效能。将地质空间数据、图形及图像加以传输、转换、运算和显示的地理信息系统、图像分析系统对数学地质的发展起重大的推动作用，未来计算技术的巨大发展必将给数学地质带来更大的变革。

6. 地质假说及理论的可检验性及可证明性的逐步实现

在地质假说及理论的检验中，除少数地质作用和现象可以在实验室通过重现加以证明外，大量的预测结果和推断现象是难以精确检验的。因为一个具有普遍性的地质推断是无法通过有限的、局部的、短暂的实践加以检验的，因此实验过程是有局限的。实验的个别性在逻辑上不足以有效证明普遍预言的理论。这就需要数学的逻辑与方法。例如，正确的数学模型的建立有可能在解释、预测、检验及控制各种现象和过程中发挥更有效的作用。

7. 地质概念和定义的精确化、唯一化及其数学表达

众所周知，许多地质概念、名词术语是多解的。反之，同一事物或现象又可能有多种定义和表征。显然，数学地质应该在统一地质概念和名词术语标准化和唯一化方面发挥特殊的作用。地质体数学特征的查明可能是解决这一问题的重要途径。

8. 地质专家知识模型的普及和专家系统的进一步发展

21世纪，知识工程将得到进一步发展。高水平地质专家解释各种复杂地质现象、解决各类生产实际问题的思路、知识、方法、步骤、战略、策略等将加以系统化、程序化和计算机化。各种问题的研究和解决将可达到高水平或熟练专家水平。实用的、便于操作的专家系统的开发与广泛应用将成为21世纪数学地质的重要研究领域。

9. 定量地质制图新技术的应用

编制各类基础地质图件和专题图件是地质科学的基本工作内容,它既是工作目的,又是解决实际问题的工具和手段。数学地质将为地质制图现代化做出贡献。

以上简要概括了21世纪数学地质学面临的新任务和重要问题,但远不是它的全部问题和内容。"数字地球"概念的提出为数学地质发展提供了新的机遇和挑战。技术创新的新浪潮使我们能够大量地获得存储、处理和显示关于我们行星的各种环境和文化现象的信息。"数字地球"展示的是一种通过互联网连接起来的三维虚拟地球蓝图,它汇集各种科技、政治、地理和文化数据、图形和音像等。在科技领域,它可以称为"没有墙壁的实验室",科学家可以在这里研究寻找理解人类和环境之间复杂的、相互依存的关系。从远景来看,它还有虚拟外交、打击罪犯、保护生态多样性、预报气候变化、提高农业生产力等多个领域的广泛应用(赵鹏大,1999)。

第四节 勇于创新、铸造辉煌的教育哲学思想

赵鹏大不仅是一位具有渊博学识、孜孜不倦及具有求索精神的令人崇敬的地质学家,他还是一位德高望重、精明能干、面面俱到、管理和工作能力超强的老师及校长。从刚开始建校的北京地质学院,到中国地质大学顺利成为国家"211工程"、教育部"优势学科创新平台"项目建设的大学,赵鹏大见证了中国地质大学的成长。在任中国地质大学校长的22年间,他励精图治,勇于创新,铸造辉煌,为中国地质大学的成长及发展做出了巨大的贡献(赵鹏大,2002)。

一、坚持教育改革,培养"五强"地质创新人才

创新型人才是指能够适应社会发展的要求,能够满足时代对人才的需求,能够对所学到的知识和技能进行创造性的运用,能够在工作中从事创造性的活动,能够推动本专业甚至整个社会、国家的发展,甚至能够推动整个

人类事业迈向新高度的人才。

　　随着中华人民共和国成立后地质事业的不断发展,我国地质学方面的人才也不断涌现。但现在社会中的很多人才没有自己的个性,在工作中惰于思考,缺乏创新意识,对于已经掌握的知识也不能灵活运用进行再创新;同时对权威者俯首听命,严重依赖他人,缺少独立意识。这一现象,很大程度上是由于我们在发展教育事业的过程中,一味地追求知识的增长和经济的增速而忽视急于求成给我们带来的影响和后果。这就要求我们在培养人才和发展教育的过程中要坚守适度原则(赵鹏大等,2006)。

　　赵鹏大通过人才心理学、教育学和创造学等理论分析,提出地质学类创新人才的5个基本特征:第一,具有高尚的思想道德修养和坚强的意志,具有不达目的誓不罢休的毅力。第二,具有敏锐发散的思维和较强的批判精神与创新精神。第三,具有鲜明的个性和独立自主的学习与思考方式。第四,具有很强的实践能力和获取知识的能力,善于从实践中发现新的现象,抓住事物发展的本质特征。第五,具有强烈的求知欲望,且对科学充满兴趣和热情,有认真细致、实事求是的研究作风。

　　赵鹏大还探索性地提出了地质创新人才培养方法与途径,主要包括:分析地质学创新人才需要具备哪些个人素质,建立地质创新人才的素质、能力和知识人才结构框架;按照"五强"人才所应具备的素质要求,制作全新的一套有关培养地质创新人才综合素质及能力的方案;改革和重组地质学理科基地班和工科基地班的课程体系;制定新的教学计划;对地学创新人才素质和能力培养的途径和方法进行全新的探索与实践;开展实验、实践教学创新,建设国家地质实践基地;构建新型开放的办学体系——"产学研"基地;强化教学实验系统建设,设立大学生科技创新基地;实行多样化培养模式,培养个性化创新人才(赵鹏大等,2006)。

　　赵鹏大提出新时期地质创新人才培养方法和途径无疑是为我国地质教育事业描绘的一笔浓墨重彩,为我国地质事业培养出无数适应时代变化的精英人才。

二、教育创新与跨越式发展

赵鹏大(2003)在《教育创新与跨越式发展》一文中提出,在特定环境和特定条件下,在我国的一些地区和一些特殊的领域,我国的某些高校是能够实现跨越式发展的。教育创新应该贯穿于高校发展的整个过程之中,高校中的全体工作人员要自觉地将教育创新思想内化到自身的教育理念之中。高校工作人员要想产生新的思路,要想实施新的举措,要想使高校发展呈现新的局面,任何一个岗位上的工作人员都必须首先在思想上进行创新。跨越式发展是一个十分艰辛的过程,但也是我们长期追寻的必须要走的道路。要真正实现教育创新和跨越式发展,就必须做出具有实际效应的针对新的发展阶段的发展规划,并明确新的发展阶段所赋予的新的任务(赵鹏大,2003)。

高校地质教育发展战略是一个完整的体系,它涉及到战略目标、战略重点、战略步骤和战略措施等问题,是一个复杂的系统。赵鹏大认为高等地质教育发展战略中有几个重要问题,其中重点是地质院校发展问题。他指出,高等地质教育既是我国地质系统的子系统,又是我国高等教育系统的子系统,对我国综合国力的增强起着不可替代的重要作用。因此,要充分挖掘现有地质院校的潜力,走"内涵发展"道路,要成为能培养各层次高质量人才的基地,从而成为教学、科研和社会服务的中心。

三、"地质大体育"教育观

在长期的高校地质教育工作实践中,赵鹏大认为体育是整个教育系统中的一个子系统,在强调德育应放在高校教育工作首位,重点发展智育的同时更要注重把体育贯彻实施到整个教学环节中来。他强调,体育教学的改革必须突破课堂教学、体育场馆的约束,贯穿于整个地质教育的教学环节中去;教学内容要突破传统体育项目的约束,开展体现地质工作特色的体育项目的教学。同时,地质教育工作者还应认识到,高等院校的体育教学在学校办学目标及发展战略中要有充分的体现。体育教学在结合地质工作的特点,实现普及体育知识、增强学生体质和心理品质的体育教学目标的同时,还要探索创办高水平运动队,积极参与国际体育交流与合作,深入开展体育教学研究等。上述目标和任务决定着地质院校的体育教学必须是反映地质教育特色的、综合的、开放的、多样化和多层次的教学体系。赵鹏大等把这样一种体育教学体系和思想称为"地质大体育"教育观。"地质大体育"教育观是现代大教育观在体育教学中的具体体现,是高等地质院校体育的战略指导思想(赵鹏大,2002,第155页)。

"地质大体育"教育观具有以下一般体育教育所不具备的特点。第一,实施体育的空间广。体育实施空间不限于狭小的课堂及体育馆,而延伸到校内外一切可供实施体育的空间和设施。地质院校师生经常到野外进行教学、生产实习,承担野外地质调查的生产任务和科研工作,广阔的山野也是工作者实施体育的空间。第二,实施体育的时间长。把体育锻炼作为考核地质院校学生的基本要求。体育活动贯穿到地质人才的整个培养过程。第三,体育内容广泛。根据学生的年龄特点,除了开展田径、体操、球类、武术、游泳等传统项目外,还根据地质专业要求,突出游泳及田径中的中长跑、竞走等项目的教育,并增加具有专业特点的登山、攀岩、越野等项目,为学生将来跋山涉水、寻找宝藏打下良好的身体及技能基础。第四,体育形式多样。课内与课外相结合,学校与野外相结合,群体与专业相结合,打破体育课是实施体育唯一形式的旧观念。体育课主要传授体育活动、体育锻炼的基本技巧和方法,突出抓课外体育活动、群众性的体育活动,并把学生第二课堂、校园文化建设结合起来。第五,实施体育的多层次性。由于体育教师的编制有限,实施"地质大体育",单靠这支专业队伍显然是不够的。体育教师实施体育的空间和时间也受到许多因素的限制,他们主要负责理论上的指导和体育技巧上的训练,工作的重点在于普及提高。因此,必须要培养和建立一支热爱体育的"职业化"的业余队伍,各级领导、学生工作系统、群体工作系统队伍及广大教师都是这支队伍的骨干。这样才能保证群众体育活动的正常进行,才有可能使体育体现出地质专业特色,激发受教育者的体育热情。

中国地质大学自建校以来,一直重视学校的体育工作。近十几年来,以大体育观指导体育工作,使学校的体育在继承传统中得到了提高。学校领导及体育工作者认识到:体育不仅是德、智、体、美、劳全面发展中的一个重要教育内容,而且对德育、智育,尤其对大学生的思想品德教育有促进作用。学校一直把课外体育锻炼看作是巩固和扩大课堂教学效果,使学生得到全面和经常锻炼的环节,十分重视对学生进行各种体育锻炼活动的指导。对体育教育工作的重视,不仅能够丰富学生的课余生活,培养学生对体育活动的兴趣和爱好,更为地质专业学生从事艰苦的地质野外工作打下了良好的基础。作为未来地质事业的接班人,每一个地质人都需要有一个健康的体魄,这是由地质工作的特殊性所决定的(胡燕生等,2012,第6-15页)。

四、赵鹏大地质教育思想中的辩证法特色

1. 在地质院校改革和发展中坚持运用适度原则

世界上一切事物都是质与量的统一,体现其统一的标准就是度。度,指事物维持自己的本质,使其自身的内在本质不变的一个界限。在实践过程中,在做任何事情的过程中,我们都要遵循适度原则。赵鹏大地质学研究中,多处体现了适度原则。

"度"在矿产勘查评价中具有很重要的作用。在矿产勘查与评价研究中,赵鹏大提出最优化战术决策与战略决策,这一决策是他运用适度原理的鲜明体现。他的这一决策告诉地质工作者,在进行地质勘查时,既不能单纯地从地质的角度考虑问题,也不能仅仅从经济的角度来制订方案,即不能走向单纯追求研究成果和单纯追求节约成本的两个极端。在地质勘查过程中,要追求"适度"原则,既要把地质勘查程度控制在一定的限度内,又要把勘查过程的经济消耗控制在一定的限度内,要达到地质效果与经济效果的统一,以实现最大化的成果和经济效益。在矿产勘查工作中勘查者要善于运用适度原则来处理投资与回报之间的关系,处理研究成果与经济花费之

间的关系,使矛盾的对立面之间达到和谐的统一,只有这样我们才能在勘查工作中以最少的经济花费换取最大的回报。

赵鹏大强调,我们在做任何事情的过程中都要有强烈的度意识,做到心中有数、把握分寸,追求适度原则。在制定学校教育事业发展和改革计划时,既要从迎接国际上新技术革命的挑战出发,为我国现代化建设提供必要的人才和智力支持,又要保证政治和社会的稳定,坚持和发展社会主义制度,培养可靠的接班人;既要从中国地质大学的发展现状出发,提出明确的奋斗目标,又要努力探索适应现代化建设需要的人才培养模式,为把中国地质大学建设成具有中国特色的现代型、开放型、国际型的综合性地质大学而努力奋斗。在贯彻国家教育政策时,领导干部要有强烈的度意识,坚持适度的发展与改革的原则。对于学校未来的发展,要适应形势发展的需要,按照适度的原则来考虑问题和安排发展计划,从学校现实的发展阶段和实际情况出发,否则计划就会脱离现实,无法在现实中实施(赵鹏大,2006,第4-7页)。

2. 正确处理地质院校发展中内因和外因的关系

在事物运动及发展过程中,内部因素和外部因素同时对事物起作用。内部因素是事物变化的本质,外部因素是事物变化的条件。二者的结合决定事物发展的方向和速度,这是事物发展变化的一般规律。

赵鹏大指出,对内学校要结合生产实践,建设权威教师阵容,拥有大批学术权威和知名学者。师资队伍是高等院校的基础实力和最大的财富。师资力量的高低,将在很大程度上直接影响学校的学术地位、声誉,影响学校的人才、成果的质量和水平,影响学校促进社会进步、参与国家建设的贡献,影响学校高科技产业和科技开发,影响学校与国内外同行和学术界的交往。对于学生,学校要积极探索与科研院所联合培养的模式,支持鼓励学生参与创新性科研活动,定期举行科技论文报告会及科研立项,加强大学生在科研方面的参与机会,培养学生独立进行项目工作的能力,支持本科生参加团队科研活动并给予细心指导。实践教学是教学环节中的重要一环,学校要十分重视实践教学。要注重课堂教学与野外实践教学相结合,积极推进研究型学习。课堂教学与实践教学相结合,不仅有利于知识的掌握,也有利于培养学生的学习兴趣和研究型的学习能力。

赵鹏大主张对外积极开展预研工作,抢占高新技术研制的制高点。科研预研工作是超前的基础性研究,只有积极开展预研才能为应用研究打下雄厚的理论基础,开拓高水平的高新技术选题。在应用研究选题方向既要面对现实又要从学校现有的学科、专业和人才优势出发,综合优势,集中力量发展高新技术。

他认为要积极开展国际交流与合作。首先,有计划性地组织有关专家分析和评价国外地质科学技术的发展方向,有目的、有计划地进行国际合作与交流。其次,有目的地派送留学生和访问学者。再次,利用我国地质区域优势,大力开展国际合作研究。通过合作研究,加强全球性的地质研究,同时锻炼我国的地质科技队伍,拓宽他们的视野。最后,有计划地重点选派思路敏捷、动手能力强的青年教师去国外一流大学主攻关键领域的地质科学技术难题,为今后的地质科学发展做好人才和技术储备。

第十四章　赵鹏大哲学思想的丰富价值

赵鹏大的哲学思想,主要依托地质科研与教学及其管理的实践,但这些思想与唯物辩证法、历史唯物主义的一些基本原理是吻合的。因此,它有着丰富的理论价值,并且可以上升到一般哲学世界观、认识论、方法论甚至社会科技观的角度加以理解。

第一节　坚持唯物辩证法的世界观和方法论

赵鹏大指出,要正确地认识世界和改造世界,就必须坚持唯物主义的世界观,用辩证法的思想去分析问题和解决问题,只有这样才能取得科学的成果。地球是一个客观的存在,是一个物质的对象,存在着不依人的意志而转移的客观规律。一定要坚持认识的客观性,使我们的思想符合地球运动的客观实际。

外部世界是不断运动发展的,地质学科也是一个不断发展的过程。地学过去研究的范围比较小,现在由研究比较大的范围向全球性的方向发展,从研究地球生命生物的演化到整个地球物质的变化,研究的空间、时间都在不断地扩展。从相互联系的观念出发研究地球,不只是研究地球表层、地壳,而是把地球作为一个整体,把地球、天体联系起来。随着空间的拓展、时间的延伸,地球科学研究的领域也在不断地扩大。不只是基础地质,也不只是矿产资源,包括环境灾害都是非常重要的。地学的研究范围,时间、空间是逐渐发展的。这些发展从科学思想上的演化非常重要。地学以后往何处去,要有引领地学发展的科学思想。要产生新的学术,具体学科的理论需要有很超前的思想指导。要在地学理论上,有创新的思想。所以唯物辩证法的正确思想的指导是第一位的,哲学应该是指导科学发展的东西、动力或导向。

事物的联系和发展中存在的根本的规律,这就是对立统一规律。辩证法告诉我们要全面地看问题,避免片面性的考虑。对立统一规律要求我们,不能只偏向某一方面,要把握全体。赵鹏大指出,事物都是一分为二的,你看到它的矛盾的一面看不到统一的一面也不行。你光看到一方面它就没有矛盾,要看到多方面才会有矛盾。解决矛盾就是把对立面统一起来,想办法找到它们的统一点。例如勘探一个矿藏,从开采的角度来讲,打的钻越多对下面矿体的了解情况就越多,但钻打多了,反过来这个矿勘探的成本就提高了。打两个钻就能解决问题,打十个那就是浪费资金。这就是对立统一的问题。这就需要我们找一个最佳的解决办法,找一个最佳的结合点。

赵鹏大认为,在事物的多样性的复杂的矛盾关系之中,要善于抓住主要矛盾,善于抓住关键点。抓住这个关键点,就可以照顾到事物的全体。任何工作都是这样。在找矿工作中,要注意深浅结合的辩证关系。深部找矿存在一个深浅结合的问题,不能认为找得越深越好。深部找矿首先要搞清楚浅部的问题,而要搞清浅部,我们还要了解深部。所以深浅也是一个对立统一的关系。有时候研究地表,地质工作者很难知道地下有没有岩体,是什么样的岩体。但打一个深钻,了解一下深部构造,对于地表的很多问题就可以认识清楚了,就可以解决了。有时候就为了节省一个深钻,地表的情况难弄清楚。反过来,地表还没调查很清楚就盲目打深钻,深部的情况弄清楚了,但地表的情况却不清楚,那就是舍近求远,造成浪费。深浅结合是一个对立统一的关系[①]。

[①] 赵鹏大与中国地质大学(武汉)马克思主义学院师生访谈,2012。

第二节　坚持以实践为基础的辩证唯物主义认识论

一、实践是认识地质的决定性因素

实践是检验真理的唯一标准,一个理论即使被认为完美,只要没有经过实践的检验,没有在实践中得到验证,没有在实际生产和生活中发挥作用,就不能称之为真正意义上的真理。真理需要实践的检验。在赵鹏大的科学研究生涯中,坚定地秉持了这一指导思想(刘颖,2016,第5页)。

赵鹏大认为,在科学研究中,应该十分注重实践在其中的作用,应该将地质理论与实践相结合,及时将理论转化为现实的生产力。赵鹏大十分注重在实践中将理论转化为现实效益的效率和进程。首先,在理论转化为实践过程中,要全面有效地解决所出现的问题,并将其总结提炼以推动在理论方面的进展;其次,要及时把研究得到的理论化的知识转化为经济和社会效益。20 世纪 60 年代,赵鹏大在个旧锡矿区进行实际矿产资源生产中遇到了诸多问题,如合理工程间距的确定、储量的级别划分以及合理勘探技术手段的选择等。他总会首先帮助解决生产实际中的问题,然后才从理论高度思考科研过程的问题。1963 年,卡房条状矿体平面呈现出"Z""T""U"字形等各种各样的形态特征,在矿体规模上宽度小、延伸大,层间滑动与构造断裂交错控矿出现困难时,他集中力量处理矿体的连接、圈定、追索等难题,并总结出适用于复杂形态矿体的数学模拟理论及方法。1964 年,在解决老厂矿区实际问题的过程中,他使用模拟的方法对细脉带型矿体进行研究。1965 年,针对松树脚矿区中出现的难题,赵鹏大提取出接触带型锡铜矿床的勘探及评价的方法。1976 年之后,他在分别对迁安、白云鄂博、个旧、铜陵及宁芜等地区进行成矿定量预测等实际工作过程中,总结出了"矿床统计预测"的理论、准则及方法体系,构建了一套能够对地质变量进行取值、构置、筛选和变换的模型,极大地推动了对我国矿产资源定量预测工作的发展。1990 年,为了完成"305"科技攻关项目,他不顾自然条件的恶劣,坚持带领团队到新疆罗布泊地区开展实地观测工作,项目组在北山地区和东准噶尔地区分别发现了两条铜镍硫化物远景成矿带和一条金矿带。这一课题的研究成果——《北山成矿远景区地物化综合研究与找矿靶区圈定》于1992年荣获"七五"科技攻关重大成果奖(中国地质大学校史编撰委员会,2001,第150-361页)。

综上可知,赵鹏大在地质学研究中积极解决生产中的实际问题,不仅解决了生产中出现的难题,还推动了地质理论各个方面的新进展。运用现有理论解决实践中的问题,这也是对现有理论进行检验的过程,这就体现了理论需要在实践中进行检验的道理。同时,实践中出现的各种问题推动赵鹏大不断思考解决问题的方式,在思考的过程中逐渐探索、不断发现新的理论及解决问题的方式,由此,推动地质学理论不断向前发展,促进地质学者们在实践中取得越来越多的成果。事实证明科学研究的过程是由实践到理论、再由理论到实践的循环,每一次循环,都使认识与实践获得了一次质的升华。在人类认识的发展过程中,科学最终的归宿是实践,也就是我们的实际生活。理论的提取来源于实践,理论的检验离不开实践,这一理论,指导着赵鹏大在科学研究中不断取得进步、不断获得瞩目的成果。

二、充分发挥勘查者在找矿过程中的主体作用

按照马克思主义生产力学说,劳动者、劳动对象和劳动工具是构成生产力的三个主要因素。在生产力的诸要素中,人是最重要、最活跃的因素。科学技术必须由人掌握,才能转化为对社会有意义的现实的生产力。当今世界,生产力的发展、科学的繁荣、国家的富强和社会的进步,归根结底要靠"人"——劳动者的聪明才智、积极性和创造性去具体实现。

矿产勘查工作者的劳动是认识和探明赋存在地壳中的矿产资源,勘探工作是野外实地勘查和科学研究融为一体的探索性、综合性很强的工作。这种工作性质不仅要求矿产勘查队伍具备较高的科学技术素质,而且要求矿产勘查人员能够坚持不懈地进行实地勘查和研究。矿产勘查人员的劳动

对象和工作性质决定了勘查人员必须投身于艰苦的工作环境。从这些方面不难看出,在影响矿产勘查工作的诸因素中,找矿的主体即矿产勘查人员是最重要的因素,矿产勘查人员的素质是决定性的因素。

赵鹏大带领的团队是一支高素质的找矿团队,他带着自己的团队和学生到个旧锡矿区实习并进行科学研究及生产建设,到新疆罗布泊等地区开展实地观测工作。在经历艰难险阻的磨砺之后,终于取得了重大的成果。赵鹏大的这种不畏艰苦、迎难而上的精神正是地质人从事艰苦地质工作所不可或缺的东西。高尚的品德、深厚的专业素质、缜密的思维、强大的内心和心理素质等这些地质人所需具备的素质,在他身上得到了充分的体现(杨洁,2014)。

有强烈的找矿勘探意识是能动性的表现。人在认识世界和改造世界的活动过程中具有主观能动性,这种积极主动地改造世界的特性也正是人区别于动物的特点。通常,人们要想改造世界,首先要认识世界,而认识世界要在能动的改造世界和能动的思维过程中实现。人们有了对客观事物的正确认识之后,如不采取实际行动去能动地改造事物,就无法成为变革现实的物质力量。从事地质矿产工作也是一样,矿产在地下赋存,你不去找到它、开发它,它不会自动从地底下跑出来为你服务。所以人类要使埋藏地下的宝藏能为自己服务,首先就要求勘探人员具有强烈的主动意识,依靠广大地质工作者发挥主动精神去开展找矿工作。赵鹏大及其团队在找矿的道路上表现了强烈的积极主动的意识,每一次野外工作都是在精心准备、深入分析之后采取行动。在勘查过程中,每个成员各司其职,积极探索研究矿藏的各项属性,利用客观规律去寻找埋藏于地下的矿产资源。

地质工作者具有良好的个人素质。地质工作者能否在找矿工作中取得令人满意的成果,一方面受客观地质环境条件的限制,另一方面则在于工作者的个人素质。在实践中,矿产勘查人员应该具备以下几方面的素质:一是高尚的道德,二是扎实的技术知识,三是丰富的经验储备,四是缜密的思维,五是健康的心理素质。从事矿产勘查工作需要地质工作者具有无畏、高尚的献身精神。赵鹏大及其找矿团队具备了以上地质工作者所需具备的素质。在艰苦的边疆、戈壁、沙漠等人迹罕至的区域进行工作的过程中,团队成员们在恶劣的条件下坚持工作,无人退缩;他们利用自己的知识及经验储备为团队奉献自身的力量;特别是赵鹏大在遇到难题时,总能利用独特的思维及方法解决问题;在艰苦的工作环境中,每一个工作者都需要有一颗强大的内心,即拥有优秀的心理素质,才能坚持到最后,整个工作团队才能战胜恶劣环境,才能在工作中有所发现。赵鹏大在团队中起到了先锋带头作用,即使作为一位高龄地质勘探者,他仍然总是走在队伍最前端。

  矿产勘查工作是一项异常艰苦、探索性极强的工作,对于国民经济的发展具有重要意义,是工业生产全过程中一项开拓性的基础工作。也正是由于这种开拓性,决定了矿产勘查工作的场所通常是在经济及交通都不发达的人烟稀少的地区,工作条件自然就较其他行业艰苦。矿产勘查工作自身又具有流动分散、风餐露宿的特点,所以工作就更显得艰苦一些。另外,各个地区的客观地质矿产情况主要是靠矿产勘查人员实地观察才能获得,即使交通发达,交通工具有保障,在实地观察场所也还需要爬山、涉水、登崖、穿林;即使有最先进的仪器来帮助,也还需要用肉眼到野外进行观察。所以,矿产勘查人员不仅要付出艰辛的脑力劳动,还要付出繁重的体力劳动。这种条件,要求矿产勘查人员必须具有正确的人生观和高尚的道德情操。同时,还应该看到,矿产勘查工作是运用地质理论和各种技术方法对客观地质体进行勘查研究的社会实践活动,它将实地勘查和科学研究融为一体,是一项探索性、创造性极强的工作,从事这项工作当然也是很有价值的。更为重要的是,从矿产勘查人员的社会价值来看,矿产勘查工作是进行基础工业和设施建设不可或缺的重要一环,它是工业生产中的开拓性工作,对各种相关产业乃至国民经济的全局和长远发展都有重要影响。实现我国社会主义现代化建设的宏伟目标,矿产勘查人员担负着艰巨而光荣的任务。充分认识矿产资源在国民经济建设和社会发展中的地位和作用,正确认识和处理国家需要和个人志向的关系,认清所肩负的历史使命,自觉献身于矿产勘查事业,应成为每个矿产勘查人员树立正确人生观和价值观的立足点和出发点(刘颖,2016)。

第三节　坚持以辩证思维为主导的科学方法论

地质科学工作者研究地球,探索自然界奥秘,需要揭示出地球各圈层的物质组成,地质结构和地球演化的历史、现在和将来等问题,需要解决地球资源的预测、评价、开采、利用等问题,需要解决地质环境与人类生存以及地质灾害的预测预报等问题,如果没有正确的世界观和方法论指导,地质科学工作就不可能很好地完成这些艰巨的科学使命。赵鹏大科学成果中大量运用相似类比、求异出新、定量研究等辩证思维方法,这是他在地质研究中不断取得成功的重要原因之一。

一、在相似类比与求异思维指导下进行地质发现与创新

(1)相似类比思想。地质学中的相似性是在具有相似的地质环境的情况下形成的地球物质客体的性质,地质体在不同的地质历史时期出现的同一类型的地质作用中有共同点和类同点。相似类比方法是指依照地质环境及地质作用的相似之处或类型相同之处,推断它们的物质产物也有可能相似的逻辑方法。相似类比方法在赵鹏大早期的研究工作中经常应用,在他看来不同的金属矿床在成因和富集成矿机制上都会存在相似点,相似类比方法在找矿中能够发挥很大的作用。在苏联留学时期,赵鹏大利用假期到外贝加尔、乌拉尔、科拉半岛、乌克兰等地质区域观测考查了各种类型矿床,掌握了很多典型的矿床实例。回国后,他将相似类比方法大量运用于宁芜地区及迁安、白云鄂博、个旧、铜陵等地的矿床统计预测中,获得了《宁芜地区铁矿统计预测》等多项成果。

相似类比思维是赵鹏大地质研究中经常用到的一种思维方法。在地质演化历史中,不同地点、不同方位的很多地质体具有相似甚至相同的形成过程。因此,经过几百万年甚至上千万年的地质体演化,存储有矿体的地带极有可能会具有相似或相同的地表结构、地质体结构、土壤和岩层种类以及植

被覆盖类型。在地质研究中,特别是在找矿过程中,充分利用地质体结构或外观的相似性特征,将其与已发现的矿床的地质体和周围环境相比较,往往会有意想不到的结果。赵鹏大巧妙地运用相似类比思维,进行矿床统计预测,在这一思想指导下,取得了丰富的地质研究成果,为我国地质事业做出了突出贡献(赵鹏大等,1996)。

(2)求异出新思想。赵鹏大认为,世界上各种事物之间既有相似性又存在相异性。宇宙中的各种天体之间,不同物种之间,不同的植物之间,各种化学反应之间,总会存在着既相似又相异的性质,从科学发现和科学创造的方面来看,求异思维较相似类比思维更有意义,因为新的事物总是产生于变异,求异中才有可能创新。20 世纪 60 年代,他带领团队在云南老厂矿区进行锡矿勘探研究时,开始时对矿体的主要特征进行相似性比较,认为是网脉型矿床。由于这直接关系到后续工作中勘探精度的确定和方法的选择等问题,他再一次对采集的标本进行分析研究,并进行现场勘测,不放过任何一个值得怀疑的地方。根据观测结果,最终将其确定为细脉带型矿床。由此可以更加准确地选择勘探手段、勘探程序和确定勘探精度。赵鹏大在实际工作中首先就是要搞清楚这里有什么有利和不利的成矿条件,搞清楚能形成大矿和不能形成大矿的原因。对于现实的地质找矿活动,赵鹏大把求异思维作为找矿实践中需要遵循的重要方法。

求异,是避免走僵化不前的老路的基础;出新,是推动新事物和新理念出现的必要条件。求异,也即探索、研究。求异是出新的前提,只有先求异,才有可能出新。

二、创造性地运用定量思维方式进行地质研究

长期以来,地质学一直被认为是一门定性的科学,无法使用定量方式进行精确的研究。地质学家们似乎习惯了使用比较、观察、历史分析等方法研究地质科学。然而随着社会经济及地质事业的发展,定性的地质学已经不能满足社会对矿产资源的需求。早在苏联学习期间,赵鹏大在编写毕业论

文期间就发现很多地质勘查论文和著作在需要一些精确定量数据的地方，都缺乏定量的记录和依据。赵鹏大看准了定量地质学的研究方向并且进行了不懈的努力(滕艳，2009)。

赵鹏大认为历史及科学规律决定了地质学会逐渐走向定量化的发展道路。定量研究是一门学科走向成熟的标志，定量化是地质学不断发展的需要。各种地质现象都需要用精确的数字信息进行传达，数学与地质学的结合是学科发展的要求。数据的获取及分析和处理技术的发展，是促使地学走向定量化的关键因素。他对地质学学科发展趋势的把握决定了他把定量化方法运用于地质学中。与生物学、化学、物理学等相比较，地质学中很多在自然史上一次性出现的、时过境迁的事件，以及与此相关的理论都是无法证明和实地观察的。目前各种学说自成体系，互不衔接，如关于恐龙灭绝假说就有10多种，如陨石碰撞说、自相残杀说、彗星碰撞说、火山喷火说、造山运动说、海洋潮退说、生物碱学说等。在解决实际地质问题中，地质工作者都采用各种不同的理论体系作为自己研究的依据，没有统一的标准和科学的程序。赵鹏大认为，这些问题的存在很大程度上是由于地质学沿用传统的定性描述的研究方法。由于经历几百万年甚至上千万年演化的地质现象都是一次性的、不可再现的，因此地质学中很多的推测和假说都是模拟的和非证实的，很多的预测成果是多方案的和多样化的，不少名词术语一词多解或同物异名，因而造成地质学研究中的困难。解决这一困难的重要途径之一，就是要推动地质学与数学的结合，推动地质学的定量化、模型化、标准化。

在定量地质学方面，赵鹏大取得了卓越成果。1975年之后，赵鹏大分别在湖北、安徽、江苏、内蒙古自治区、新疆、云南等地一些著名的矿产区域进行了成矿定量预测的相关工作。经过大量实地考察和研究，1983年，他提出了"矿床统计预测"的方法和方法体系，形成了"矿床统计预测"这一新的学科。1982年，赵鹏大的《宁芜地区铁矿床统计预测》作为《宁芜火山岩盆地铁铜矿床成矿规律、找矿方向及找矿方法研究》的重要组成部分，获得了国家自然科学三等奖。20世纪八九十年代，为了使数学地质学科更加丰富和完善,赵鹏大做出了很大的努力。他的研究中包括研究地质作用因素及相互关系、研究地质体数学特征、建立地质体数学模型,建立研究地质工作方法及地质数据特点和地质过程数学模型,建立地质方法数学模型的数学地质学体系。1982年,在《试论地质体数学特征》中,他第一次阐明地质体数学特征的内容及方法。1989年,在成矿预测中根据求异理论提出地质异常找矿新概念,并于1991年发表了《初论地质异常》一文,系统阐述了地质异常的不同模式、不同尺度水平、成矿意义及其表示和研究方法。1995年发表文章论述中国地质异常,一改传统的区域构造划分方法,从定量求异的角度对中国主要成矿带的分布总结出新的规律。地质异常的提出,丰富了成矿预测的研究内容,完善了对物探、化探异常的综合配套解释,为寻找超常矿床提供了新的途径。地质体数学特征和地质异常等新问题的提出,开辟了对地质体进行深入研究的一个新领域,创立了数学地质的一个崭新的学科方向(刘颖,2016)。

三、运用交叉科学思维方法创立数学地质学科

交叉科学思维方法是现代科学研究中十分重要的思维方法,它在地质研究工作中是一项十分有价值的思维方法。著名科学家海森堡指出,两种思维的交叉常常是科学的生长点,这一观点也适合于地质领域。两种思想的交叉点也往往是地质理论和实践的突破点。随着现代地质科学的发展,越来越明显地体现出多种学科交叉的特点。多科学的交叉使地质研究领域不断拓展,并使地质研究工作不断深入和精确。

交叉科学是不同的学科之间通过彼此作用、彼此结合而逐渐形成和发展起来的科学。随着现代科学的发展,边缘学科、横断学科与综合学科等一类交叉学科大量地涌现出来,逐渐形成交叉学科。交叉学科为人们提供了一套超越以往科学思维模式的新的思维方法。赵鹏大数学地质学就是在数学与地质学相互作用、相互结合中形成和发展起来的。赵鹏大指出,数学地质学作为一门交叉学科具有几个基本特征(赵鹏大,2012)。首先是它的跨

学科性。如数学地质学是横跨数学和地质学两大学科领域的一门交叉学科。其次是它的偏序性。任何一门交叉学科,不管其来源和表现形式如何,对相关学科所运用的知识、理论或技术的轻重,多少都不会相同,它的学科属性就不会保持"中性",即显示出学科倾向,这种属性称为偏序性。最后是它的学科体系的独立性。一门交叉学科形成之后,就会和原有的母体学科相脱离,形成拥有自身特定的理论系统的新学科,这个理论体系具有自身的独立性,原母体学科的兴衰对其没有影响,而是根据自身内部结构和外部环境,按照矛盾运动规律逐渐充实和完善自己。

数学地质交叉学科作为一个新兴的学科,与传统地质学科相比,有着自己独特的形成途径。数学地质将数学理论、方法或手段运用于地质学的研究课题中去,从而有所发现、有所发明、有所突破、有所创新。这种思想方法之所以可行,根本原因在于客观世界是普遍联系着的有机统一体,各学科的研究对象都有内在的联系。从形式关系上来看,数学地质是从数学学科向地质学科的移植,其实质则是将数学学科的思想方法运用到地质学研究课题中,把数学中的定量统计、概率等思想方法与矿产勘查工作结合,形成数学地质这一交叉学科。

交叉科学思维为制定地质学科发展政策和战略提供了思想基础。随着经济与社会的发展,地质学所涉及的领域越来越广泛,社会对矿产资源的需求也提出了新的要求;在市场经济条件下要搞好地质行业自身的生存和发展,需要有相应的学科政策和发展战略。然而,以什么样的思维方法去制定,关系到政策和战略的全面性和合理性。在矿产勘查行业与其他行业和社会环境相交融、相联系的条件下,交叉科学思维方法无疑会有益于制定正确的政策和发展战略。

交叉科学思想为培养地质工作主体素质提供了新的思想基础。首先,为适应现代科学和地质科学与技术综合化发展趋势和要求,需要地质工作者掌握交叉科学思维方法。很多技术和理论上的突破点,都出现在不同学科之间相互交叉和融合而显现出来的新技术和理论知识点上。而交叉科学思维启示我们,许多学科相互交融、相互渗透,这就要求地质工作的知识结构要与之相适应,要具有交叉科学思维,使知识向系统化、网络化发展。其次,交叉思维有利于人的创造能力的充分发挥。由于地质学科领域的多样性、复杂性和非重复性,更要求以丰富的想象力和创造力去理解和认识。而想象力和创造力是建立在博学多识基础上的,具有交叉思维方法和丰富知识与经验的人更容易产生新的联想和独到见解。最后,掌握交叉科学思维方法有利于适应社会快速发展和环境多变的潮流。现代社会的显著特征是它在日新月异地变化,一方面知识更新周期在缩短,另一方面社会需求变化在加快。以往需求的某些矿种不再需要或需求量减少,而对另一些矿种则又急需,一些过去认定为非矿产资源的对象变成了矿产资源。社会对矿产业的需求在变化,这就要求人们不断更新知识、调整产业结构。这种情况下,具有交叉科学思维方法的地质工作主体往往比"线性"思维的主体更易适应环境的变化(刘颖,2016)。

第四节 坚持发展与创新地质社会学的新观念

赵鹏大与其他地质学家密切关注学科发展的前沿与价值,他们结合自己长期的学术积累,提出了"社会圈"的概念,阐述了社会圈概念的涵义及建立社会圈概念的依据,揭示了建立地球外部新圈——社会圈的科学意义和可持续发展意义,初步提出了社会圈的理论架构(赵鹏大等,1996)。

赵鹏大指出,从传统地学角度划分,地球外部有三个圈层——岩石圈、水圈和大气圈。生态学理论将地球上的生物总和划分为生物圈。岩石圈、水圈、大气圈和生物圈等传统圈层的划分及相关科学的成熟和发展为人类深入认识地球、促进社会进步做出了重大贡献。根据社会地质学(一种研究人类活动与地球相互作用及影响的新兴交叉科学)的思想方法,人类应对地球外部圈层结构进行再认识,建立新的外部圈层——社会圈显得十分必要。

赵鹏大认为,社会圈概念包括以下含义:①社会圈是指分布于地球外部的人类,是人类社会及其与地球其他圈层相互作用产生的物质、能量、信息(包括政治、经济、文化、科技)的总和,社会圈是地球系统演化过程中形成的一个新的独立圈层。②人类社会不是地球系统的对立物,而是地球系统中的有机组成部分,是地球物质运动的新的表现形式,它与地球系统构成一个统一的整体。③人类及其社会与地球其他各圈层相互作用的产物即人化自然、人工自然、产业系统、文化系统、科学技术系统等是社会圈的基本构成要素。④社会圈不是一个社会科学概念,而是一个自然科学概念。

赵鹏大探讨了建立社会圈概念的依据,主要有以下几点。

1. 历史依据

关于人类社会与地球其他圈层的关系问题,不少学者进行过探索和讨论,并提出过一些重要的见解。如维尔纳茨基于1942年提出"智慧圈"概念,考里于1958年提出"生态圈"概念,考切尔金等于1987年提出"社会-自然界系统"概念,钱学森于1983年提出"地球表层系统"概念,克里捷尔于1993年提出"技术圈"概念等,都有各自的立足点、出发点和应用范围,对人类社会与地球系统关系的研究做出了贡献,这也是建立社会圈概念的历史依据。

2. 系统关系依据

从地球系统演化的目前状态和人类社会结构、运动规律的特殊性质等基本科学事实来看,我们不得不承认,人类社会及其创造的人工自然、人化自然等物质能量和信息已构成了地球外部的新圈层即社会圈。长期以来,人们把人类社会一直作为生物圈的子系统,而今从系统的观点来看,社会圈不是生物圈的子系统,也不是高于生物圈的系统。社会圈与生物圈、岩石圈、水圈、大气圈一样是地球系统中相互联系、相互作用而功能和运动形式上又相互独立的同等级系统。第一,社会圈的功能与其他圈层的功能具有质的区别。人类社会政治制度、科学文化生产力、经济系统等都不能包含于生物地球化学循环之中,不是生物圈等其他圈层物质和能量流动的结果。虽然人类社会物质生产活动要参与生物圈、水圈、大气圈和岩石圈的地球化学循环,对它们有依赖关系,但那是系统与系统之间物质、能量的流动和交换。社会圈与生物圈功能的区别正如人类思维与人工智能的区别。第二,社会圈具有与生物圈、岩石圈、水圈、大气圈截然不同的运动形式。其他圈层的生物运动形式、化学运动形式、物理运动形式都与社会圈的运动形式不同,社会圈有特殊的演化规律。有人认为人类社会仍然完全依赖生物圈提供的生物产品,人类仍然是生物食物链的一环,因此认为人类社会仍是生物圈的子系统。其实,社会圈对生物圈食物和资源的需求是两个等级系统之间物质和能量的交换活动,社会圈之于生物圈的食物、资源和环境,正如社会圈之于水圈的水、大气中的氧和岩石圈中的矿物资源。事实上,大气圈、水圈、岩石圈、生物圈以及社会圈之间都相互具有依存关系。第三,我们引入社会圈概念并不是要突出人类社会的独立性而不重视人类社会与岩石圈、水圈、大气圈、生物圈的密切联系。我们既要强调相互作用,又要强调相互联系,人类对气候、水循环、生物食物链等的依赖性是不可抗拒的。人类对自然灾害的抵抗力是极其脆弱的。我们引入社会圈的概念正是要强调这样的事实:人类是地球的一部分,人类必须珍惜、爱护和保护生养自己的母体。

3. 地质科学依据

人类活动对地球的作用即对地球表层系统的影响方面已经日益凸显,生物圈、岩石圈、水圈、大气圈的概念不能涵盖社会圈的这一作用机制和演化规律。一般来说,单个人对地球的作用比较零星、微弱、散乱和无序,从地球宏观尺度上来看似乎无足轻重,但人类通过某种形式结成各种群体组织如国家、企业、社团等,利用科学技术有计划、有组织、有步骤地作用于地球各圈层。我们把人类构成社会后对地球施加的各种影响称为社会地质作用。随着社会发展、人口增长、科学技术进步和生产力的发展,人类在采矿、工程建设、农牧业、军事等方面的活动在规模上已可与自然界的侵蚀、搬运和堆积作用等相比较。人类社会与岩石圈的相互作用与自然地质过程一样强烈。社会地质作用使得第四纪地层乃至更早地层中包含了大量人类活动的产物和信息,社会地质作用已成为一支重要的地质应力,并在很大程度上影响地球表层系统的地质演化过程。

赵鹏大认为,建立社会圈概念有重要意义。第一,建立社会圈概念具有重要的地质科学意义。地球科学是研究宇宙天体与地球各圈层之间的物质、能量和信息对流交换及人类活动影响而导致地球发展与变化规律的一门学科。迄今为止,地球科学对于岩石圈、水圈、大气圈和生物圈的相互作用和演化规律有了较深入的了解,而关于人类社会与地球相互作用规律即社会圈演化机制的研究却较为薄弱,未能将特殊的地质系统——社会地质系统纳入地球系统一并研究,即过去的地球科学并未真正将人类社会作为地球系统的一部分,造成了地球科学系统的不完整,也不利于人类全面地认识地球系统和全球变化可能给人类社会带来的影响和后果。社会圈概念将社会系统、经济产业系统和文化科学技术系统纳入到地球系统中,使得地球科学成为完整的有关地球系统演化的综合性科学。第二,建立社会圈概念具有可持续发展的意义。可持续发展论强调人类与地球和谐相处及发展。人类对地球的作用虽然常常以个体或较小群体的形式出现,作用空间也有很大差异,但人类与地球相互作用的结果却具有区域效应、全球效应。当前,全球变化问题如气候变暖、臭氧层的破坏、物种灭绝等正是社会圈与地球其他圈层相互作用的结果。社会问题影响到自然问题,人类对地球作用的不协调性造成了自身的困境。建立社会圈概念可帮助人类进一步认识自身的自然属性,用全球宏观尺度定性、定量研究和了解人类与地球相互作用的机理,阐明人地系统的演化机制、变化规律,从而探索寻找主导人地系统演化、解决全球变化危机的对策,促进人类与地球系统可持续发展。

赵鹏大认为,建立社会圈理论是一项复杂的科学工程。提出社会圈的概念只是前期的工作。如果要发展成熟,社会圈理论应该还研究社会圈的结构、组成、特征、演化规律、评价和调控对策等内容。在赵鹏大看来,社会圈是一个复合的大系统,包括自然与社会的多方面的有机联系。这里需要自然科学家和人文社会科学家的合作,单个自然科学家或社会科学家都难以完成揭示社会圈演化机理与运动规律的任务。因此必须突破学科间的界限,把地质学、地理学、大气科学、海洋科学、地球物理学、地球化学、生态学、环境科学等自然科学学科与人口学、人类学、社会学、伦理学、历史学、经济学、法学、政治学、教育学以及系统科学、技术科学等学科结合起来,系统组织,合理分工,综合研究,逐步建立和完善社会圈理论,以真正推动人地关系的研究迈上新台阶,适应21世纪科技进步与社会发展的大趋势(方熠等,2003)。

附 录

附录一

赵鹏大大事年表

(1931—2016 年)

1931 年　5 月 25 日出生于辽宁省抚顺市清原县。

1931 年　"九一八"事变后随父母入关。

1937—1942 年　就读于河南开封市双龙巷小学和四川自贡市缪沟井小学、宝善小学、蜀光小学、东新寺小学。

1942—1945 年　就读于四川省威远县国立东北中山中学。

1945—1948 年　就读于国立江津第九中学、辽宁锦州中学、天津河东中学。

1948—1952 年　就读于北京大学地质学系。

1952 年　北京地质学院参加建院工作。

1954 年　苏联莫斯科地质勘探学院攻读研究生,师从雅克仁教授。

1958 年　莫斯科地质勘探学院毕业,获副博士学位。

1960 年　晋升副教授,并在我国首次招收矿产普查与勘探学研究生。

1958—1962 年　参加在福建进行的 1:20 万地质填图及找矿工作,并提出"区域勘探评价"的概念,首次从大区域角度研究矿床勘探程度、勘探精度及合理勘探程序。

1963 年　针对卡房条状矿体平面的各种特殊情况,着力解决矿体的实际问题,从中提炼出适合复杂形态矿体的具有普遍指导意义的数学模拟理论和方法。

1963 年　对云南个旧锡矿勘探碰到的一些较为复杂、难以勘查的条状矿体,尝试用数学方法模拟勘探过程,在国内地质界尚属首例。

1964年　在云南老厂矿区锡矿进行研究,提出了脉带型矿体的定量研究方法。

1964年　提出应用数理统计方法研究矿床合理勘探手段及工程间距的途径和方法,比美国学者科克、林克提出的类似方法早6年。

1965年　在解决松树脚矿区实际问题中提炼出接触带型锡铜矿床的勘探、评价方法和手段。

1976年　总结出"矿床统计预测"的基本理论、准则和方法体系并建立了一套地质变量。

1978年　首次在我国为研究生和本科生开设"数学地质""地质勘探中的统计分析""矿床统计预测"等课程。

1982年　执笔编写《宁芜地区铁矿床统计预测》,该著作作为大型项目的组成部分之一,获国家自然科学三等奖。

1982年　发表《试论地质体数学特征》,首次论述了"地质体数学特征"的内容和方法。

1983年　担任武汉地质学院校长。

1983年　提出"矿床统计预测"的基本理论、准则和方法体系,并以此编写教材和专著,并在学校中开设相关课程,创立了"矿床统计预测"新学科方向。

1983年　带头参与编著的《矿床统计预测》获地质矿产部优秀教材奖。

1984年　被国务院学位委员会批准为"矿产普查与勘探"学科博士生导师。

1985年　提出"一个为主,两个中心,三项功能"的办学思想及"建设理、工、文、管相结合的社会主义综合性地质大学"的办学目标。

1986年　被国务院学位委员会批准为"数学地质"学科博士生导师。

1987年　任中国地质大学(武汉)校长,提出建设"现代型、开放型、国际型的综合性地质大学"的目标。

1988年　创办的"矿产普查与勘探"学科被评审为国家级重点学科。

1988年　被国务院批准为国务院学位委员会委员及地质勘探、矿业、石油学科评议组召集人。

1988 年　获得"国家级有突出贡献中青年专家"称号。

1988 年　培养出第一个博士。

1989 年　在成矿预测中根据"求异理论"提出"地质异常找矿"新概念。

1989 年　在美国华盛顿召开的第 28 届国际地质大会上,宣读《矿产定量预测的基本理论、基本准则和基本方法》,引起与会各国学者的关注和重视。

1990 年　带领课题组将"数学地质"新体系的研究成果编写成专著《地质勘探中的统计分析》。

1990 年　对新疆罗布泊进行实地考察,项目组在北山地区发现两条铜镍硫化物远景成矿带,在东准噶尔发现一条金矿带。

1991 年　享受国务院政府特殊津贴。

1992 年　《地质勘探中的统计分析》获国家教育委员会首届全国高等学校优秀著作一等奖。

1992 年　《北山成矿远景区地物化综合研究与找矿靶区圈定》获国家计划委员学会、科学技术委员会和财政部联合颁发的"七五"科技攻关重大成果奖。

1992 年　被授予国际数学地质最高奖——克伦宾奖章,成为获此殊荣的第一位亚洲人。

1993 年　提出力争中国地质大学进入"211 工程"前列,创办"地矿类世界一流大学"的奋斗目标。

1993 年　当选为中国科学院院士(学部委员)。

1995 年　被选为俄罗斯自然科学院外籍院士及国际高等学校科学院院士。

2001 年　被莫斯科大学授予名誉教授称号。

2011 年　获得国际数学地球科学协会"终生荣誉会员"称号。

2011 年　获得俄罗斯自然科学院最高荣誉——"十字功勋"奖章。

2011 年　8 月 27 日用微博寄语新生,被誉为国内最潮老校长。

2012 年　10 月 11 获得中国数学地质"终身荣誉奖"。

2016 年　7 月 7 日受聘为商洛学院双聘院士。

附录二

赵鹏大主要论文著作

主要论文

赵鹏大,孙善平,陈佳木,等.对福建地质构造特征以及岩浆活动的成矿关系的初步意见[J].地质学报,1959,39(4):428-444.

赵鹏大.矿床勘探中矿体地质研究中的若干基本问题[J].中国地质,1964(2):7-16.

赵鹏大.宁芜地区铁矿床统计预测[C].宁芜火山岩铁矿床会议选集.北京:地质出版社,1978.

赵鹏大.试论地质体的数学特征[J].地球科学——武汉地质学院学报,1982,7(1):145-155.

赵鹏大,胡旺亮,李紫金.矿床统计预测的理论与实践[J].地球科学——武汉地质学院学报,1983(4):107-121.

赵鹏大.矿产资源研究的新进展和定量预测现状[J].地质科技情报,1985,4(2):114-120.

赵鹏大.矿产及能源资源统计评价问题研究现状——意大利国际数学地质会议简介[J].地质科技情报,1986,5(3):12-15.

胡光道,赵鹏大.勘探工程地质统计信息法[J].地球科学——中国地质大学学报,1988,13(2):211-221.

赵鹏大,王仁铎.大比例尺矿床预测的理论和原理[J].地质科学译丛,

1989(4):91-92.

赵鹏大,池顺都.初论地质异常[J].地球科学——中国地质大学学报,1991(3):241-248.

孟宪国,赵鹏大.地质数据的分形结构[J].地球科学——中国地质大学学报,1991(2):207-212.

赵鹏大,孟宪国.地质学的定量化问题[J].地球科学——中国地质大学学报,1992(7):51-56.

赵鹏大,孟宪国.地质异常与矿产预测[J].地球科学——中国地质大学学报,1993,18(1):39-47.

赵鹏大,王京贵,饶明辉,等.中国地质异常[J].地球科学——中国地质大学学报,1995,20(2):117-127.

赵鹏大,池顺都,陈永清.查明地质异常:成矿预测的基础[J].高校地质学报,1996,2(4):361-373.

赵鹏大,方熠.社会地质学引论[J].科技导报,1996(7):33-36.

王自杰,赵鹏大.基于地质异常研究的矿产预测[J].华东地质学院学报,1996,19(2):133-138.

赵鹏大,方熠.关于地学发展的若干问题[J].综合论评,1997(9):3-6.

池顺都,赵鹏大.应用GIS圈定找矿可行地段和有利地段——以云南元江地区大红山群铜矿床预测为例[J].地球科学——中国地质大学学报,1998,23(2):125-128.

赵鹏大,陈永清.地质异常矿体定位的基本途径[J].地球科学——中国地质大学学报,1998,23(2):111-114.

赵鹏大,池顺都.当今矿产勘探问题的思考[J].地球科学——中国地质大学学报,1998,23(1):70-74.

肖斌,赵鹏大,侯景儒.纯时间域多元信息地质统计学[J].物探化探计算技术,1998(3):5-12.

肖斌,赵鹏大,陈玉玲,等.时空多元协同克立格的理论研究[J].物探化探计算技术,1998(1):1-8.

赵鹏大,陈永清.基于地质异常单元金矿找矿有利地段圈定与评价[J].地球科学——中国地质大学学报,1999(5):444-448.

肖斌,潘懋,赵鹏大,等.矿产资源定量评价在火山岩铀资源中的应用研究[J].矿床地质,2001(3):285-291.

杨泓清,李万亨,赵鹏大.矿业权评估理论与方法研究[J].中国矿业,1999(5):58-64.

肖斌,赵鹏大,侯景儒.时空域中的指示克立格理论研究[J].地质与勘探,1999(4):5-8.

池顺都,赵鹏大,刘粤湘.应用GIS研究矿产资源潜力——以云南澜沧江流域为例[J].地球科学——中国地质大学学报,1999,24(5):493-497.

孟宪国,赵鹏大.地质数据的分形结构[J].地球科学——中国地质大学学报,1999,16(2):207-212.

邹敬东,赵鹏大.概念域与地质概念的数学特征[J].地球科学——中国地质大学学报,1999,18(4):455-462.

肖斌,赵鹏大,侯景儒,等.山东归来庄金矿床金异常分布及其时空演化的地质统计学研究[J].现代地质,1999(4):9-14.

肖斌,赵鹏大,侯景儒.现代地质统计学的新进展[J].世界地质,1999(3):1-7.

赵鹏大,陈建平.21世纪矿产资源经济展望[J].自然资源学报,2000(3):197-200.

赵鹏大.资源仍是经济餐桌上的一道大菜——第31届国际地质大会谈下世纪资源问题[J].资源·产业,2000(8):1-2.

赵鹏大,陈建平.非传统矿产资源体系及其关键科学问题[J].地球科学进展,2000(3):251-255.

肖斌,赵鹏大,周龙茂.归来庄金矿床$w(Au)/w(Ag)$异常的地质统计学研究[J].地球科学——中国地质大学学报,2000(1):19-82.

金友渔,赵鹏大.分形—判别非线性数学模型及勘探线剖面致矿地质异常分析[J].地质科技情报,2000(2):99-102.

肖斌,赵鹏大,侯景儒.地质统计学新进展[J].地球科学进展,2000,15(3):293-296.

肖斌,潘懋,赵鹏大,等.时空多元指示克立格法的理论研究[J].北京大学学报(自然科学版),2001(1):94-98.

池顺都,赵鹏大,刘粤湘.研究矿床时间谱系的GIS途径[J].地球科学——中国地质大学学报,2001(2):4-8.

池顺都,赵鹏大.研究矿床时间谱系的GIS途径[J].地球科学——中国地质大学学报,2001,26(2):180-184.

赵鹏大,陈建平,陈建国.成矿多样性与矿床谱系[J].地球科学——中国地质大学学报,2001,26(2):111-117.

赵鹏大.地球科学的新使命认知和发现非传统矿产资源[J].地球物理学进展.,2001(4):127-132.

赵鹏大.非传统矿产资源研究可持续发展的重要课题[J].中国地质,2001(5):1-10.

赵鹏大."三联式"资源定量预测与评价——数字找矿理论与实践探讨[J].地球科学——中国地质大学学报,2002,27(5):139-146.

汤军,赵鹏大,陈建平,等.测井油气地质异常及其属性数据地质意义的数学地质研究[J].成都理工学院学报,2002,29(4):439-443.

方熠,赵鹏大.地球外部新圈层——社会圈:涵义、依据及意义[J].科技进步与对策,2003,20(11):41-42.

张寿庭,赵鹏大,陈建平,等.多目标矿产预测评价及其研究意义[J].成都理工大学学报(自然科学版),2003(5):441-446.

赵鹏大.教育创新与跨越式发展[J].中国地质教育,2003(1):1-2.

夏庆霖,陈永清,赵鹏大.滇东铂钯地球化学勘查及异常评价[J].地质通报,2003(9):704-707.

夏庆霖,张寿庭,赵鹏大,等.幂律度与成矿预测[J].成都理工大学学报(自然科学版),2003(5):453-456.

赵鹏大,陈建平,张寿庭."三联式"成矿预测新进展[J].地学前缘,

2003,10(2):455-463.

孙华山,赵鹏大,张寿庭,等.滇西北喜山期富碱斑岩区域矿产成矿多样性表现[J].地质与勘探,2004(3):15-19.

赵鹏大,张寿庭,陈建平.危机矿山可接替资源预测评价若干问题探讨[J].成都理工大学学报(自然科学版),2004,31(2):111-117.

张寿庭,赵鹏大,徐旃章,等.牡丹江穆棱沸石矿床矿化分带特征与规律[J].矿床地质,2004,23(1):31-38.

孙华山,赵鹏大,张寿庭,等.基于5P成矿预测与定量评价的系统勘查理论与实践[J].地球科学——中国地质大学学报,2005,30(2):199-205.

孙华山,赵鹏大,张寿庭,等.因子分析在成矿多样性定量化研究中的应用——以滇西北富碱斑岩矿产类型成矿多样性分析为例[J].成都理工大学学报(自然科学版),2005(1):82-86.

赵鹏大.高等地质教育发展的新阶段与新任务——科学发展观与地学教育改革问题研讨[J].中国地质教育.2005,14(4):13-16.

赵鹏大,吕新彪,欧阳建平,等.坚持教育改革——培养"五强"地学创新人才[J].中国地质教育,2006(1):12-16.

张尚坤,赵鹏大,王领法.山东省非传统油气资源研究[J].菏泽学院学报,2006,28(5):121-124.

赵鹏大."决定"赐良机,创新铸辉煌——在"中国地质学会地质教育研究分会第四届会员代表大会暨地学教育创新研讨会"上的讲话[J].中国地质教育,2006(4):4-7.

陈守余,赵鹏大,胡光道.云南澜沧江中南段多金属成矿谱系分析[J].地质找矿论丛,2007(3):172-178.

赵鹏大.成矿定量预测与深部找矿[J].地学前缘,2007,14(5):1-10.

张寿庭,赵鹏大,夏庆霖,等.区域多目标矿产预测评价理论与实践探讨——以滇西北地区喜马拉雅期富碱斑岩相关矿产为例[J].地学前缘,2007(5):104-115.

徐毅,赵鹏大,张寿庭,等.内蒙古小坝梁铜金矿地质特征与综合找矿模型[J].黄金,2008,29(1):12-16.

陈守余,赵鹏大,张寿庭,等.个旧超大型锡铜多金属矿床成矿多样性与深部找矿[J].地球科学——中国地质大学学报,2009(2):319-324.

成秋明,赵鹏大,陈建国,等.奇异性理论在个旧锡铜矿产资源预测中的应用:成矿弱信息提取和复合信息分解[J].地球科学——中国地质大学学报,2009(2):232-242.

成秋明,赵鹏大,张生元,等.奇异性理论在个旧锡铜矿产资源预测中的应用:综合信息集成与靶区圈定[J].地球科学——中国地质大学学报,2009(2):243-252.

赵鹏大,夏庆霖.中国学者在数学地质学科发展中的成就与贡献[J].地球科学——中国地质大学学报,2009,34(2):225-231.

黄静宁,赵鹏大.滇东地区深层次Pt-Cu-Au矿化异常定量提取与评价[J].地球科学——中国地质大学学报,2009(2):365-374.

李桂范,赵鹏大.地质异常找矿理论在页岩气勘探中的应用[J].天然气工业,2009(12):119-124.

赵鹏大.找矿理念:从定性到定量[J].地质通报,2011,30(5):625-629.

赵鹏大.加强科技支撑和引领,实现地质找矿新突破[J].科学中国人,2011(14):36-37.

周可法,陈衍景,张楠楠,等.中亚地区典型矿床的特征提取技术及预测方法[J].干旱区地理,2012(3):339-347.

赵鹏大,李桂范,张金川.基于地质异常理论的页岩气有利区块圈定与定量评价——以渝东南地区下志留统龙马溪组为例[J].天然气工业,2012,32(6):1-8.

赵鹏大.数字地质与矿产资源评价[J].地质学刊,2012,36(3):225-228.

赵鹏大.大数据时代,呼唤各科学领域的数据科学[J].中国科技奖励,2014(9):29-30.

Zhao Pengda, Chen Jianping. The model of digital prospecting system—establishing a subsystem of the Digital Earth[C]. International symposium on Digital Earth. Beijing:[s. n.],1999:821-825.

Zhao Pengda,Chen Jianping,Chen Jianguo,et,al. "Three－Component" Digital Prospecting Method:A New Approach for Mineral Resources Quantitative Prediction and Assessment[J]. Earth Science——Journal of China University of Geosciences,2004,(3).

主要著作

赵鹏大,刘培生.国外地质参考资料——成矿预测图的编制[M].武汉:湖北省地质局科技情报室,1981.

赵鹏大,胡旺亮,李紫金.矿床统计预测[M].北京:地质出版社,1983.

赵鹏大.矿床勘查与评价[M].北京:地质出版社,1988.

赵鹏大,等.地质勘探中的统计分析[M].武汉:中国地质大学出版社,1990.

赵鹏大,李紫金,胡光道.重点成矿区三维立体矿床统计预测—以安徽月山地区为例[M].北京:地质出版社,1992.

赵鹏大,周有武.金矿化变异的数学地质研究[M].武汉:中国地质大学出版社,1992.

赵鹏大,王亨君.地质科学思维[M].北京:地震出版社,1993.

赵鹏大,朱新国.高等地质教育理论与实践[M].武汉:武汉测绘科技大学出版社,1993.

赵鹏大,陈永清,刘吉平.地质异常成矿预测理论与实践[M].武汉:中国地质大学出版社,1999.

赵鹏大,吕新彪.长江中下游地区地质异常及成矿预测BP模型[M].武汉:中国地质大学出版社,1999.

赵鹏大.爱护我们共同的家园[M].桂林:广西师范大学出版社,2000.

赵鹏大.数字地球与全球战略[M].武汉:中国地质大学出版社,2000.

赵鹏大.高等地质教育的思考与实践[M].武汉:中国地质大学出版社,2002.

赵鹏大.非传统矿产资源概论[M].北京:地质出版社,2003.

赵鹏大.定量地学方法及应用[M].北京:高等教育出版社,2004.

赵鹏大,吕新彪,欧阳建平.等.地学类创新人才培养方法和途径[M].武汉:中国地质大学出版社,2006.

赵鹏大,吴冲龙.中国南方下古生界油气地质异常分析与评价[M].北京:科学出版社,2010.

赵鹏大,宋国奇,吴冲龙.临清坳陷东部油气地质异常研究与资源综合评价[M].武汉:中国地质大学出版社,2010.

赵鹏大,陈建平,胡忠德.新疆可可托海稀有金属矿床三维立体定量预测研究[M].北京:地质出版社,2011.

附录三

赵鹏大会议及发言索引

一、国际会议

1. 1982年,参加意大利卢卡市伊尔恰科召开的国际数学地质学术会,该会是由北大西洋公约国先进科学研究院主办的由十余国家参加的会议,赵鹏大是中国唯一代表,并在会上作报告。

2. 1989年,赵鹏大参加美国华盛顿召开的第28届国际地质大会,并作学术报告"矿产定量预测的基本理论、基本准则和基本方法"。

3. 1992年,赵鹏大参加在日本京都召开的第29届国际地质大会,并作了学术报告。

4. 1994年,参加加拿大蒙特利尔市召开的第一届国际数学地质年会。

5. 赵鹏大作关于"中国的矿产资源"科普报告。

1995年,在日本大阪召开的第二届国际数学地质年会,参会期间,日本地质协会邀请赵鹏大为日本公众作一次公开演讲,在市区各地张贴布告,作题为"中国的矿产资源"的科普性报告。

6. 1996年,赵鹏大参加北京召开的第30届国际地质大会,并作学术报告。

7. 2000年8月6—17日,赵鹏大参加巴西里约热内卢召开的第31届国际地质大会,并作了学术报告。

8. 赵鹏大作"三联式数字找矿:矿产资源定量预测与评价的新途径"

报告。

2003年,赵鹏大应邀赴俄罗斯参加莫斯科大学一年一度召开的斯米尔诺夫学术论坛,在会上作了"三联式数字找矿:矿产资源定量预测与评价的新途径"的报告。

9. 赵鹏大作"成矿预测远景区5P地段圈定"学术报告。

2009年,在美国旧金山斯坦福大学召开年会,赵鹏大在会上作了"成矿预测远景区5P地段圈定"学术报告。

10. 赵鹏大作题为"地质异常——地质学中的极值"的报告。

2001年,赵鹏大应邀参加了在韩国首尔召开的第53届国际统计学大会,应邀作了题为"地质异常——地质学中的极值"的报告。

二、国内会议与交流

1. 赵鹏大作关于基础科学研究项目的主题、目标、立项意义及要求的主题发言。

1998年2月22—23日,在中国地质大学召开了由国家教育委员会委托的国家重大基础研究项目研讨会,赵鹏大就所建议的项目的主题、目标、立项意义及要求作了主题发言。

2. 赵鹏大关于矿产资源勘查的报告。

1995年8月19日,赵鹏大出席地质矿产部科学技术大会,赵鹏大就矿产资源勘查作了报告。

3. 赵鹏大首次提出"三联式成矿预测"理论。

2001年5月,中国地质大学主持召开"成矿多样性与矿床谱系"国际学术讨论会(会议得到国家自然基金委员会和王宽诚教育基金会资助),赵鹏大在会上首次提出"三联式成矿预测"理论。

4. 赵鹏大受中国地质大学武汉校友会第一届理事会的委托,向校友代表大会汇报第一届校友理事会自2000年11月25日成立以来的工作情况。

2006年12月22—23日,中国地质大学武汉校友会换届选举大会在武汉召开,常务理事会代表投票表决,全票通过由赵鹏大院士继续担任中国地质大学武汉校友会第二届理事长的提议。赵鹏大院士发言。

5.赵鹏大作"中国高等地质教育百年回顾和科学发展"的主题报告。

2009年10月11—12日,"中国高等地质教育历史经验与科学发展"研讨会在成都理工大学举行,赵鹏大院士作了精彩的发言。

6.中国科学院院士、数学地质四川省重点实验室学术委员会主任赵鹏大作题为"继往开来再接再厉,为发展我国数字地球科学做出更大努力"的讲话。

2012年10月13日,以"数学地质、数字地质与智慧地球"为主题的第十一届全国数学地质与地学信息学术研讨会在成都召开。中国科学院院士赵鹏大出席开幕式。

7.赵鹏大作题为"大数据时代数字地质的新任务"的主题评述报告。

2014年4月16—17日,以"中国'玻璃地球'建设的核心技术及发展战略"为主题的第491次香山科学会议学术讨论会在北京成功召开。赵鹏大教授作了题为"大数据时代数字地质的新任务"的主题评述报告。

8.中国科学院院士赵鹏大作关于"学风是灵魂,发现是核心,勤奋是关键,服务是根本"的主题报告。

2014年5月12日,由中国科学院学部工作局和中国科学院深圳先进技术研究院主办、深圳中国科学院院士活动基地协办的"科学道德和学风建设"专题报告会在深圳先进院A504报告厅举行。中国科学院院士赵鹏大作了"学风是灵魂,发现是核心,勤奋是关键,服务是根本"和"科研诚信规范,从选题到发表"的专题报告。

9.赵鹏大应邀出席并作主题为"推进地质科技创新服务湖北转型发展"的报告。

2014年7月25日,湖北省地质局在武汉举行湖北地质科技论坛启动仪式暨主题报告会,中国科学院院士赵鹏大应邀出席并作主题报告。

10.赵鹏大作"大时代的地学研究"的主题报告。

2014年7月29日,在湖北省地质矿产勘测开发局组织的湖北地质科技论坛上,原中国地质大学(武汉)校长、中国科学院院士赵鹏大作题为"大时代的地学研究"的主题报告,将大家带入一个新的地质发现层面——数字找矿。

11. 中国科学院院士赵鹏大作"大数据与矿产资源评价"的报告。

2014年8月29日至9月1日,2014年超大型矿床项目现场工作会在云南锡业集团召开,会议期间,中国科学院院士赵鹏大作了"大数据与矿产资源评价"的报告。

12. 赵鹏大宣读中国地质大学校友会《关于成立中国地质大学北京校友分会申请的批复》。

2015年7月25日,中国地质大学北京校友分会成立大会在北京市召开。中国地质大学校友会会长赵鹏大参加成立大会。赵鹏大宣读了中国地质大学校友会《关于成立中国地质大学北京校友分会申请的批复》,并希望北京校友分会沿承学校校友工作特点,更好地服务于校友和社会的发展。

13. 赵鹏大作题为"大数据时代数字找矿与定量评价"的学术报告。

2015年10月9日下午,应西安石油大学科技处、计算机学院、地球科学与工程学院邀请,中国科学院院士赵鹏大到西安石油大学进行学术交流。他在学术报告厅为在校师生作了题为"大数据时代数字找矿与定量评价"的学术报告。

14. 中国科学院院士赵鹏大分别回顾了与温家宝同志共同学习、工作的往事以及学习《温家宝地质笔记》的心得体会。

2016年4月22日下午,国土资源部在北京举行《温家宝地质笔记》读书座谈会,原中国地质大学校长、中国科学院院士赵鹏大,分别回顾了与温家宝同志共同学习、工作的往事,并分享了学习《温家宝地质笔记》的心得体会。

15. 赵鹏大作"深部找矿:矿产勘查的新阶段,数学地质的新任务"的报告。

2016年10月21—23日,第十五届全国数学地质与地学信息学术研讨会在长沙召开。赵鹏大在开幕式上作了"深部找矿:矿产勘查的新阶段,数学地质的新任务"的报告。

16. 赵鹏大为学术文化节挥墨赠词——"学风是灵魂,发现是核心,勤奋是关键,服务是根本",并以此为题作了特邀报告。

2014年3月28日赵鹏大为第三届研究生学术文化节作特邀报告,赵鹏大为此次学术文化节挥墨赠词——"学风是灵魂,发现是核心,勤奋是关键,服务是根本",并以此为题作了特邀报告。

17.赵鹏大以"我的人生经历,我的人生感悟"为题,给母校师生作了一场精彩的报告。

2014年5月19日赵鹏大回母校四川江津二中作报告,以"我的人生经历,我的人生感悟"为题,给母校师生作报告。

三、讲话

1.赵鹏大在校庆40周年大会上的讲话。

2.赵鹏大在中国地质大学建校50周年庆典礼上的讲话。

3.赵鹏大在辽宁校友会成立大会上的讲话。

4.赵鹏大在商洛学院双聘院士聘任仪式上的讲话。

四、荣誉、获奖

1.1988年被授予"国家级有突出贡献中青年专家"称号。

2.1992年赵鹏大获国际数学地质协会最高奖——克伦宾奖章,为1968年成立协会并设此奖以来获此殊荣的亚洲第一人。

3.1993年11月,赵鹏大当选为中国科学院院士(学部委员)。

4.1995年当选为俄罗斯自然科学院院士和国际高等学校科学院院士。

5.1996年获俄罗斯自然科学院"彼得大帝金质奖章"。

6.2001年被莫斯科大学授予名誉教授称号。

7.2006年获IET基金会北大方正评选颁发的大学校长奖。

8.2009年被评为科学中国人2009年度人物。

9.2010年4月24日,备受关注的科学中国人年度人物在北京揭晓,79岁的赵鹏大获得"最受公众关注奖"。

10.2011年获得俄罗斯自然科学院最高荣誉——十字功勋奖章。

11.2012年10月11日获得中国数学地质终身荣誉奖。

附录四

赵鹏大思想介绍的相关文章

杨洁.从克伦宾奖到大学校长奖——做学问、抓管理"二位一体"的赵鹏大院士[J].科学中国人,2014:20-25.

李生云.开拓科学找矿的新领域——记中国地质大学校长赵鹏大院士[J].科学课,2014(7):4-5.

欧阳维民.开拓数字找矿新领域——记矿产普查及勘探、数学地质学家赵鹏大院士[J].中国高校师资研究,2004(3):41-44.

刘洋.科研潜行万里路,知识报国一世情——记著名矿产普查与勘探、数学地质学家赵鹏大院士[J].今日科苑,2008(3):8-11.

滕艳.数学地质,创新地质找矿思路——访中国科学院院士赵鹏大[N].地质勘查导报,2009-09-12.

郭桐兴,王晓青.矿产资源的巨大潜力——赵鹏大院士访谈录[J].高科技与产业化,2010(3):42-44.

陈华文,李素矿.踏遍青山人未老——记中国科学院院士赵鹏大[J].科学24小时,2011(10):39-41.

陈华文,李素矿.踏遍青山人未老——记中国科学院院士赵鹏大的地质人生之路[J].科学中国人,2011(12):40-44.

陈华文.万水千山总是情——赵鹏大院士的地质人生之路[J].中国研究生,2011(6):13-16.

附录五

赵鹏大对话及访谈录

2008年11月25日,中国科学院赵鹏大院士做客腾讯网,和网友漫谈深部找矿问题。

2009年9月16日,数学地质,创新地质找矿思路——访中国科学院院士赵鹏大。

2012年9月25日,中国地质大学(武汉)马克思主义学院高翔莲、余良耘等带队采访赵鹏大院士,就地质科学与社会等问题做了交流和访谈。

2014年12月9日,《中国矿业报》记者对话赵鹏大院士,就加强非传统矿产资源研究做交流与访谈。

2016年9月20日,《矿业界》编辑采访了中国科学院赵鹏大院士,赵鹏大院士谈了自己的成就感观。

2017年10月22日,中国地质大学(武汉)马克思主义学院刘郦等就编写《走向唯物辩证法的地质科学——赵鹏大科学思想探析》对赵鹏大院士进行了专访。

访谈实录(一) 关于地质科学与社会

赵鹏大与中国地质大学(武汉)马克思主义学院师生访谈(2012年)

2012年9月25日,中国地质大学(武汉)马克思主义学院高翔莲院长、余良耘教授等就地质科学与社会等问题对赵鹏大进行了交流与访谈(节选)。

高院长:赵院士,大家都熟悉您,我给您介绍一下,这是余良耘教授,是我院科技所的所长余良耘教授。

余教授:是科学技术与社会研究所。

高院长:是科学技术与社会研究所的余良耘所长。这位是龚静源老师,是马克思主义学院哲学教研室的老师,政治理论系的书记。

赵院士:是政治理论系是吧?

高院长:是马克思主义学院政治理论系。这位是李霞玲老师,副教授,也是科技哲学的,科学技术史的老师。这位是陈炜老师,和李老师都是博士,都是我们学院的后起之秀。这几个是我们的研究生,是学科学技术哲学和科学技术史的。

赵院士:现在科学技术哲学是具有硕士授予权吧?

高院长:科技哲学是二级学科,科技史是一级学科。我先把学院的情况介绍一下。我们全院有50多人,3个系,一个是心理所,另一个是政治理论系,我们老师就是政治理论系的,还有一个思想政治教育系,包括原来的德育课。思想政治教育学科,有二级博士点。上次我院去北京申报的是马克思主义学科的一级博士点,科学社会主义二级学科,科技史一级学科,科技哲学二级学科,应用心理学二级学科。

赵院士:今天要说地学哲学这个主题,话题很广。

余良耘:想请您从三个方面作一点指导。第一,您对地学哲学有什么看法;第二,对于整个地球科学,您认为哪些东西值得我们研究;第三,请着重点介绍下您在地学哲学方面的主要思想,您认为哪些是最有价值的方面。我们硕士点有的同学想专门写关于您的科学思想的毕业论文,请您就这些方面说说自己的看法。

赵院士:这个主题确实很重要,不管是什么学科,在我们学校里面,非地学类的要形成特色,就需要和我们本行结合。这种研究是很有中国地质大学特色的,你们做研究是近水楼台,别人不能比的。所以,你们搞哲学,搞科学,搞技术史,如果结合地学这方面来做,这肯定是一个特色。当然还可以有其他特色,不完全是和地学结合。但与地学结合,起码是比较方便的结合。具体怎么结合呢?可以和地学的老师一起合作,准备一些专题的课程也好,发挥各自的优势也好,地学老师发挥他们地学的优势,哲学政治理论老师发挥他们的优势,这样结合比较好。我原来搞数学地质,在武汉地质学院的时期就和那些数学老师一起,早期一起写文章或是翻译书,所以形成了我们的数学地质,就是数学和地质结合。后来从地质研究所调了几位数学家和老师过来,这时研究所里就有地质的、数学的、计算机的几方面的人才一起组成的数学地质研究所。所以,从实际出发,专业结合是个好事,学科交叉、创新是我们学校自己的特色。交叉、结合的程度还要加强,这是很有必要的。在实际的举措方面,学校可以设置一些项目,如不同层次的研究项目,学校级别的、省级的或是国家级的课题。关于地学的哲学问题,还涉及到科技理论方面的问题,我们的老部长朱训搞这方面的,他还是地学哲学名誉理事长,著书立说,主要结合地质找矿,探寻地学的哲学价值。实际上,地质学史和地质哲学相结合具有丰富的内容,因为我们的地质前辈在科学技术方面有很深的造诣,包括地质学思想,有很多既是地质理论,也是哲学理论。当然这方面大家可能比我熟悉,像老子的《道德经》,虽然只有五六千字,但是内容非常丰富。老子现在是世界公认的对科学包括对自然科学的发展产生重大影响的我们古代的一位先哲。《道德经》翻译成外文的版本很多,甚至比《圣经》翻译的数量还要多。华中科技大学的老校长,杨叔子院士也经常谈到老子。他有篇文章叫"要带博士帽,先过老子关",意思是要对老子的哲学思想有所了解。

科学技术史和地学哲学,或哲学的结合是一个可以研究的问题,地质学史本身也是一个可以去研究的东西。我国地学家们在这个方面也早有涉猎。湖北地矿局总工夏湘荣,早年曾写过地学史,特别是古代地学发展的一些研究,其他的还有我国地学人才的传略等方面的书。你们可以从这里发掘一些题材,分析一下地学发展和地学思想史的变化。最早,在老子那里产生过"天人合一"的思想。同时也要注意到,地学的发展也是一个过程,从区域范围地区向全球性的方向发展,从研究地球生命的演化到整个地球物质的变化,就是空间、时间不断地扩展。今天的地质学已进入地球系统,不光是研究地球本身,研究地球表层、地壳,还要把地球作为一个整体,把地球和天体联系起来。空间的拓展,时间的延伸,地球发展研究的领域也在不断地增加。现在重要的不光是基础地质,也不光是矿产资源,还包括环境灾害,都是非常重要的。地学的研究是逐渐发展的。从科学思想上关注其发展是怎么演化的,这个很重要。地学以后往何处去,决定于引领地学发展的科学思想。要产生新的学术和具体学科的理论,需要有很超前的思想指导,这是很重要的。要在地学理论上有所创新,首先要有创新的思想,所以思想是第一位的。研究科学思想,所以去发掘一些新的课题、新的研究领域,离不开哲学。哲学是能够预见科学发展的东西,动力或者说是导向。一个学科要发展,老的优势要保持,另外要发掘新的学科的生长点,而这个新的生长点往往是交叉出来的,和相关的学科交叉。前不久我们做过一个社会地质学的研究,社会地质学实际上是社会学和地质学结合一起的,是地质历史的研究方法和现今的地质作用的结合。以前人们认为地质学就是研究古老的地质作用,实际上,它也指正在发生的包括人的作用和社会、科技的力量对地球的改变,后者对地质学认识的加深起着非常重要的作用。所以这方面需要一些学科交叉来发现新的学科增长点,这样才能使研究不断丰富。至于我个人有一些治学理念,在我80岁生日的时候出了一本书《鹏程集》。

高院长:我们好多老师是您的粉丝,看您的微博。

赵院士:我发微博也要力图有些新意。因为创新不是说非要有什么大的创新,我经常说,就是开一次会,也可以创新,就是你发表意见和别人不一样,言别人所未言,见别人所未见,这是从很小的地方说的。大的创新也是由小的创新积累起来的,所以我发微博的目的一方面是和校友联系,另一方面可以训练我的思维,微博140字的限制使我简明扼要地把我的想法提炼出来,这方面也是要训练的。这对自己也是一种锻炼和提高。所谓上升到哲学思想,最早是一种感性的认识,逐步地抽象和深化,最后凝炼成普适性很强的观点和理念,能解释各种现象。普适性越高,它的价值就越大,哲学成分就越多,在教育方面同样如此。我跟学生讲课,力求简洁。要创新,把一个复杂问题说简单了,这就是科学。当你不了解的时候很复杂,只要你真正掌握内在规律后,你觉得不复杂,很简单。可是我们往往有些事情,简单问题复杂化了,一句话可以说清楚的,非要说很多话,反而把人绕糊涂了。很多问题必须清晰化、普适化。也就是说,在科学研究过程中,要认识本质的过程。就像我提到的地质体数学特征,研究矿体、矿物和构造,研究数学地质,把它们定量化,确定它们的数学特征是什么。过去只是研究地质特征、地球化学特征、地球物理特征,现在还要研究各种各样的数学特征、几何特征。比如一个岩体多长多宽,这个岩体从成分上来说,哪种成分占百分之多少,厚度多少;还有它的结构特征,这个地质体内部结构是怎么样的。地质体的特征方方面面,但是不一定是本质特征。比如说长、宽、厚,书也有长、宽、厚,那就不是它的本质特征,说了长、宽、厚那一定是个桌子? 那不一定。看起来是定量的,但不是桌子本质的定量。从定性到定量本身也需要发掘本质的东西,不是说定量就完了。

余良耜:同学们有什么不清楚的可以问下赵院士,孙晨你打算写赵院士的论文,你有什么问题要问下赵院士的。

高院长:赵院士,我们有个想法。您当了这么多年的校长,您有教育思想,您从事过管理,我们准备从教育思想、管理思想、地学哲学思想和科学思想，分门别类地加以研究，最终您将这么多年形成的思想通过文字表述出来。

赵院士：光是谈科学思想的话，内容非常多，科学和发展、科学和文化是有关系的，科学与伦理也是有关系的，这个问题应引起你们的重视。现在科学伦理问题在生命科学中非常突出。从克隆人体胚胎开始，干细胞开始，到克隆人，会出现各种伦理问题。现在越来越突出的是新技术的发展。科学技术越发展，伦理问题越突出。它是一把双刃剑，可以造福人类，也可以危害人类。纳米技术发展到现在，有人说它是创造的发动机，也有人说它是毁灭的发动机，看你用在哪儿。任何一种技术成果也是这样，像三峡大坝，当初建的时候是为了防洪发电，疏通航道，但它也会出现灾害问题、环境问题、一系列诱发的生态变化，有些甚至是预料不到的。人们发展技术主观是趋利避害，但是客观上也许会发生负面效应。这是不可预计的。有些技术是人能左右的，像原子核技术，如果发展成大规模毁灭性武器，是坏处；但人可以利用它造福人类，造核能和安全利用核能，这些是人可以左右的。但并不是所有科技成果都可以被人的主观意志所左右，人类自己也没法控制科技发展的方向，无法预见科技的影响，所以这种科学知识更有探索的价值。科学在不太发达的时候，科学的功能就是认识客观事物，获得知识。格物致知，我们研究这些东西，了解它，然后利用它。可是一旦知识产生了价值，就马上出现造假，如诚信问题、剽窃等，因为产生了价值，产生了一种市场上可以交换的价值。更别说有了知识产权，原来哪有什么知识产权呢？成为商品前，没有产权，纯粹是一种认知。一旦知识成为商品就会出现知识产权，一旦有了知识产权，就会出现知识产权领域的是非甚至犯罪。知识产权还只是金钱利益，纳米技术如果发展到左右人类，就很严重了。所以科学这一系列的东西，科学技术史也好，哲学也好，有很多方面需要去研究。

关于教育思想、哲学思想或教育理念，做什么事情都要有一个指导思想，做事情要明确，不能糊里糊涂，必须就事论事，用心去做，按自己的指导思想去做。比如，作为校长办好学，就会面对方方面面的问题，有学科建设问题、队伍建设问题、后勤保障问题，每一件事情怎么做，都要有指导思想。

"211工程"建设之初,对学科发展我提出八个字的思想——"前沿、急需、交叉、联合"。前沿,要查明每个学科它的前沿问题是什么,你不能走在人家后面,炒剩饭,需要了解每一门学科的前沿情况。急需,就是我们国家建设急需的东西,做研究首先考虑到科学发展,再一个就是考虑到国家需要,怎样通过交叉或联合产生一个创新点。交叉是一种内部的渗透和融合,它是乘除的问题。联合可以组成学科群,是加减的问题。这八个字,是我对学科发展的指导思想。办学也要有指导思想,盖几座大楼,盖什么样的楼,为什么盖成这个样子,建多高都有指导思想。我一贯的想法,做什么事情的时候,要强调指导思想。最近在北京开的地质大学组建25周年的座谈会,朱训老部长发表讲话。我说四重门我都经历过,有一重门很短,也没在我们学校发挥什么作用,另外三重门我都亲自经历过,亲自参与了,有的是作为教师参与的,有的是作为一个管理者,有的是作为领导参与的。

高院长:赵院士,那时地大刚成立的时候,就是1960年前,那时您是在苏联吗?

赵院士:我是1952年大学毕业,分到北京地质学院筹备处。我北大毕业的时候申请去西藏,国家不让我去。那时西藏刚和平解放,我坚决要求去西藏参加调查。组织上当时说不行,成立地质学院更需要人。当年我们地质专业毕业的学生全国才13个。成立北京地质学院需要人才,要实现三个转变,即大学的理科学生地质系转变为院校,理科的地质系转变为工科的地质专业,由小规模的招生变成大规模的招生。我于1948年考上北京大学的,北大全年的招生是440人,原来的北大不像现在的北大,理、工、文、法、医、农,全套都有,院系调整时都调整出去了。北京医科大学是原来北京大学医学院,中国农业大学是原来北京大学农学院,现在的政法大学是原来北大的法学院,现在北航是原来的是北大工学院,最后一调整,北京大学就剩文学院与理学院,其他医、农、工、法都调整出去了。那时这么多学院也就只招440个学生,地质系才招了13个学生。北京地质学院1952年成立,第一年招生,就招了1188人。当时为什么成立那么多学院?国家刚刚恢复,中华人民共和国刚成立急需人才,按这种模式发展,猴年马月能开展全国范围内的调查和地质找矿,所以地质学院很快发展到6000人。所以三重门每一段我都经历过,我参与更多的是武汉地质学院和中国地质大学这方面的建设工作。我当校长以后,我用自己的办学思想。最初在北京地质学院,我是作为一名老师,但刚建校的时候我是搞治安保卫工作,管校卫队。校卫队有十几个人,那个防火、防盗方面的治安工作是我在管,后来1954年我去苏联读书,1958年初回来的。

孙晨:您是1958年初回来的是吧,赵院士,我想问您一个问题,您在做研究生毕业论文时就把数学和地质学进行了交叉。对于我国来说,您是数学地质学奠基人,1992年获得克伦宾奖章,您当时是那么年轻。我看过您的资料,据说您过去留学的时候专门要求提前回国,大使馆还不让你们提前回国。

赵院士:出国学习花国家外汇,我们想干脆回国,要那个学位干啥,多学几门课程学成就可以了,赶快回来参加国家建设。当时就是这种朴素的思想。学位就是写个论文带个博士帽,那对我有什么意思,我不要求那个。所以我们几个人向大使馆写报告申请提前回国,大使馆回复不行,你们一定要把研究生论文搞完,通过这个论文才知道做学问的道理,做论文和不做论文是两码事,做了论文你就知道怎么弄清问题。我们听从了大使馆的意见,着手写论文。论文写作是一个漫长的过程。从收集第一手资料开始,然后要形成研究的问题所在。要非常清楚主攻对象是什么,然后要达到什么目的。解决这个问题,需要什么方法,流程的设计,收集资料,详细地研究前人的研究成果,进行评述,谁做的,做的怎么样,哪一点是好的,哪一点做得不够,对前人成果进行评述这是很重要的。如果不做论文,你也不会有针对性地去思考这些问题。所以这是方法的选择,流程的设计,研究过程反反复复,深入地去研究问题,最后形成结论。这些结论要凝炼,要把它条理化、系统化,上升到原则、理论或普适性。还有一条很重要,就是要力求研究成果能够为别人所用,有实际应用价值。当然有些纯理论的东西,一时看不到成果,但要知道它今后有什么用处。我们不能盲目地应用,这是一种驱动力。兴趣也是一种驱动力。出于好奇,出于爱好兴趣,这是一种研究的驱动。还有就是国家需要。地层学发展很快,就是搞石油驱动的,搞石油遇到很多困难,出现很多新的储油类型,不是简单地找个背斜构造,要详细研究这种地形特征、地形反射特征、层序地层学、地震地层学,这是需求驱动、兴趣驱动。做了论文就知道,这的确是不一样,经过这么一个全过程,就知道应该怎么样做。为什么会考虑到数学地质呢?我在苏联做论文的时候研究的方向是矿产普查与勘探,研究钨锡矿,钨矿、锡矿的矿床类型是网脉状矿床,当时是一种新类型的矿床。所谓网脉状矿床,特点是品位很低,含量很低,但是规模很大,矿体和围岩没有明显边界,不像含金矿脉,有明显的界限。我当时就是研究这种类型的矿床,所以逼得我去想办法研究它的内部变化,它的边界特征,它的内部结构。有矿地段和无矿地段是交叉的,富矿和贫矿又是交叉的,所以要仔细研究这种变化。怎么研究这种变化,不定量根本研究不了,所以每个地方你要去定量。要研究采集数据,研究变化特征。研究它的变化性质,是一种什么样性质的变化;研究它的变化程度,变化程度有多少;研究控制变化的原因。取一个样品,这个样品有没有代表性,能不能代表,如果一个大矿体,要取几个样才能代表这个矿。在哪取,怎么算有代表性,什么叫代表性,这都是数量的问题。我们搞社会科学也是这样。搞一个社会调查,找一个学生问点事就具有代表性吗?起码你要找个女同学,一个男同学,找个年纪大点,找个年纪小点的,找个南方的,找个北方的,或者是找个穷的,找个富的,你了解的意见和情况才具有代表性。研究矿体也是这样的,好多问题要想办法去定量化,就是要借助数学的理论和方法,这也是一种需求驱动,这个是需求加兴趣的驱动。早期就是这样开展这方面的工作,以后逐步形成一个体系,坚持这个方向。在1966—1976年,有人说我标新立异,搞什么数学和地质结合。当时我不能说话啊,被批判就只有听的份。但我还是继续做,我认为这个方向是对的,需要这样做。所以以后成功进行了矿产预测和勘查,然后慢慢形成自己的一种体系。所以,搞科学研究要走自己的路,要形成自己的特色,要形成自己的优势,否则特色也没有,优势也没有。这就是走自己的路。我常说自己做什么事情要考虑,人无我有,人有我优,人优我特。

余良耘:这个里面好多哲学思维我们很受启发。我问一个纯哲学的问题,那个页岩气用得很频繁,把它发掘出来,就是像您说的那些,是把复杂问题简单化了,还是简单问题复杂化了?

赵院士:科学研究就是把复杂问题明晰化。说简单化有点不太好听,实际上就是说把一个复杂的问题系统化、条理化、明晰化。我认为科学研究不是把一个问题越搞越复杂,可能研究过程中有些复杂的问题,因为我们研究的问题本身就是个复杂的系统。一个大系统里面有很多子系统,这个系统又跟其他的系统发生关系,系统和系统之间都有信息、能量这些东西的交换。所以是很复杂的,研究的过程很复杂,面对的问题可能复杂,最后得出的结论是需要非常明了。简单的东西,如果你没有做到非常明了简单,那说明你做得还不够,提纯度还不够,还要再提炼。能用一个字表达的事情就不要用两个字。过去侯宝林说的相声,请不同省的人说一个事,最简单的一个字都表达了,说了啰里吧嗦一大堆也还是表达的一个事。把复杂的事情说简单了,做明白了,这就是需要科学研究才行。像页岩气,面临的问题可能是复杂的,实际上最后解决问题就简单了,找到了就简单了,界限就在这了。当然科学问题都是不确定性的东西,在不确定的条件下,作出正确的结论,力求作出尽可能正确的结论,现有的科学技术水平有限,所以我们搞地质在很多事情不确定性的条件下,要作出决策。打钻找矿,下决心布置,是在这儿打,还是在那儿打,这需要非常明确的一个决策。不能这儿打也行,那儿打也行,还是要定一个位置。虽然确定钻孔的位置是在很没有把握的情况下,但是要力求把握最大,力求成功,见矿概率最高。任何一件不确定的事情,可能产生的结果是多样性的,不能等量齐观。不确定性条件下,寻找结果概率最大,所以要估计每个可能结果产生的影响大小,就像预测天气可能是阴天,也可能下雨,也可能是晴天,也可能是大风,预测哪一种概率最大。预测可能明天多云概率最大,概率是60%,明天下雨的概率是20%,出太阳的概率是20%。所以每一种可能事件都得有一个概率估计。那么这个概率是怎么给的,不是凭空脑子想的,而是要根据几种条件来判断的,假如下雨是根据几种条件总结出来的,出太阳又是哪几个条件总结出来的。你根据产生某一种结果的几种条件、标志判断结果。那么哪一种因素产生的可能性最大,这种结果发生的概率就越大。在不确定性的条件下作决策,要想把失败的、失误的风险降到最低,就要得到各种资料和详细的信息,这样得出的结论才比较可靠。对各种事件结果作出一个发生概率的大小的判断,然后根据这个作出最可能发生的结果,作为作决策的一个依据。这样失误的可能性就比较小,风险比较小,这是不确定性当中的确定性以及需要……我们做事情就是这样的。在不确定性当中去判断各种事件发生的概率大小,根据最可能发生的情况作出决定,这是相对正确的结论,只能说是相对正确。

王贺霖:赵老,我还有一个问题,您之前说到深部找矿中蕴含的哲学思想,特别是对立统一思想,请您说说。

赵院士:这是基于避免片面性的考虑。科学研究中讲究对立统一,不能只偏向某一方面,否则就是片面了。事物都是一分为二的,只看到矛盾的一面看不到统一的一面也不行。只看到一方面它就没有矛盾,要看到多方面才会有矛盾。那么怎么解决矛盾?就是想办法把它们统一起来,想办法找到它的统一点。比如勘探一个矿藏,从开采的角度来讲,研究得越详细越好,打的钻越多对下面矿体的了解情况越多。但钻打多了,反过来这个矿勘探的成本就提高了。比如在西藏打1米钻是2000元,你想想,打一个1000米的钻要两百万。打两个钻就解决问题,打十个那不是浪费资金吗?这就是对立统一的问题。找一个最佳的解决办法。从开采的角度,越详细越好,他不管勘探花多少钱;从勘探的角度来讲,打的钻越少越好,不考虑后来开采会不会出现问题,这都片面了,都为了各自省钱,这都偏向一边了。所以就要找到一个最佳的勘探方案,既满足了开采风险最小,也满足勘探阶段的最大节约。不能只考虑勘探阶段,不管以后开采碰到到什么问题。以前(勘探和开采)是两个部门(分管的)。勘探是地质部门的事儿,开采是矿山的事儿。现在两个部门结合起来,共同考虑,就是要找一个最佳的结合点。

王贺霖:所以现在地学的发展跟社会的结合度越来越高了。

赵院士:是啊。另外一方面,事物本身就是相互关联的,不应该把它们隔离开来。需要了解系统之间的联系,要找到它们相互关联的特点,找到它们的关键点在什么地方。抓住这个关键点，就可以既照顾到这个方面，也可以照顾到那个方面。任何一个工作都是这样，勘探理论也是这样。深部找矿也是一个深浅结合的问题，不是说找得越深越好。首先你得搞清楚浅部的问题，可是有时候你要搞清浅部，你还要了解深部。你浅部搞不清楚，你也深入不了。所以深浅也是一个对立统一的关系。你要了解浅部……有时候搞地表，搞了半天也不知道，到底地下有没有岩体，是什么样的岩体。但打一个深钻，了解一下深部构造，对于地表的很多问题就可以认识清楚了，就可以解决了。有时候就为了省一个深钻，地表弄了半天也弄不清楚。反过来，地表还没调查很清楚就盲目打深钻，你光深部的弄清楚了，但地表什么都不知道，那就是舍近求远，反而是浪费。这个深浅结合也是一个对立统一的关系。

王贺霖：您在非传统矿产资源里提到的地质异常也是根据这个道理提出的吗？

赵院士：是。

孙晨：赵院士，还想问您个问题。您在我们学校当了22年校长，在全国都是当校长时间最长的？

赵院士：不敢说是最长的，我当了22年校长，原来北大的陈垣校长，他当了46年的校长，任职时间是我的一倍多，但他不是在一个学校里（当校长），先是辅仁大学，后来是北师大，所以我不能算是全国当校长（时间最长的），但是在一个学校可能是当校长时间最长的。

孙晨：当年我们学校建校，高云贵院长也是当了18年，这么来算，您是最长的。赵院士，您在当校长期间，您的地质研究事业已经进入一个辉煌阶段了，不管是各方面的研究也好，数学地质学、非传统矿产资源还是深部找矿也好，您的理论包括一些研究都趋于完善了，我想问的是……

赵院士：差得远了，趋于完善。

孙晨：您有一个行政上的职务，可以整合我们地大的师资力量，这对您的研究是否有帮助？

赵院士：研究、科学思维、科学方法是根据多途径、多方面培养锻炼的，所以我建议学生不能只知道念书，还要多做些社会工作，这是很有帮助的。从事社会工作就是对你科学思维、科学方法的训练,这个非常重要。我当时上学的时候,担任北大地质系的团支部书记,当时胡启立是北大的团委书记,后来成立北京地质学院的时候,我是团委第一任组织部部长,这也是一个对立统一,你不要把社会工作和科学研究对立起来了。

高院长:它们并不是完全对立的。

赵院士:这都是有好处的,需要把它们很好地结合,当然这是比较辛苦一点,说实在的。我每天有四个时间单元,上午、下午、晚上,还有一个深夜。我的业务工作很多是在第四个单元,从晚上11点钟开始,11点、12点、1点、2点、3点,我11点开始学习,都是晚上3点钟才睡觉,我第四单元的效率非常之高,夜深人静,没有任何影响,我思考问题,写东西、看东西效率非常高。那没办法,我做校长、做系主任的时候,活动多,会议多,不像现在。那时候我上午、下午甚至晚上都在开会,所以只能在深夜11点后,或是礼拜六、礼拜天搞业务。现在礼拜六、礼拜天也全是开会,特别是地矿部开会都是找这时候。总之,时间是挤出来的。另外,思想上不要对立起来。这就要培养一个兴奋点的转移,我也培养锻炼出来了,我本来在想这个事儿很紧张,脑子注意力都集中在这件事儿上,突然"啪"的一下就转移到另一个上去,你得养成这种习惯,不然在搞业务的时候,还要想学校的事儿,食堂的问题还得解决……要转换思维,什么问题我都撂下了,我就不想了,效率就高了。

高院长:这就是切换,不容易啊。

赵院士:对啊。

高院长:就是从一种状态马上切换到另外一种状态中。

赵院士:我的叫法就是兴奋点转移。现在集中到这个事情上的兴奋点,我马上可以转移到下一个事情上。

高院长:转移得很快。

赵院士:对,转移得很快。然后就是要从高度兴奋的状态转变到高度放松的状态。我晚上睡觉就是这个样子,睡着也很快,但并不是说我没有什么操心的事,操心的事儿多得很。当校长的时候,每天听到救火车一响,我都担心是不是进地质大学校园里去了,马上心头就紧张起来。晚上接了个电话,也不知道是哪儿,都担心是不是学生出了什么事儿了。随时提心吊胆,你真得能拿得起、放得下,否则我早愁死了,那就甭过日子了。我入睡很快,不吃安眠药,到现在我也不吃安眠药什么的。我这也是靠兴奋点转移。本来看书、想问题什么的,可是躺在床上就是要放松,从紧张状态马上要放松。

高院长:这是完全不搭界的两个领域,从晚上11点到凌晨3点您从事的是科学研究,早上8点到晚上10点您是从事教育和管理的,跨度很大。

赵院士:这就是矛盾,对立统一的,在一个人身上也是这样,寻找对立的统一点。

高院长:而且现在很多人也是面临着这样的问题。

赵院士:这就要锻炼、要培养,久而久之就习惯了,而且你要有意识地去做这件事。像我本来很紧张,但躺到床上我就要放松,意念放松,从头慢慢往下都放松,什么杂念都没有了。一会儿,慢慢就轻松下来了。所以我的养生之道归结为四句话——"静中有动,紧中有松,苦中求乐,名利无争"。

高院长:这也是哲学思想,人生哲学。

赵院士:我坐着也挺胸,走路也挺胸直立,我不会驼背啊、弯腰,这就是静中有动。有时候我坐着动动手指头,动动胳膊,特别是保持坐姿、站姿、行姿正确,这是非常重要的。比如说我现在80岁,我背也不驼,腰也不弯,你让我弯腰驼背我还不习惯,我受不了,我只有挺胸才能舒服。所以这都是要培养的,静中有动。紧中有松,是说很紧张的时候,自己要放松,包括兴奋点也得转移。苦中求乐,就是很苦的时候你要自己找乐子,不能让苦压得你喘不过气来。

赵院士:人生理念也是四句话——"选好方向,逆境而上,完美为本,勤奋为纲"。做事情要追求完美,以高标准要求自己,不管是做大事儿小事儿都一样。我现在早上第一件事情就是叠好被子。

王贺霖:微博里面都有提到,您还要求您的小孙子也要叠被子。

赵院士:现在年轻人、小孩都不注意这个,反正有人叠。他也不积极,久而久之就养成一个坏习惯。我每天自己洗衣服,我换下的衣服绝对不积压,我马上就给它洗了,这都是习惯。开会四点钟,我绝对不会四点以后到,我总会在那个(时间)的前面到。是的,这都是从小养成的习惯。

高院长：所以我今天说了，你们一定要四点钟到这儿，赵院士四点钟肯定在。跟余老师打电话，不能四点钟之后来。

赵院士：我就是准时有序。你让我出差装箱子，我装得井井有条的，我装的箱子可以装很多东西，别人就装不了那么多东西。那些圆的、长的、方的该怎么放，我放得很整齐。这是小事儿，但小事儿积累起来就是大事儿了。"天下大事必成于细，天下难事必成于易"。就是说做好容易做的事儿，最后才能做好难事儿，做好小事才能做大事。这是客观真理，所以我一直都这样。不要忽视那些小事、不起眼的事，小事都做不好还怎么能做大事。你们以为不对的地方听听就拉倒，我们老师讲一堂课，你能听进去一两句就证明这堂课没白讲。看一本书，可能就一两句有用，讲话说不定就一两句有用。人要善于发现对自己有用的东西，你要有目的性。一个是目的性，一个是针对性。不是任何时候都是开卷有益的，重要是有吸引力。你想吸取什么东西，你能够吸取什么东西。你尽量去做，去往那方面努力，这也是提高效率的一种办法，客观上是这样。一本书不是句句都是有用的话，很多都是废话，重复别人的话，真正精髓的部分你发现不了也不行。你想知道它真正的精髓在什么地方，就需要你用心去鉴别、去分析。毛主席早就教育我们，去其糟粕，取其精华，去伪存真，这些东西都是需要动脑子用心的。我说用心学习，用心做事这是非常重要的。什么是指导思想，科学的指导思想，正确的指导思想，事半功倍就是这样的。

访谈实录(二)
关于编写《走向唯物辩证法的地质科学——赵鹏大科学思想探析》的专访

赵鹏大与中国地质大学(武汉)马克思主义学院师生访谈(2017年)

刘郦:这个序言(本书稿)已写好,最后请侯志军书记总结的。这是目录。第二篇是从科学哲学的角度来分析地学思想,比如说包括地学思想是怎么形成的,地质科学思想和它有什么区别;然后在地质科学思想方面,科学思想有什么创新,有什么独特之处,包括科学实验、科学假说都是需要讨论的。主要思考地学科学思想与其他科学思想包括假说、方法等之间的差异,包括您最初提出来的那些方法、假说,我们要把您的具体事例放进来说。

赵院士:那我就这个科学假说为例来看一下。

刘郦:这个是我们最新改的第三稿,刚开始有一点理论的铺垫在里面。其基本意思是这样的,考虑地学科学假说与其他科学假说的区别和联系。

赵院士:有些提法不能说得太满了,比如说这句"赵鹏大的思想是十分正确的思想,他的思想契合了中国地质学发展的需求,使得中国地质学研究突破了一个十分关键的瓶颈期。这一瓶颈期的突破,为中国地质学的发展扫清了道路。"这个就提得有点高了,它不是一个瓶颈的问题,可能只是定量化其中之一吧。这个是个旧锡矿,不是钨矿。"传统矿床全部大白于天下"

这是不可能的,应该说"传统矿床逐步大白于天下"。

刘俐:第二篇我们的最初的思路是按照数学地质、勘探统计等这样一个地学知识做的,写了两遍发现不行,就重新修改了。现在的思路是这样的,先讲科学,再讲地质科学,再是讲您的发现对这方面的影响和贡献。后面第三、四篇我们写得比较早,也比较成形。

赵院士:这个书的名字是《走向唯物辩证法的地质科学——赵鹏大科学思想探析》,那把教育思想放进来是可以的。

刘俐:叫科学思想研究,实际上就是科学的思想研究,不光是地学思想的研究,也包括教育思想、哲学思想,都可以算是广义上的科学思想。第四篇从哲学的角度来讲,是一个方法论的提升,主要由余良耘老师负责。

赵院士:那再看一下第四篇第二章。这个都是以前的数据了。你知道我现在答辩的博士有多少吗?

刘俐:有多少不太清楚,据说有200多,这应该远远不止吧?

赵院士:已经答辩的是151个,加上硕士和博士后应该200多,硕士招得比较少。

刘俐:我们有老师和研究生做过这方面研究,查阅和核算过这方面的数据,说有200多,但具体的数据他们没有拿出来。

赵院士:可能前后会有一些冲突。

刘俐:对,因为是不同老师写的,我们最后会统稿。

赵院士:关于地学创新人才的培养,我写了这个增强创新能力培养"十力":广泛知识的积累力、相关事件的综合力、新鲜事物的洞察力、不同学科的交叉力、瞬间现象的捕捉力、灵感思维的爆发力、关键问题的提取力、不屈不挠的坚持力、复杂系统的分析力和高新技术的应用力。

刘俐:这个文章里好像没有收纳进去。

赵院士:这个没有专门在文章里说过,是我在给学生讲的时候说到过。

刘俐:那我们把这个增强创新能力培养"十力"收纳进去。还有图片的资料,让赵老师看一下哪些图片是可行的。图片共有36张,分为三部分:第一部分是关于生平的,第二部分是找矿的(即实地考察),第三部分是获奖的一些图片。这个前言是我们的一个计划或者说是对这方面的一个认识。

赵院士：我这里有个资料是湖北大学做的一个关于老科学家资料采集工程，其中有关于我的一个传记，和你们的角度有所不同，但也可以参考一下。

刘郦：我不知道我们学校的校史里边有没有收录关于您的获奖感言的稿子，我们也收集了很多资料，但是好像有点难找。

赵院士：很多都没有留稿，有很多是即兴演讲也没有留下什么东西。

刘郦：这有没有成文的或是校史保留下来的，我们也想给您收集起来，这也是很必要的。

赵院士：可能没有保留下来，像这种关于地学方面的报告是很多的。

刘郦：这是我们关于附录四的收集情况，有很多没有题目的或者其他问题的，我们都详细地做了记录，大家都努力地去找了，可能还是有一些没有找到。这是我们收集的附录三的资料，比如说有人对您的各种活动的介绍及其他介绍，我们能收集的资料也就这么多，可能还是有点少。这是附录一的大事年表，这个是关于资料性质的。

赵院士：我80岁生日的时候，我的学生出版了一本书《鹏程集》，不知道你们看过没有？

刘郦：刘颖同学去年做过关于您的毕业论文，查到这本书了，但是到处找都没找到。

赵院士：那我把这本书送给你们好了，这都是我的学生和一些国际朋友写的。

刘郦：正好我们可以参考一下这本书，就是一些著名的人物、您的朋友、同行对您的一些评价或者回应。

赵院士：其实当时他们出这本书并不是有意识地去做的，是他们自发去做的。

刘郦：我觉得这个很有意义。

赵院士：这是关于我的人生感悟、人生理念及发展历史的描述。

刘老师：您身体真好，看不出来您有86岁？

赵院士：坐姿端正，气血畅通，这是保持健康体、年轻态十诀；

忘记年龄，淡化病痛；

交年青友，言行交融；

量力工作，适度运动；

坐姿端正，气血畅通；

大步快行，昂首挺胸；

天天阅读，日日笔耕（我每天写一篇日记，不多不少写一页，大本写大本的一页，小本写小本的一页，锻炼给你多大的位置，把主要内容写下来。）；

勤于动脑，凝练集中；

遇事淡定，处事冷静；

公益事业，尽我所能；

呼吸不止，奉献不停。

对身体慢性病的自愈能力比较好。

最近地大北京学生邀请我在"科创文化舟"开幕上做演讲，我准备从以下几个方面讲：第一，科学精神和科学兴趣的培养，要从娃娃抓起；第二，创新精神和创新能力的培养，要从大学做起；第三，创造知识和创新产品是创新价值的体现；第四，创造财富和服务社会是创新的根本目的。

一般我写东西不打草稿，在脑子里构思，11月11日在北京开一个地学哲学讨论会，让我做个发言，主题是"一带一路"和"阶梯式发展"的研讨会，有天晚上我醒来想了一个小时就想出一篇文章来，"一带一路中外合作交流阶梯式发展的典范"，我是从空间、时间、硬件和软件四个方面来说阶梯式发展。第一，空间上分为点、线、面、体四个方面。点指的是中外交流的某几个点，即某几个国家，如非洲的几个国家；线指的是一带一路这条线；面指中外合作交流发展到亚洲、欧洲等；体指空中、太空、地面、地下等的开发。第二，时间上的特点是一次性—阶段性—长期性—永久性（联系纽带的永久性）。第三，硬件上的发展从货币（资金）—资源—资产—资本的发展。第四，软件上从数据—信息—知识—财富的发展。

刘郦：时间和空间有人讨论过，但是没您这么详细，硬件和软件方面还是第一次听,这就是科学探索的精神。

下午采访实录:

刘郦:您认为现在大学课堂中,教师授课应该做到哪几点?

赵院士:第一,老师讲课有亮点,有新意,有特色;第二,要有启发性、引领性,让学生对所上的课有所思考。

刘郦:就像我们哲学课一样让学生学完以后有所领悟。

赵院士:一堂课下来让学生至少能记住一两句话,让学生印象深刻,能够思考一两个问题,能够对课程提出一两个疑问。国外做学术报告,学生会踊跃地提出问题,像在中国,一个报告完了以后很少提出问题。

刘郦:那这是什么原因呢?

赵院士:不敢问、不会问、不想问。

刘郦:我觉得学术不敢问、不会问,有可能是对那些方面的知识不熟?

赵院士:也不完全是那样,有时候他们会想,对一个教授、专家提出问题可能会是一种冒犯。不会问也是一种能力问题,提问题本身就是一种思考探索的过程,对问题有深刻的了解。不想问,听听就行了,没啥问题可问,这是人的一种惰性。我会想起来我为什么学地质,小学的地理课老师带领我们参观煤矿、盐矿,下矿井就感兴趣;然后上高一的时候,老师就讲"地质工作者不仅能找到地下哪里有矿,而且还能算出有多少矿量",这句话就启发了我,我就想地质工作者怎么这么厉害,从而奠定了我终身的业务方向。另外,在课堂上讲课,学生不光听你的业务(专业课),学生还看老师的一举一动,举手投足都会对学生造成影响。可以看出老师的治学态度,讲话是否严谨,分析问题是否到位,怎么板书,怎么画图,表达时候的肢体语言,甚至有的学生会学走路,都会对学生造成影响。所以不能只是把它看作一个知识的传输。

刘郦:也就是老师的人格魅力对学生也有深刻影响,中国有句古话"传道授业解惑"。我们这个专业可能感觉对学生的灌输倾向性多一些,但是我们上课的时候也努力地以问题的形式带动学生,来让学生去思考,也在慢慢改变。赵老师在"文化大革命"期间肯定也吃了很多苦吧?

赵院士：我也受了一些苦，但是比起有些人相对还算好的。我在院士的传记曾提到"文化大革命"时期中扫厕所的例子。一个人的成就不是说培养了多少博士生，当了多少年校长，做了什么大事或者在学术上有什么成就，才会有成就感。做任何事，不管大事、小事，你都要有成就感。当年我扫厕所就扫出了成就感。那时候只有用厕所，没有扫厕所的机会。他们不让我搞业务课，也不让做管理工作，让我去扫厕所。我就把厕所扫得干干净净，从家里拿一些碱面，把玻璃、窗子擦得干干净净，把大便池、小便池也打扫得干干净净，大家一看感觉厕所大变样。扫厕所是这样，做任何事情都是这样。

刘郦：所以我就跟学生讲，那些在"文化大革命"期间挺过来的，真是不简单。说起来容易，你一心一意为了国家，最后国家还委屈了你或冤枉了你，挺过来真是很不容易，只有大智慧的人才能顶过这些大风浪。

赵院士：就像我写日记一样，要有近期的意志力，如果我写了一半写不下去就放弃了，那就会懈怠下来，不能保持。就像我以前戒烟，我抽了30年的烟，烟瘾很大，大学二年级我就开始抽烟，那时候正在搞"三反""五反"运动，那时我们都是学生，老干部带我们去查资本家的账，半夜三更就干这些事，整天熬夜，晚上打瞌睡，这些老干部就说抽个烟就好了，这就让我抽烟了，因为老抽烟后来就开始自己买。有时候住院，医院不让抽，出了医院又开始抽。1979年我从北京到武汉出差，两个人住旅馆，烟抽完了晚上也不能买，同屋的人也没有烟，憋了一晚上。第二天一大早去买火车票，去白云鄂博指导学生实习，排了一上午队买票，又憋了一上午，后来终于有机会去买烟了，我就想这两个单位时间都憋过来了，我再憋一天，然后再憋一个礼拜、一个月，给自己定一个目标、一个任务，就这么憋过来了。

刘郦：那太厉害了，这完全靠您的意志，一般人肯定做不到这点。

赵院士：这就要靠自觉，自觉是不竭的动力。

刘郦：荣格曾说："性格决定命运。"一个人的成功不是偶然的，性格中最关键的就是毅力的培养。

赵院士：毅力的培养要从小事做起，就像每天写日记一样。

刘郦：对呀，就像作家，每年能写一本小说或几本小说，他怎么做到的呢？他们每天定一个目标。

赵院士：做得时间久了就习惯了。做任何事情都要选好方向，逆境而上，完美为本，勤奋为纲。

刘郦：我们又聆听了您的教诲。

赵院士：欢迎批评指正。

主要参考文献

［美］沃尔特·阿尔瓦雷斯.霸王龙和陨石坑[M].马星恒,车宝印,译.上海:上海科技教育出版社,2001.

陈华文.万水千山总是情——赵鹏大院士的地质人生之路[J].中国研究生,2011(6):13-16

陈华文,李素矿.踏遍青山人未老——记中国科学院院士赵鹏大的地质人生之路[J].科学24小时,2011:40-45.

陈筠泉.新科技革命与社会发展[M].北京:科学出版社,2000.

成秋明,赵鹏大,陈建国,等.奇异性理论在个旧锡铜矿产资源预测中的应用:成矿弱信息提取和复合信息分析[J].地球科学——中国地质大学学报,2009,34(2):232-242.

方熠,夏庆霖,欧阳维民,等.鹏程集[M].武汉:中国地质大学出版社,2011.

方熠,赵鹏大.地球外部新层圈——社会圈:涵义、依据及意义[J].科技进步与对策,2003(11):41-42.

郝东恒,白屯.地球科学系统观和方法论[M].武汉:中国地质大学出版社,1998.

胡燕生,李致新,董范,等.体育华章——中国地质大学60年体育掠影

(1952—2012)[M].武汉:中国地质大学出版社,2012.

何起祥.地球科学思想的发展[J].海洋地质与第四纪地质,2003(3):115—121.

金友渔,赵鹏大.分形——判别非线性数学模型及勘探线剖面致矿地质异常分析[J].地质科技情报,2000(2):99-102.

刘郦,李霞玲.均变还是灾变:新的科学思想之争及其解[J].中国地质大学学报(社会科学版),2016,16(4):72-78.

刘洋.科研潜行万里路,知识报国一世情——访著名矿产普查与勘探、数学地质学家赵鹏大院士[J].科技创新,2008(3):8-9.

刘颖.赵鹏大地质思想研究[D].武汉:中国地质大学,2016.

孟宪国,赵鹏大.地质数据的分形结构[J].地球科学——中国地质大学学报,1991,16(2):207-212.

孟宪国.中国地质大学(武汉)数学地质研究室致本刊编辑部的信和麦坎蒙博士致赵鹏大教授的信[J].中国地质大学学报地球科学,1992(2):140-150.

宋春悦,赵鹏大."全面"评价和培养人才[J].中国科技奖励,2014(10):40-42.

孙华山,赵鹏大,张寿庭,等.滇西北喜山期富碱斑岩区域矿产成矿多样性表现[J].地质与勘探,2004(3):15-19.

滕艳.数学地质,创新地质找矿思路——访中国科学院院士赵鹏大[N].地质勘查导报,2009-9-12.

王恒礼,王桂梁.地球科学哲学[M].北京:人民教育出版社,2009.

王自杰,赵鹏大.基于地质异常的矿产预测[J].华东地质学院学报,1996(2):133-138.

吴凤鸣.地学哲学与可持续发展[M].北京:中国文史出版社,1998.

吴凤鸣.关于当代地球科学发展趋势的点滴认识[A].//吴凤鸣文集(第2集).北京:石油出版社,2011.

吴凤鸣.全国地学哲学委员会发展简史［A］.//吴凤鸣文集(第2集).北京:石油出版社,2011.

吴凤鸣.吴凤鸣文集(第2集)[M].北京:石油出版社,2011.

肖斌,赵鹏大,侯景儒.现代地质统计学的新进展[J].世界地质,1999(18):81-88.

肖德武.科技革命与社会发展[M].济南:山东大学出版社,2007.

邢相勤.行以楷模,知以榜样——矿产系师生开展向中科院院士赵鹏大教授学习[J].地球科学——中国地质大学学报,1994(4):454-445.

杨洁.从克伦宾奖到大学校长奖——做学问、抓管理"二位一体"的赵鹏大院士[J].科学中国人,2006(9):20-25.

余良耘.地学理论与假说[J].自然辩证法研究,2002(5):4-5.

赵鹏大,陈建平,陈建国.成矿多样性与矿床谱系[J].地球科学:中国地质大学学报,2001,26(2):111-117.

赵鹏大,陈永清.地质异常矿体定位的基本途径[J].地球科学:中国地质大学学报,1998,23(2):111-114.

赵鹏大,池顺都,陈永清.查明地质异常:成矿预测的基础[J].高校地质学报,1996,12(2):361-373.

赵鹏大,池顺都.初论地质异常[J].地球科学——中国地质大学学报,1991,16(3):241-248.

赵鹏大.地球科学的新使命——认知和发现非传统矿产资源[J].地球物理学进展,2001,11(4):127-132.

赵鹏大,方熠.关于地学发展的若干问题[J].综合论评,1997(9):3-6.

赵鹏大,方熠.社会地质学引论[J].科技导报,1996(7):33-36.

赵鹏大,胡旺亮,李紫金.矿床统计预测的理论与实践[J].地球科学——武汉地质学院学报,1983,22(4):107-121.

赵鹏大,吕新彪,欧阳建平,等.坚持教育改革—培养"五强"地学创新人才[J].中国地质教育,2006(1):12-16.

赵鹏大,孟宪国.地质学的定量化问题[J].地球科学——中国地质大学学报,1992,17(11):51-56.

赵鹏大,孟宪国.地质异常与矿产预测[J].地球科学——中国地质大学学报,1983(18):41-42.

赵鹏大,王亨君.地质科学思维[M].北京:地震出版社,1993.

赵鹏大,夏庆霖.中国学者在数学地质学科发展中的成就与贡献[J].地球科学——中国地质大学学报,2009,34(2):225-231.

赵鹏大,朱新国,吴志振,等.高等地质教育理论与实践[M].武汉:武汉测绘科技大学出版社,1993.

赵鹏大."决定"赐良机创新铸辉煌——在"中国地质学会地质教育研究分会第四届会员代表大会暨地学教育创新研讨会"上的讲话[J].中国地质教育,2006(4):4-7.

赵鹏大."三联式"资源定量预测与评价——数字找矿理论与实践探讨[J].地球科学——中国地质大学学报,2002,27(5):482-489.

赵鹏大.地球科学的新使命——认知和发现非传统矿产资源[J].地球物理学进展,2001,16(4):127-132.

赵鹏大,吕新彪,欧阳建平,等.地学类创新人才培养方法和途径[M].武汉:中国地质大学出版社,2006.

赵鹏大.定量地学方法及应用[M].北京:高等教育出版社,2004.

赵鹏大.教育创新与跨越式发展[J].中国地质教育,2003(1):1-2,23.

赵鹏大.矿产勘查理论与方法[M].武汉:中国地质大学出版社,2001.

赵鹏大.励精图治五十秋——中国地质大学简史[M].武汉:中国地质大学出版社,2002.

赵鹏大.试论地质体的数学特征[J].地球科学,1982(1):145-155.

赵鹏大.数字地质与矿产资源评价[J].地质学刊,2012,36(3):225-228.

赵鹏大.找矿理念:从定性到定量(代序)[J].地质通报,2011,31(5):625-629.

中国高等教育协会.共和国第一辈教育家传略(第三辑)[M].北京:高等教育出版社,2017.

中国地质大学校史编撰委员会.地苑赤子——中国地质大学院士传略[M].武汉:中国地质大学出版社,2001.

邹敬东,赵鹏大.概念域与地质概念的数学特征[J].地球科学——中国地质大学学报,1993,18(4):455-463.

后　　记

　　中国地质大学是教育部直属全国重点大学,是国家批准设立研究生院的大学,是国家"211工程"、国家"双一流"建设高校。中国地质大学位于武汉东湖之畔,南望山麓,学校以地球科学为主要特色,学科涵盖理学、工学、文学、管理学、经济学、法学、教育学、艺术学等门类,地质学、地质资源与地质工程两个一级学科入选"双一流"建设学科。从事地球科学的地大人,如赵鹏大、殷鸿福、於崇文、翟裕生、李曙光、刘光鼎、金振民、莫宣学和王成善等院士,都是享誉海内外的著名科学家。他们的科学事业不仅推动了地球科学的跨越式发展,还为中国地质事业和能源经济的发展做出了极大的贡献。鉴于此,我们有一个宏大的计划,就是对这些院士的科学思想进行整体的梳理,并从地球科学哲学角度进行系列研究。

　　我们首先选取了赵鹏大院士。一是项目组有前期的准备。中国地质大学马克思主义学院下设三个硕士点,其中马克思主义基本原理下设的一个研究方向就是科学、技术与社会及地球科学哲学。本硕士点研究生在写毕业论文的时候,我们曾提供过此选题,且被多名学生选中。为了给予更全面的指导,我们多次带领学生当面采访赵院士,在研究中逐渐熟知赵院士的相关思想。二是赵院士为人谦和。在我们多次与赵院士交流的过程中,他始终待人和善,有问必答,知无不言,言无不尽。在与其交流的过程中,我们似乎忘记了他院士的身份,只知他是一名学识渊博的学者。三是赵院士思想深刻。在赵院士的著作中,我们发现他都能自觉地用理性哲学的观点去思考和解决地质学的问题。他对哲学的态度,如同科学哲学史上的逻辑经验主义者石里克、卡尔纳普等人一样积极地接纳并合理地运用,他既是科学家,又是哲学家。

  在实际的研究过程中,我们逐渐拓宽了主题,本书中提及的赵鹏大地质哲学思想并不能包括其全部思想。赵院士曾经担任过大学校长,在他担任校长期间,学校有了明显的发展。由此可知,除了科学思想、地质哲学思想之外,赵院士还有重要的教育思想、管理思想。对于他的重要思想,我们在研究的过程中作了如下分工:前期准备包括访谈等研究工作,由高翔莲、张存国负责;第一篇"赵鹏大的地质人生",由刘郦、方新英、龚静源、刘颖和刘辰负责;第二篇"地质科学思想",由刘郦、张卫国和张存国负责,杜艳芬、王宇、刘颖、盛琪和胡文君等参与撰写;第三篇"地质教育思想",由侯志军、陈炜和胡文君负责;第四篇"地质哲学思想",由余良耘、李霞玲和盛琪撰写;附录一"赵鹏大大事年表"、附录二"赵鹏大主要论文著作一览"、附录三"赵鹏大会议及发言索引"、附录四"赵鹏大思想介绍的相关文章"、附录五"赵鹏大对话及访谈实录"及图片的收集和筛选等由刘郦、杜艳芬、刘辰和王宇负责,附录五"访谈实录(一)"由高翔莲、张存国和孙晨等采访、录音整理,附录五"访谈实录(二)"由刘郦、杜艳芬、王宇和刘颖等采访、录音整理完成。全书统稿工作由刘郦。同时,本书还特别邀请了中国地质大学夏庆霖教授参与"数学地质"和"赵鹏大生平"部分的撰稿工作。

  书本得以顺利出版,我们要感谢很多人。首先要感谢的是赵院士和林莉女士。赵院士是世界上有影响力的科学家,他的很多思想尤其是科学思想深厚艰深,有些地方甚至全用抽象的数学方程式来表示。在提炼他的这些思想的过程中,难免出现一些偏颇和背离。为了印证我们的理解是否正确,我们以各种方式多次向赵院士请教,每次他都不厌其烦地做出相应的修正和说明,使得我们的理解能更真实反映他当时的思想。本书完成之时,赵院士以八十多岁高龄,不辞辛苦,拨冗审阅初稿,对书中的部分差错和誉美之词作了修正。同时也要感谢学校办公室林莉女士,她为我们与赵院士的多次沟通和交流提供了不遗余力的耐心与帮助。其次要感谢马克思主义学院高翔莲院长、侯志军书记等领导的大力支持,没有他们的鼎力支持和直接参与,本书难以顺利出版。他们不仅肯定了我们项目计划的价值和意义,而且承诺给予最大的支持。再次要感谢项目组的各个成员。他们都是教学岗位上的一线教师,每天不仅有繁重的教学任务,还有自己的科研任务。他们是一批正在形成的具有中国地质大学特色的哲学人文社会科学研究者中的老、中、青年学术骨干,他们将对理性思维的深入探索与思考作为自己毕生坚持的事业。为了出版此书,他们或原本在静享天怡之际却笔耕不辍,或在不惑之年而孜孜不倦,或而立之年而锐意进取。在本书编写过程中,每个成员虚心听取项目组其他成员的建议,而且认真阅读其他成员的手稿并提出诚恳意见。感谢刘颖、刘辰、杜艳芬、盛琪、胡文君和王宇等硕士研究生,他们在收集资料、整理材料和初稿的撰写过程中都付出了相当辛勤的劳动。同时,还要感谢方熠、田家华对本书撰写和出版给予的有益建议和无私帮助。夏庆霖和汪新庆更给本书的编写提供了新的素材和部分补充材料。刘颖和孙晨的研究生论文也为本书提供了必要的研究和分析的背景资料。刘晓双参加了收集资料的工作,在此一并表示感谢。感谢湖北省高校人文社会科学重点研究基地、中国地质大学(武汉)马克思主义理论研究与学科建设计划和湖北省重点马克思主义学院建设项目对本书的资助。

高翔莲

2019 年 10 月